普通高等教育“十一五”国家级规划教材
山东省高等学校优秀教材一等奖
研究型教学模式系列教材

数据库技术及应用

（第3版）

唐好魁　主编

蒋　彦　李崇威　董立凯　副主编

電子工業出版社
Publishing House of Electronics Industry
北京·BEIJING

内 容 简 介

本书是普通高等教育“十一五”国家级规划教材，根据教育部对高等学校非计算机专业计算机基础系列课程的教学基本要求，从实用性和先进性出发，全面介绍有关数据库的基础知识和应用技术。

本书分为理论和实验两部分。理论部分共 7 章，主要内容包括：数据库技术的基础理论和基本概念、数据库设计的方法和步骤、Microsoft SQL Server 2008 数据库管理系统的安装及使用、SQL 语言、数据库安全性和完整性知识、数据库新技术和国产数据库介绍。实验部分共设计了 9 个实验，便于读者根据课程教学的进度开展设计操作和上机操作。附录为读者进行管理信息系统的开发提供了备查资料。本书配套实验教程，提供教学用多媒体电子课件、实例数据库 EDU_D、题库和在线 MOOC 课程、网络教学平台等。

本书可作为高等学校非计算机专业的计算机基础课教材，也可作为高职高专院校计算机相关专业的教材，还可供从事数据库开发的读者和计算机技术爱好者学习参考。

图书在版编目 (CIP) 数据

数据库技术及应用 / 唐好魁主编. —3 版. —北京：电子工业出版社，2016.1
ISBN 978-7-121-25701-8

I. ①数… II. ①唐… III. ①关系数据库系统－高等学校－教材 IV. ①TP311.138

中国版本图书馆 CIP 数据核字（2015）第 050808 号

策划编辑：王羽佳
责任编辑：周宏敏
印　　刷：涿州市般润文化传播有限公司
装　　订：涿州市般润文化传播有限公司
出版发行：电子工业出版社
　　　　　北京市海淀区万寿路 173 信箱　　邮编：100036
开　　本：787×1092　1/16　印张：16　字数：473 千字
版　　次：2007 年 7 月第 1 版
　　　　　2016 年 1 月第 3 版
印　　次：2024 年 7 月第 12 次印刷
定　　价：39.90 元

凡所购买电子工业出版社图书有缺损问题，请向购买书店调换。若书店售缺，请与本社发行部联系，联系及邮购电话：(010)88254888。

质量投诉请发邮件至 zlts@phei.com.cn，盗版侵权举报请发邮件至 dbqq@phei.com.cn。

服务热线：(010)88258888。

出版说明

“研究型教学模式系列教材”是计算机基础教育系列丛书，面向高等学校本科非计算机专业计算机教育。该丛书从编写、出版，使用至今，已经过去了8年，现在到了第3版。

计算机技术发展迅速、使用广泛，尤其计算机网络的普及，使得计算机基础教育也在随着时代的发展不断地调整。2009年的第2版系列教材，我们适时地更新了计算机软件的版本，增加了一些实用的计算机知识和技术，同时为了更好地传播知识，调整了部分图书的章节次序，增添了许多实用案例。从第2版出版又经过了6年的时光，高等学校的教育思想及计算机基础教学的理念都在发生变革，在这6年的教学实践中，我们也在不断地思考和探索。对于高等学校的本科学生而言，计算机不仅仅是学习、研究、工作和生活的工具，计算机科学的计算思维更可以使我们具备随时学习和更新使用计算机和学习相关知识的能力。

本次再版更新了计算机新技术和新趋势方面的内容，增加了使用较为广泛的计算机软件的介绍，同时每个知识模块的阐述和展示，更多地强调了计算机学科的计算思维和组织结构方面的内容，具体的操作实践和技术掌握与实验教学环节紧密联系。我们希望通过本套丛书使得非计算机专业的学生能够掌握计算机领域的基本知识，具备计算机知识的自学能力，能够在以后的学习、工作或研究中不断地补充新知识和新技能。

教材中还可能存在不足之处，竭诚欢迎广大读者和同行批评指正！

“研究型教学模式系列教材”编委会

前　　言

在信息化社会，数据库技术的发展是伴随着计算机软硬件技术的发展而发展的，已经广泛地应用于社会、政治、经济活动中，如办公自动化系统、决策支持系统、电子商务系统、证券交易系统、物流管理系统、教学管理系统等。在当前阶段，数据库技术与数据仓库、数据挖掘技术、通信技术紧密地联系在一起，随着云计算、物联网和移动计算的快速发展，分布式数据库也越来越受到人们的关注。

随着人们受教育程度的提高，人们的信息技术素养也发展到一个新的阶段，已经由原来计算机操作的需求转变为如何利用计算机解决其他专业和学科的实际问题。对于非计算机专业的学生，不能按照计算机专业的教学要求来组织教学活动，而是培养学生用计算机技术解决专业问题的意识，也就是培养学生的计算思维素质。从数据库技术的角度来说，当遇到实际问题时，能想到用数据库技术处理实际问题，并知道处理问题的方法和步骤。

数据库系统的设计过程包括需求分析、概念结构设计、逻辑结构设计、物理设计、数据库的实施和维护。整个设计过程都需要行业人员的参与，这些非计算机专业的人员在设计过程中有时起到非常关键的作用，甚至决定了数据库系统的成败。而数据库系统的人员组成主要由数据库管理员、系统分析员、数据库设计人员、应用程序员和用户负责维护和使用，其中部分工作通常由非计算机专业人员承担。考察一下在推广或应用中失败的案例，不难发现，其失败的原因不全是由于数据库系统本身存在问题或者其他计算机专业方面产生的问题。需求分析的偏差导致数据库设计方面的缺陷，进一步造成了系统功能的缺陷，常常成为诸多系统失败的主要原因。

本书的第 1 版和第 2 版采用了研究型教学模式组织教材，第 3 版在沿袭前两版教材的基础上，加入计算思维的元素，从认识数据库，理解数据库，到应用数据库的顺序重新组织教材。以培养学生计算思维为目标，结合网络化教学平台，精讲多练，以学生在课题研究中探索式学习为主，以网站答疑讨论为辅，以试题库在线测验为补充的研究型教学模式，配合本书的配套实验教程进行学习。作者希望通过本书、实验教程、网络教学平台和研究型教学模式的结合，使学生更好地掌握数据库技术。

本书根据难易程度和研究型教学模式的需要，对每节的内容进行了划分：✎表示内容比较简单，以自主学习为主；✍表示精讲多练，是重点内容；🕮表示读者可以根据自己的兴趣和需要进一步探讨、研究和学习。

本书根据教育部对高等学校非计算机专业计算机基础系列课程的教学基本要求编写，从实用性和先进性出发，全面介绍了有关数据库的基础知识和应用技术。本书分为理论和实验两部分。理论部分共 7 章，第 1 章和第 2 章介绍了数据库技术的基础理论和基本概念，第 3 章介绍数据库设计的方法和步骤，第 4 章介绍了 SQL Server 2008 数据库管理系统的安装及使用，第 5 章对 SQL 语言进行了重点讲解，第 6 章介绍了数据库安全性和完整性知识，第 7 章通过数据库新技术和国产数据库的介绍，开阔了读者的视野。实验部分共设计了 9 个实验，便于读者根据课程教学的进度开展设计操作和上机实践操作。附录为读者进行管理信息系统的开发提供了备查资料。

与前两版相比，第 3 版在章节安排上也做了调整，将数据库的设计方法和步骤调整到 SQL Server 2008 及 SQL 语言之前，并将数据库理论融入到数据库设计的步骤中，更好地将关系数据理论和具体数据库设计相结合。对规范化理论部分的讲解，怎样能够让非计算机专业学生听懂，一直是数据库理论教学的难点之一。作者根据多年的教学实践，总结出采用函数依赖图和二维表直观展示精心设计的实例的方法来讲解规范化理论，收到了良好的效果，非计算机专业的学生学习起来比较轻松。

同样，第2章对关系和关系运算的介绍，也把重点偏向学生对二维表的感性认识上，使学生能够感觉到关系模型既亲切又熟悉。

通过本教材的学习，你可以：

- 学习数据库技术的基础知识；
- 设计一个符合规范化要求的简单的关系数据库；
- 掌握SQL Server 2008数据库管理系统的安装及使用；
- 熟练掌握SQL语言对数据库进行查询操作，以及数据定义和数据更新操作；
- 形成利用数据库技术解决行业问题的思维方式。

本书可作为高等学校非计算机专业数据库技术及应用课程的教材，也可作为高职高专计算机相关专业的教材，还可供从事数据库开发的读者和计算机技术爱好者学习参考。

作者为使用本书作为教材的教师提供教学用多媒体电子课件、实例数据库和习题参考答案，请登录华信教育资源网（http://www.hxedu.com.cn）注册下载。为使读者更系统地掌握数据库技术，本书配备了实验教程，作为教材内容的延伸和扩充，并配套网络教学平台（http://cc.ujn.edu.cn）、题库和在线MOOC课程，请与本书策划编辑联系索取（请发邮件至wyj@phei.com.cn）。

本书由唐好魁主持修订并统稿。第1章、第2章和第7章由唐好魁修订，第3章由董立凯修订，第4章、第6章和实验部分由蒋彦修订，第5章由李崇威修订。

很多老师对这次教材的修订给予了很大帮助，尤其是前两版的作者马涛老师、闫明霞老师和朱连江老师，他们对本教材的再版出谋划策，提出了很多建设性的意见和建议。刘明军教授为本教材和其他计算思维系列教材的编写付出了很多努力。承担本课程教学工作的闫明霞、史桂娴、崔忠玲、杜韬、王钦、李英俊、张晓丽等老师就教材的使用给出了很好的建议。另外，奚越、徐龙玺、韩玫瑰、孙志胜、邢静波、杨雪梅、张苏青、王信堂、郭庆北、王亚琦、董梅、马莉、范玉玲、张芊茜、张珽等老师也给予了我们很多帮助和很好的建议，在此一并表示感谢。

北京工业大学的蒋宗礼教授曾倾注了大量心血对本教材的历次版本进行了审阅。山东建筑大学的李盛恩教授也曾对本书进行了全面、认真的修改，并提出了许多宝贵意见。临沂大学的杨波教授、济南大学的曲守宁教授和董吉文教授参与了本书的编写组织与管理工作，并在技术上给予大力支持，在内容上给予诸多指导。郑艳伟博士提出了诸多有价值的建议。在此一并表示衷心的感谢！

本书在编写过程中，参考了大量近年来出版的相关技术资料，吸取了许多同仁和专家的宝贵经验，在此深表谢意！

站在非计算机专业学生的角度，编写一本能够使他们感兴趣且容易学习的教材一直是我们的愿望。但由于编写时间仓促，水平有限，书中难免出现错误或不妥之处，我们诚恳地希望读者和同行批评指正。

作　者

目　　录

第1章　绪　　论

本章主要介绍与数据库技术有关的基本概念与术语。通过学习，读者可以初步掌握数据库的基本概念、数据模型及其三要素等知识。通过对数据库系统三级模式和两级映像功能的理解，对数据库的系统结构将会有个总体上的认识，进而对数据库有一个宏观的理解和把握。通过对数据库的概念及其系统组成的学习，有助于读者准确定位自己在将来工作中应担任的角色，有利于开展有目的的自主学习。

本章列出的一些管理信息系统的课题是读者进行自主学习的驱动目标，便于在对其中某课题的探索中主动地理解和掌握数据库的知识与技能。

本章导读：

- 数据库与计算思维
- 数据库的基本概念和术语
- 数据库系统概述
- 数据模型及其三要素
- 数据库系统结构与组成

1.1 数据库与计算思维

1.1.1 计算思维

1. 计算思维的定义

2006年3月，美国卡内基·梅隆大学计算机科学系主任周以真（Jeannette M. Wing）教授在美国计算机权威期刊 *Communications of the ACM* 杂志上首先提出计算思维（Computational Thinking）的定义，认为计算思维是运用计算机科学的基本概念进行问题求解、系统设计、人类行为理解等涵盖计算机科学之广度的一系列思维活动。

为了更容易理解计算思维的含义，又将它进一步解释为：

- 问题转化的思维：通过约简、嵌入、转化和仿真等方法，把一个看来困难的问题重新阐释成一个已知的问题解决方法；
- 计算方法的思维：是一种并行的、递归的思维，它是既能把代码译成数据又能把数据译成代码的思维，是一种多角度分析问题的思维方式；
- 关注分离的思维：是一种采用抽象和分解把庞杂的任务或巨大复杂的系统进行细化、分解、解决的方法，是基于关注分离的方法（SoC方法）；
- 描述方法的思维：是一种选择合适的方式去描述一个问题，或对一个问题的相关方面建模使其易于处理的思维方法；
- 容错的思维：是按照预防、保护及通过冗余、容错、纠错的方式，并从最坏情况进行系统恢复的思维方法；
- 推理的思维：是利用启发式推理寻求解答，即在不确定情况下的规划、学习和调度的思维方法；
- 折中的思维：是利用海量数据来加快计算，在时间和空间之间、处理能力和存储容量之间进行折中的思维方法。

计算思维的本质是抽象（Abstraction）和自动化（Automation）。

计算思维中的抽象完全超越物理的时空观，并完全用符号来表示。其中，数字抽象只是一类特例。与数学和物理科学相比，计算思维中的抽象更为丰富和复杂。数学和物理抽象的最大特点是抛开现实事物的物理、化学和生物学等特性，而仅保留其量的关系和空间的形式，而计算思维中的抽象却不仅仅如此。

计算思维的自动化是运用计算机科学的方法处理问题，它涵盖计算机科学的一系列思维活动。当我们必须求解一个特定的问题时，首先会问：解决这个问题的难度如何？最佳的解决方法是什么？从计算机科学的理论角度来说，解决问题的难度就是所选择的工具的基本功能，必须考虑的因素包括机器的指令系统、资源约束和操作环境等。

2. 计算思维的特性

① 概念化，不是程序化：计算机科学不是计算机编程。像计算机科学家那样去思维意味着远不止能为计算机编程，还要求能够在抽象的多个层次上思维。

② 根本的，不是刻板的技能：根本技能是每一个人为了在现代社会中发挥职能所必须掌握的。刻板技能意味着机械的重复。具有讽刺意味的是：当计算机像人类一样思考之后，思维可就真的变成机械的了。

③ 是人的，不是计算机的思维方式：计算思维是人类求解问题的一条途径，但绝非要使人类像计算机那样思考。计算机枯燥且沉闷，人类聪颖且富有想象力。是人类赋予计算机激情。配置了计算设备，我们就能用自己的智慧去解决那些在计算时代之前不敢尝试的问题，实现“只有想不到，没有做不到”的境界。

④ 数学和工程思维的互补与融合：计算机科学在本质上源自数学思维，因为像所有的科学一样，其形式化基础建筑于数学之上。计算机科学从本质上又源自工程思维，因为我们建造的是能够与实际世界互动的系统，基本计算设备的限制迫使计算机科学家必须计算性地思考，不能只是数学性地思考。构建虚拟世界的自由使我们能够设计超越物理世界的各种系统。

⑤ 是思想，不是人造物：不只是我们生产的软件硬件等人造物将以物理形式到处呈现并时时刻刻触及我们的生活，更重要的是还将有我们用以接近和求解问题、管理日常生活、与他人交流和互动的计算概念，而且面向所有的人和所有地方。

⑥ 面向所有的人，所有地方：当计算思维真正融入人类活动的整体以至不再表现为一种显示哲学时，它就将称为现实。就教学而言，计算思维作为一个问题解决的有效工具，应当在所有地方、所有学校的课堂教学中都得到应用。

1.1.2　大学与计算思维

将计算机科学等同于计算机编程是对计算机科学的片面理解。许多人认为计算机科学的基础研究已经完成，剩下的只是工程问题。当我们行动起来去改变这一领域的社会形象时，计算思维就是一个引导着计算机教育家、研究者和实践者的宏大愿景。我们特别需要抓住尚未进入大学之前的听众，包括老师、父母和学生，向他们传送下面两个主要信息：

智力上的挑战和引人入胜的科学问题依旧亟待理解和解决。这些问题和解答仅仅受限于我们自己的好奇心和创造力；同时一个人可以主修计算机科学而从事任何行业。一个人可以主修英语或者数学，接着从事各种各样的职业。计算机科学也一样，一个人可以主修计算机科学，接着从事医学、法律、商业、政治，以及任何类型的科学和工程，甚至艺术工作。

计算机科学的教授应当为大学新生开一门称为“怎么像计算机科学家一样思维”的课程，面向所有专业，而不仅仅是计算机科学专业的学生。我们应当使进入大学之前的学生接触计算的方法和模型。我们应当设法激发公众对计算机领域科学探索的兴趣。所以，我们应当传播计算机科学的快乐、崇高和力量，致力于使计算思维成为常识。

国外著名高校已经对计算思维的培养有了充分的认识和行动。斯坦福大学在“下个十年计算机课程开设情况”方案中提出了新的核心课程体系，包括计算机数学基础、计算机科学中的概率论、数据结构和算法的理论核心课程，以及包括抽象思维和编程方法、计算机系统与组成、计算机系统和网络原理在内的系统核心课程。强调将计算理论和计算思维的培养纳入课程全过程。卡内基·梅隆大学的计算机科学学院也正在计划对其入门课程系列进行大的修订，这不仅会影响计算机专业学生，也会影响到全校范围内选修计算机科学相关课程的其他学生。修订包括：为计算机专业和非计算机专业开设的入门课程要推广计算思维的原理；针对软件的高可靠性加强高可信软件开发及方法的学习；考虑到未来程序主要利用并行计算实现高性能，着力培养学生这方面的能力。

计算机教学应当培养学生的3种能力：

（1）计算机使用能力（Computer Literacy）

即使用计算机和应用程序的基本的能力，例如使用Word编辑器、读写文件以及使用浏览器等。现在高中阶段计算机基础教学普及率逐渐提高，这类教学内容大多数学生在高中阶段早已经熟悉，如果在大学阶段再安排这类课程的重复教学，既浪费宝贵的教学资源又影响学生的学习兴趣。对于之前没有接受过计算机教育的大学新生，完全可以利用学校的教学资源自学相关操作。故笔者认为，计算机使用能力的培养应该从大学计算机教学体系中压缩甚至移除。

（2）计算机系统认知能力（Computer Fluency）

这是一种较高水平的理解和应用计算机的能力，主要包含在深入了解计算机系统知识和原理的课程中，如计算机网络原理、操作系统、数据库等。这类课程位于计算机教学体系的较高层次，不宜作为计算机基础教学的内容来讲授。

（3）计算思维能力（Computational Thinking）

计算思维反映了计算机学科本质的特征和核心的解决问题的方法。计算思维旨在提高学生的信息素养，培养学生发明和创新的能力及处理计算机问题时应有的思维方法、表达形式和行为习惯。信息素养要求学生能够对获取的各种信息通过自己的思维进行深层次的加工和处理，从而产生新信息。因此，在大学里推进“计算思维”这一基本理念的教育和传播工作是十分必要的，计算思维在一定程度上像是教学生“怎么像计算机科学家一样思维”，这应当作为计算机基础教学的主要任务。

1.1.3 数据库与计算思维

1．抽象和自动化

抽象是精确表达问题和建模的方法，也是计算思维的一个重要本质。数据库中的很多概念和方法都体现了抽象的思想，例如数据模型、规范化理论、事务管理等。数据模型是数据库中最基本的概念之一，其本身就表达了对现实世界的抽象，并且这种抽象是分层次、逐步抽象的过程。当利用数据模型去抽象、表达现实世界时，先从人的认识出发，形成信息世界，建立概念模型；再逐步进入计算机系统，形成数据世界。在数据世界中又进一步分层，先从程序员和用户的角度抽象，建立数据的逻辑模型；再从计算机实现的角度抽象，建立数据的物理模型。目前作为数据库课程讲授的主要内容的关系数据库就采用关系抽象表达了现实世界中的事物以及事物之间的各种联系。关系可以进一步抽象为集合论中的集合，形式化描述为笛卡儿乘积的子集。再如，在数据库设计阶段，概念设计首先就是进行数据抽象，经常采用的是聚集和概括的数据抽象方法。在教学过程中，启发学生体会抽象的思想和方法，学习运用抽象表达需求并建模，发现问题的本质和其中蕴含的规律，并逐渐掌握抽象这个工具。以上抽象思维的结果需要在计算机上实现，从而体现了自动化这个本质，也是将理论成果应用于技术实践的过程。

自动化隐含着需要某类计算机（可以是机器或人，或两者的组合）去解释抽象。数据库标准语言SQL可解决各种数据库数据操作在计算机上的实现问题；在用SQL实现用户要求时，结合计算思维的约简、嵌入、转化等方法，把复杂的问题转换为易于解决的问题加以实现。例如，在讲解带有全称量词的查询中，重点说明将全称量词转化为对存在量词的否定之否定，以及用多层嵌套查询来实现的思路和方法。此外，对抽象的关系模型的自动化采用了简单的表结构去表达同一类事物，用对表中数据上定义的增、删、改、查等操作实现对数据的访问。由于现实世界中事物客观存在并满足一定的条件，为了保证自动化的正确性，通过完整性约束限制数据的取值，并进一步把表的建立和完整性约束，以及对数据的操作通过SQL语言建立程序并由计算机执行，从而建立真实的物理数据库。在讲解数据模型这个概念时，从现实世界出发，阐述分层次的抽象方法形成各级数据模型，再到采用关系模型，并通过SQL语言自动化实现这一完整的剖析过程，既清楚地说明了数据模型的概念及其作用，又逐步引导学生学习体会了抽象和自动化的方法，从而领会计算思维的本质。

2. 关注点分离

关注点分离是控制和解决复杂问题的一种思维方法，即先将复杂问题进行合理的分解，再分别研究问题的不同侧面（关注点），最后综合得到整体的解决方案。在计算机科学中的典型表现即是分而治之。在数据库设计、庞杂的数据管理和数据库应用开发中，采用的就是分而治之的思想。数据库设计采用软件工程的思想，自顶向下将设计任务划分为多个阶段，每个阶段有各自相对独立的任务，相邻阶段又互相联系、互相承接，共同完成整个设计任务；面对复杂的数据管理和维护任务，也进一步分解为数据恢复、并发控制、数据完整性和安全性的保护、数据库的运行维护等多个子任务，由不同的子系统负责，并相互协作保护数据在运行过程中的正确性和有效性；在进行基于数据库的应用开发中，模块化是最常用的最有代表性的一个分解方法。这些数据库的知识点都充分体现了计算思维的方法。

3. 保护、冗余、容错、纠错和恢复

按照预防、保护及通过冗余、容错、纠错的方式，并从最坏情况进行系统恢复是计算思维的一个重要方法，这在数据库中有最直接的体现。数据库管理系统就是通过预防、保护、冗余、容错、纠错等方式实现对海量数据的管理和保护。为了预防各种可能的故障造成数据丢失，数据库引入了恢复机制，通过冗余技术建立后备副本和日志或采用远程备份；为了预防泄露和破坏数据，数据库引入安全机制，通过用户身份鉴别、存取控制、审计等一系列机制保护数据的安全性；为了纠正数据库中死锁带来的问题，数据库引入死锁的检测机制以及时发现问题并加以处理；为了提高数据的访问速度，允许用户按需存储必要的冗余数据。数据库管理系统对数据的保护全面体现了计算思维的保护、冗余、容错、纠错和恢复的思想。

4. 利用启发式寻求解答

数据查询是数据库及其应用中最常见的操作，也是其他数据操作的基础，其速度直接影响应用的效率。对于一个查询可以有多种执行计划，执行效率差别很大，有时甚至相差几个数量级。因此，数据库管理系统需要对操作进行优化。优化则基于启发式规则形成各种优化算法。在数据库的物理设计中也常使用启发式的规则来指导存取方式和存取路径的选择。在这些内容的教学中引入启发式方法，可启发学生学习利用启发式规则和推理来寻求更好的解答，理解计算思维的思想。

5. 折中

数据库在对海量数据进行管理的技术中处处体现了时间和空间之间、处理能力和存储容量之间施行折中的思维方法。例如，为了满足应用的实时性要求，对数据查询时可以通过建立索引来提高数据访问速度；但建立索引需要存储实际数据，占用一定的存储空间，并且索引需要维护。为了解决应用的数据冗余和操作异常问题，常需对数据关系进行规范化。规范化级别越高，数据冗余越小，占用的存储空间越小；但规范化后的表被分解为多个小表，查询时需要多个表之间的连接，会增加数据的查询时间。对数据施加封锁时，封锁的粒度越小，并发性越高，事务的处理速度越快，但系统代价越高；而封锁的粒度越大，系统处理代价越小，但事务之间的并发程度降低，事务的等待时间延长。这些都是典型的折中思想，体现了计算思维的理念。

要牢固地掌握计算思维方法，仅靠课堂教学容易陷入似懂非懂、纸上谈兵的境地。实战是提高实践能力、积累经验、学懂计算思维方式的必需之策。在实践环节，重点锻炼学生对计算思维方法的运用、探索解决实际问题的过程，是培养计算思维方法能力的有效途径。

1.2 数据库系统概述

自从第一台计算机面世以来，计算机在生产、生活中的应用发生了很大变化。从20世纪50年代开始，计算机的应用领域由科学计算逐渐扩展到广义的数据处理的各个领域。到20世纪60年代末，数据库技术作为数据处理的一种新手段迅速发展起来，成为应用最广泛的计算机技术之一，也是计算机信息系统和应用系统的核心技术和重要基础。

数据库的概念最初产生于20世纪50年代，当时美国为了战争的需要，把各种情报集中起来存储在计算机中，被称为Information Base或Database。在20世纪60年代的软件危机中，数据库技术作为软件技术的分支得到了进一步的发展。

1968年IBM公司推出了层次模型的IMS（Information Management System）数据库系统，1969年美国数据系统语言协会的数据库任务小组（DBTG）发表的系列报告提出了网状模型，1970年IBM研究中心的研究人员发表了关于关系模型的著名论文。这些事件奠定了现代数据库技术的基础。

20世纪70年代和80年代是数据库蓬勃发展的时期，不仅推出了一些网状模型数据库系统和层次模型数据库系统，还围绕关系数据模型进行了大量的研究和开发工作，关系数据库理论和关系模型数据库系统日趋完善。因为关系模型数据库本身具有的优点，它逐渐取代了网状模型数据库和层次模型数据库。到目前为止，关系模型数据库系统仍然是最重要的数据库系统。

20世纪90年代，关系模型数据库技术又有了进一步的改进。由于受到计算机应用领域及其他分支学科的影响，数据库技术与面向对象技术、网络技术等相互渗透，产生了面向对象数据库和网络数据库。进入21世纪后，面向对象数据库和网络数据库技术逐渐成熟并得到了广泛的应用。

近40年来，数据库技术已经经历了3次演变，形成了以数据建模和数据库管理系统为核心，具有较完备的理论基础和广泛的应用领域的成熟技术体系，已成为计算机软件领域的一个重要分支。通常，人们把早期的层次模型数据库和网状模型数据库系统称为第一代数据库系统，把当前流行的关系模型数据库称为第二代数据库系统，把当前正在发展的数据库系统称为第三代数据库系统。

我国有关部委、国防、气象和石油等行业开始使用数据库始于20世纪70年代，而数据库技术得到真正的广泛应用是从20世纪80年代初的DBaseII开始的。尽管DBase系列和XBase系列都不能称为一个完备的关系数据库管理系统，但是它们都支持关系数据模型，使用起来也非常方便，加上该系统是在微型计算机上实现的，一般也能满足中、小规模管理信息系统的需要，所以得到了较广泛的应用，为数据库技术的普及奠定了基础。

数据库系统的出现使信息系统从以加工数据的程序为中心转向围绕共享的数据为中心的新阶段。这样既便于数据的集中管理，又有利于应用程序的研制和维护，提高了数据的利用率和相容性。20世纪80年代后不仅在大型机上，而且在大多数微型机上也配置了数据库管理系统，使数据库技术得到了更加广泛的应用与普及。无论是小型事务处理、信息处理系统、联机事务处理和联机分析处理，还是一般企业管理和计算机辅助设计和制造（CAD/CAM）及管理信息系统，都应用了数据库技术。数据库技术的应用程度已经成为衡量企业信息化程度的重要标志之一。

1.2.1 信息与社会

计算机所处理的数据在计算机中的存储方式与在现实生活中人们所面对的事物是有区别的。人们在现实生活中所面对的所有事物都是能够看得见的、真实存在的，如何把现实中能够“看得见”、“摸得着”的事物变成计算机能够处理的数据，这中间需要一个复杂的转换过程。比如，如何认识、理解、整理、描述和加工现实生活中的这些事物。从数据转化的顺序来说，数据从现实世界进入到数据库需要经历 3 个阶段，即现实世界阶段、信息世界阶段和机器世界阶段。

现实世界就是人们所生活的客观世界，客观世界存在着形形色色的事物。

虽然现实世界的事物不能被改变，但仍然可以利用这些事物为人类的生活或生产服务，也就是说，可以在掌握和理解这些事物的基础上抽象出一些特殊的、有意义的信息。这些信息与现实世界的客观事物的根本区别就在于它们是经人类抽象和概念化了的、反映在人们心目中的信息，其中只包含人们关心的那部分信息。这些信息就构成了信息世界。

尽管信息世界的信息是经过抽象和概念化了的，但它们仍然是计算机无法识别的，所以要对这些信息重新进行加工和转换，使它们能够被计算机所识别，成为计算机能够处理和操作的符号。这些符号又叫作数据。这些数据构成了机器世界（或称为数据世界）。

对信息社会而言，事物、信息、数据分别对应着现实世界、信息世界和机器世界，它们之间的对应关系如图 1-1 所示。

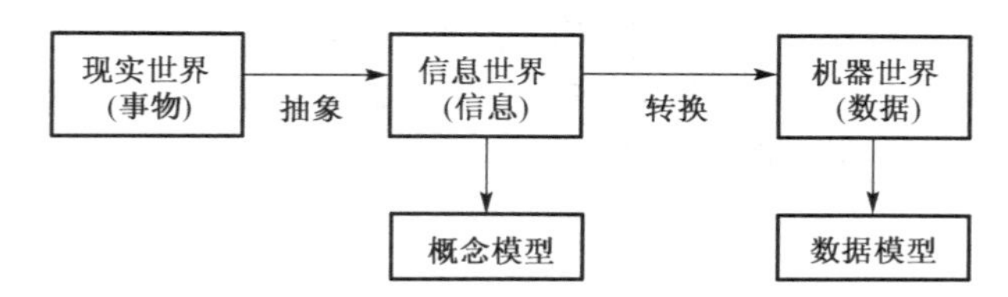

图 1-1　3 个世界之间的对应关系

1. 现实世界

在现实世界中客观存在着各种运动着的事物，各种事物及事物之间也存在着复杂的联系。不同事物之间存在着不同的特征，这些特征包括静态的和动态的。所有的这些特征就是区别于不同事物的标志。在这些特征中可以抽取出一些有意义的特征来描述不同的事物个体。比如，常选择图书编号、书名、作者、出版社、单价等特征来描述一本书，而描述一名读者的信息常选择读者编号、姓名、班级等特征。利用这些特征，就可以在表征各类不同事物的同时将不同的事物区别开。

世界上的各种事物虽然千差万别，看起来相互独立，但实际上它们之间是互相联系的。因为事物的多样性，事物之间的联系也是多方面的。在应用中，人们只选择那些有意义或感兴趣的联系，而没有必要选择所有的联系。例如，在图书借阅系统中，读者与图书之间可以仅选择“借阅”这种有意义的联系。有时又称这种联系为关联。

2. 信息世界

现实世界中的事物及其联系由人们的感观所感知，经过大脑的分析、归纳、抽象形成信息。对这些信息进行记录、整理、归纳和格式化后就构成了信息世界。为了正确直观地反映客观事物及其联系，有必要对所研究的信息世界建立一个抽象的模型，称为信息模型（概念模型）。

在信息世界中，数据库技术涉及以下概念。

（1）实体（Entity）

在现实世界客观存在并可以相互区别的事物被抽象为实体。一个实体对应了现实世界中的一个事物。实体可以是具体的人、事、物，如一本书、一件衣服、一次借书、一次服装展示等，可包含很多我们感兴趣的信息，也可以是抽象的概念或联系，如读者与图书的关系（即某位读者借阅某本图书）也可以被抽象为一个实体。

（2）实体集（Entity Set）

性质相同的同类实体组成的集合称为实体集。在现实世界中的事物有很多，有一些事物具有被关注的一些共同的特征和性质，它们可以有类似的描述，可以被放在一起进行研究和处理。例如，图书馆的所有图书，当利用图书管理系统进行管理时，这些图书的编号、书名、作者、出版社、单价等就是要关注的特征或性质，把这些图书的上述性质一起研究和处理，则这些图书就构成一个实体集。

（3）属性（Attribute）

客观存在的不同的事物具有不同的特性。从客观世界抽象出来的不同实体，也具有其各自不同的特性。

实体所具有的某些特性称为属性。

可以用若干个属性来刻画一个实体。例如，图书具有很多特性，如图书编号、书名、作者、单价、出版社、出版日期等，这些属性组合起来共同表征了一本具体的图书。

也就是说，在信息世界里，人们对某个实体的认识和理解是通过属性来实现的。所以，要正确、全面地描述或者刻画某一个实体，就必须根据不同事物的特征，合理、全面地抽象出不同事物的属性，使人们通过这些属性，就能够对某个事物有一个全面的理解和把握。而且最重要的是，能够通过其中某一个或一些属性把握不同个体之间的本质区别。

3．机器世界

用计算机管理信息，必须对信息进行数字化，即将信息用字符和数字来表示。数字化后的信息称为数据，数据是能够被计算机识别并处理的。

当前多媒体技术的发展使计算机能够识别和处理图形、图像、声音等数据。数字化是信息世界到机器世界转换的关键，为数据管理打下了基础。信息世界的信息在机器世界中以数据形式存储。

机器世界对数据的描述常用到如下4个概念。

① 字段（Field）：又叫数据项，它是可以命名的最小信息单位。字段的定义包括字段名（字段的名称）、字段类型（描述该字段的数据类型）、字段长度（限定该字段值的长度）等。

② 记录（Record）：字段的有序集合称为记录，一般对应信息世界中一个具体的实体。它是对一个具体对象的描述，如（B002，C程序设计，谭浩强，清华大学出版社，32.5），描述了一本图书编号为B002，书名为C程序设计，作者为谭浩强，清华大学出版社出版，定价为32.5元的图书。

③ 文件（File）：同类的记录汇集成文件。文件是描述实体集的。例如，所有图书记录组成了一个图书文件。

④ 关键字（Key）：能唯一标识文件中每个记录的字段或字段集。例如，图书的图书编号可以作为图书记录的关键字。如果一个字段不能唯一确定一条记录，则可以用多个字段作为关键字来唯一标识一条记录。例如，读者编号与图书编号可以作为图书借阅记录的关键字。

机器世界和信息世界术语是相互对应的，它们的对应关系见表1-1。

在数据库中，每个概念都有类型（Type，简称型）和值（Value）的区别。例如，“图书”是一个实体的型，而具体的（B003，高等数学，张强壮，高等教育出版社，22.9，2000/10/28）是实体的值。又如，“姓名”是属性的型，而“张三”是属性的值。记录也有记录的型和值。有时在不引起误解的情况下，可以不仔细区别型和值。

表1-1　信息世界和机器世界的概念的对应关系

信息世界	机器世界
实体	记录
属性	字段
实体集	文件
码	关键字

为了理解上的方便，图 1-2 以图书为例表示了信息在 3 个世界中的有关概念及其联系。需要特别注意的是，实体与属性、型和值的区别，以及 3 个世界中各概念的相应关系。

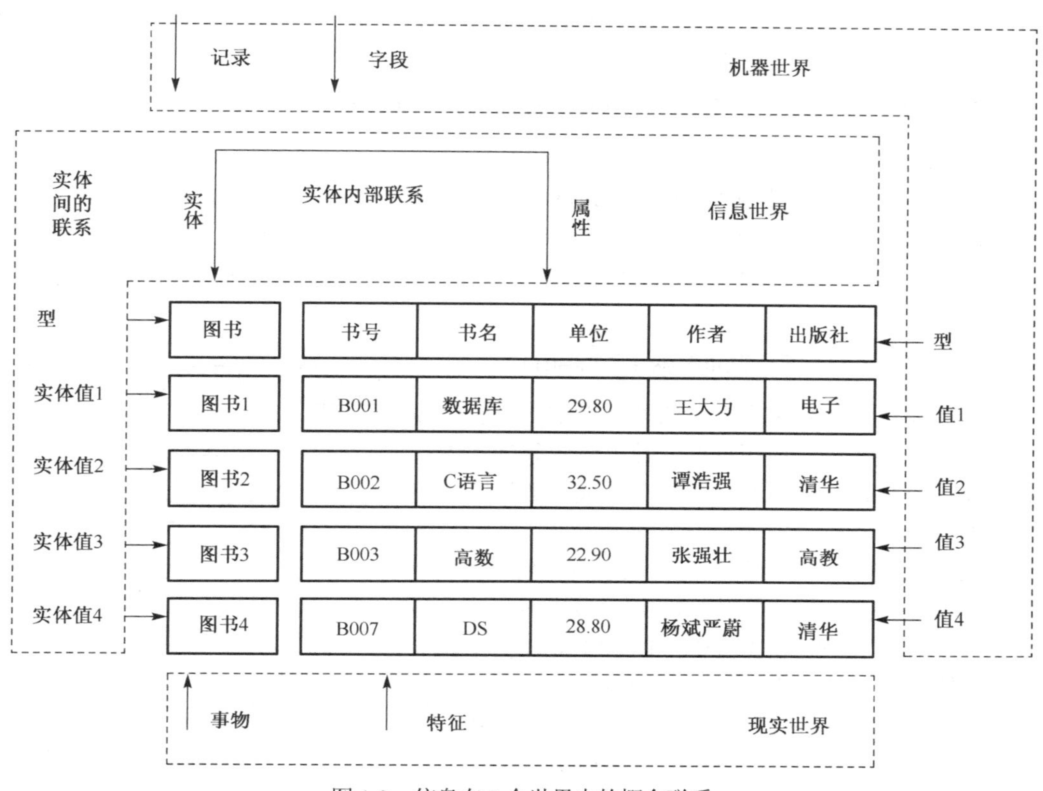

图 1-2 信息在 3 个世界中的概念联系

1.2.2 数据库的基本概念

1. 数据（Data）

数据是在数据库中存储的基本对象，是用来记录现实世界的信息并可以被机器识别的符号。

在计算机领域里，数据这个概念已经不局限于普通意义上的数字了，凡是在计算机中用于描述事物特征的记录都可以称为数据，如文字、图形、图像、声音等。例如，当用书号、书名、单价、作者、出版日期、出版社这几个特征来描述某本书时，（B007，数据结构，严蔚敏，清华大学出版社，28.80，2012/8/1）就是一本书的数据。于是，就可以从这一数据的含义中得到数据库这本书的有关信息。

数据有一定的格式，如规定图书编号一般为长度不超过 4 位的字符，单价为小数位数为 2 位的实数。这些格式的规定就是数据的语法，而数据的含义就是数据的语义。通过解释、推理、归纳、分析和综合等，从数据所获得的有意义的内容称为信息。因此，数据是信息存在的一种形式。只有通过解释或处理的数据才能成为有用的信息。

2. 数据库（DB，DataBase）

数据库是以一定的组织形式存储在一起的、能为多个用户所共享、相互关联的数据集合。数据库是存储数据的“仓库”，只不过这个仓库存在于计算机的存储设备上。

数据库中的数据是按一定的数据模型来描述、组织和储存的，具有最小冗余度、较高的数据独立性和易扩展性，并可为用户所共享。例如，图书馆可能同时有描述图书的数据（图书编号，书名，单价，作者，出版社，出版日期）和图书借阅数据（读者编号，图书编号，单价，借阅时间，借阅天数）。在这两个数据中，图书编号是重复的，称为冗余数据。在构造数据库时，由于数据可以共享，因此，可以消除数据的冗余，只存储一套数据即可。

3．数据库管理系统（DBMS，Database Management System）

数据库管理系统是以统一的方式管理和维护数据库中数据的一系列软件的集合。

存储在数据库中的数据必须在一定的管理机制下才可以被方便地访问，并能够保证它的完整性、安全性和共享性。这种管理机制的描述加上数据库本身，构成数据库管理系统。数据库管理系统为用户提供了更正式的数据库共享和更高的数据独立性，进一步减少了数据的冗余度，并为用户提供了方便的操作接口。

4．数据库系统（DBS，DataBase System）

数据库系统包括与数据库有关的整个系统，一般由数据库、数据库管理系统、应用程序、数据库的软硬件支撑环境、数据库管理员（DBA）和用户等构成。数据库系统可以用图1-3表示。

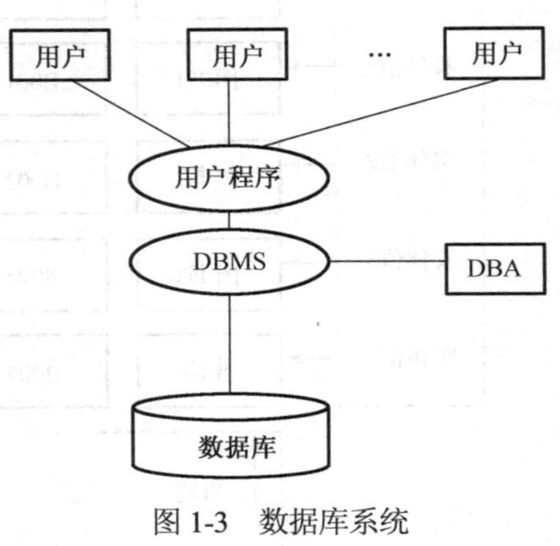

图1-3 数据库系统

DBS是为用户服务的。通常，一个数据库系统有两类用户：程序员和终端用户。程序员用高级语言和数据库语言编写数据库应用程序，应用程序根据需要向DBMS发出数据请求，由DBMS对数据库执行相应的操作。终端用户从终端或客户机上，以交互的方式向系统提出各种操作请求，由DBMS相应执行，访问数据库中的数据。在不引起混淆的情况下，常把数据库系统称为数据库。

1.2.3 数据库系统的特点

自20世纪60年代以来，计算机的应用更加广泛。用于数据管理的规模更为庞大，数据量也急剧膨胀，计算机磁盘技术有了很大的发展，出现了大容量磁盘，在处理方式上，联机实时处理的要求更多。这些变化都促进了数据管理手段的进步，于是，数据库技术应运而生。所以说，数据库技术既以计算机技术的发展为依托，又以数据管理的需求为动力。

数据库系统的一个重要贡献就是应用系统中的所有数据通过将一系列应用需求综合起来，构成一个统一的数据集，独立于应用程序并由DBMS统一管理，实现数据共享。也就是说，数据库的数据不再面向某个应用或某个程序来实现存储与管理，而是面向整个企业或整个应用。这种特点可用图1-4表示。

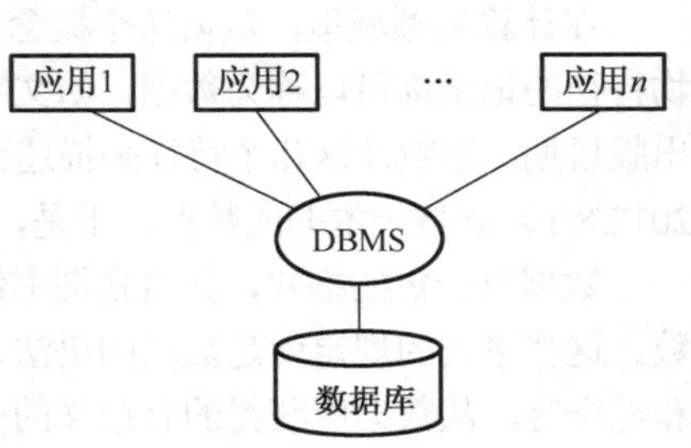

图1-4 数据库系统面向整个应用提供数据服务

数据库技术发展到今天，数据库的技术水平和数据库的应用水平都与过去不可同日而语。但数据库最基本的特征并未改变。概括起来，数据库系统具有如下特点。

1．数据结构化

数据结构化是数据库系统和文件系统的根本区别。

在传统的文件系统中，文件的记录内部是有结构的，但这个结构不为系统所管理。传统文件最简单的形式是等长且同格式的记录集合。例如一个学生人事记录文件，每个记录的格式如图 1-5 所示。

图 1-5 学生记录格式实例

其中，前 8 项是每个学生所共有的，基本上是等长的，而后 2 项则是不定长的，信息量大小变化较大。如果采用等长的记录进行数据存储，为了建立完整的学生档案文件，每个学生记录的长度必须等于信息量最大的记录的长度，因而会浪费大量的存储空间。所以最好是采用变长记录或主记录与详细记录相结合的形式建立文件。也就是将学生人事记录的前 8 项作为主记录，后 2 项作为详细记录，则每个记录的记录格式如图 1-6 所示，学生张三的记录如图 1-7 所示。

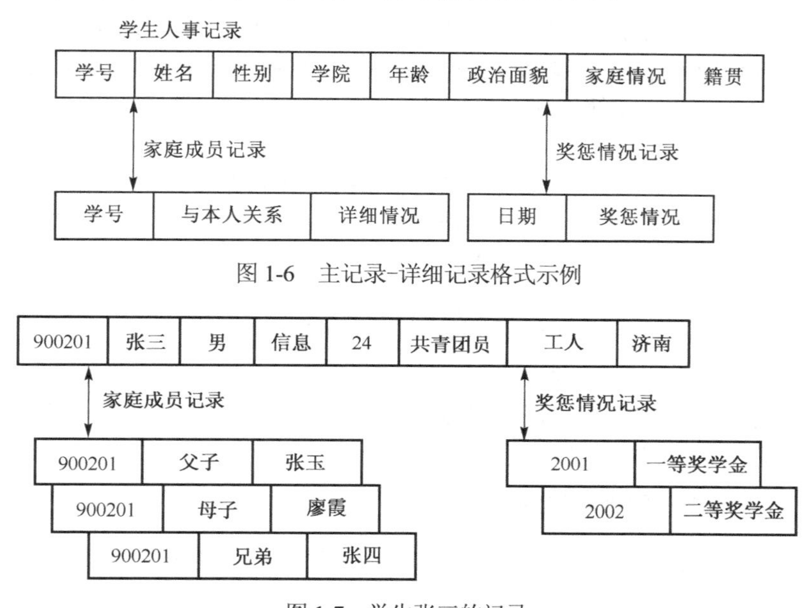

图 1-6 主记录-详细记录格式示例

图 1-7 学生张三的记录

这种数据组织形式为各部分的管理提供了必要的记录，使数据结构化了。这就要求在描述数据时不仅要描述数据本身，还要描述数据之间的联系。

在文件系统中，尽管其记录内部已经有了某些结构，但记录之间没有联系。

实现整体数据的结构化是数据库的主要特征之一，也是数据库系统与文件系统的本质区别。

如前所述，不仅数据是结构化的，而且存取数据的方式也很灵活，可以存取数据库中的某一个数据项、一组数据项、一个记录或一组记录。而在文件系统中，数据的最小存取单位是记录。

2. 数据的共享性高，冗余度低，容易扩充

数据可以被多个用户、多个应用同时使用。虽然文件系统中的数据也可能被共享，但不能被同时使用。

冗余度是指同一数据被重复存储的程度。在数据库系统中由于数据的结构化，使冗余度尽可能降到最低程度。

由于设计时主要考虑数据结构化，即面向系统，而不是面向某个应用，所以容易扩充。数据库系统可能因为某个应用而产生，但设计时不能只考虑被某个应用所专用。

数据共享和减少冗余还能避免数据之间的不相容性和不一致性。

例如，某人先后在两个部门工作，1986—1990 年在甲部门，1990—1996 年在乙部门，在写档案材料时，甲部门记录为1986—1990年，由于信息不共享，加之工作疏忽，乙部门写成了1989—1996年，即造成了不相容，两部门之间重复了1年。

例如，某学生名为李萍，由于信息不共享，该生所在的学院输入的姓名为“李萍”，但宿舍管理科输入的姓名为“李平”，即造成了数据的不一致。

由于数据面向整个系统，是带结构的数据，不仅可以被多个应用共享，而且容易增加新的应用，这就使得数据库系统易于扩充，可以适应各种用户的要求。可以取整体数据的各种子集用于不同的应用系统，当需求改变或增加时，只要重新选取不同的子集或添加一部分数据便可以满足新的需求。

3. 数据独立性高

数据独立性是数据库领域中的一个常用概念，包括数据的物理独立性和逻辑独立性。

物理独立性是指当数据的存储结构（或物理结构）改变时，通过DBMS的相应改变可以保持数据的逻辑结构不变，从而应用程序也不必改变。也就是说，数据在磁盘等存储介质上怎样存储由DMBS管理，用户程序不需要了解，应用程序要处理的只是数据的逻辑结构。这样当数据的物理存储改变时，应用程序也不用改变。

逻辑独立性是指用户的应用程序和数据库的逻辑结构是相互独立的，在数据库的逻辑结构发生改变时，用户的程序不需要改变。比如，在学生数据库中，原来存储的字段有（学号，姓名，班级，籍贯）信息，在学生考试后，需要增加“成绩1”、“成绩2”、“成绩3”等字段，虽然数据库的逻辑结构由（学号，姓名，班级，籍贯）改变为（学号，姓名，班级，籍贯，成绩1，成绩2，成绩3），但在学生基本情况的查询中不需要改变应用程序，整个系统仍然正常运行。

数据独立性是由DBMS的二级映像功能来保证的（将在1.4节介绍）。数据库与应用程序是相互独立的，把数据的定义从程序中分离出来，数据的存取由DBMS负责，从而简化了应用程序的编制，大大减少了应用程序的维护和修改量。

4. 数据由DBMS统一管理和控制

数据库的数据共享是并发的（Concurrency），也就是多个用户可以同时存取数据库中的数据，甚至可以同时读取数据库中的同一个数据。

为此，DBMS提供以下几个方面的数据控制功能。

（1）数据的安全性（Security）保护

数据的安全性是指保护数据，防止不合法的使用对数据造成泄露或破坏。每个用户只能按事先约定，对某些数据以某些方式进行使用和处理。

（2）数据的完整性检查

数据的完整性指数据的正确性、有效性和相容性。完整性检查将数据控制在有效的范围内，或要求数据之间满足一定的关系。

- 正确性：如输入成绩时，应该输入数值，而实际输入了字符，即不正确。
- 有效性：如输入年龄时，应该输入0～150之间的数据，而实际输入了–5，即无效。
- 相容性：如统计成绩时，优、良、中、及格、不及格的百分比之和应为100%，而实际输入数据加起来大于100%，即不相容。

（3）并发控制

当多个用户读取和修改数据库时，可能会发生相互干扰而得到错误的结果或使得数据库的完整性遭到破坏，因此必须对多用户的并发操作进行控制和协调。

（4）数据库恢复

计算机系统的硬件故障、软件故障、操作员的失误及故意破坏也会影响数据库中数据的正确性，甚至造成数据库中部分或全部数据的丢失。DBMS 必须具有将数据库从错误状态恢复到某一已知的正确状态（也称为完整状态或一致状态）的功能，这就是数据库的恢复功能。

综上所述，数据库是长期存储在计算机内的有组织的大量共享数据的集合。它可以供多个用户共享，具有最小冗余度和较高的数据独立性。DBMS 在数据库建立、运行和维护时对数据库进行统一的控制，以保证数据的完整性、安全性，并在多用户同时使用数据库时进行并发控制，在发生故障后对系统进行恢复。

数据库系统的出现，使信息系统从以简单的数据加工为中心，转向围绕共享的数据库为中心的新阶段。这样既便于数据的集中管理，又有利于应用程序的研制和维护，提高了数据的利用率和相容性，以及决策的可靠性。

目前，数据库已经成为现代信息系统中不可分离的重要组成部分，具有数百万甚至数十亿字节的信息的数据库已经普遍存在于科学技术、工业、农业、商业、服务业和政府部门的信息系统中。

1.2.4　数据库管理系统的功能

一般来说，数据库管理系统的功能主要包括以下 6 个方面。

1．数据定义

数据定义包括定义构成数据库的模式、存储模式和外模式，各个外模式与模式之间的映射，模式与存储模式之间的映射，有关的约束条件等。例如，为保证数据库中数据具有正确性而定义的完整性规则，以及为保证数据库安全而定义的用户口令和存取权限等。

2．数据操纵

数据操纵包括对数据库数据的检索、插入、修改和删除等基本操作。

3．数据库运行管理

对数据库的运行管理是 DBMS 的核心功能，包括对数据库进行并发控制、安全性检查、完整性约束条件的检查和执行、数据库的内部维护（如索引、数据字典的自动维护）等。所有访问数据库的操作都要在这些控制程序的统一管理下进行，以保证数据的安全性、完整性、一致性，以及多用户对数据库的并发使用。

4．数据组织、存储和管理

数据库中需要存放多种数据，如数据字典、用户数据、存取路径等，DBMS 负责分门别类地组织、存储和管理这些数据，确定以何种文件结构和存取方式物理地组织这些数据，如何实现数据之间的联系，从而提高存储空间的利用率，提高随机查找、顺序查找、增、删、改等操作的时间效率。

5．数据库的建立和维护

建立数据库包括数据库初始数据的输入与数据转换等。维护数据库包括数据库的转储与恢复、数据库的重组织与重构造、性能的监视与分析等。

6．数据通信接口

DBMS 需要提供与其他软件系统进行通信定义的功能。例如，提供与其他 DBMS 或文件系统的接口，从而能够将数据转换为另一个 DBMS 文件系统所能够接受的格式，或者接收其他 DBMS 或文件系统的数据。

1.3 数据模型

数据模型是数据库系统的核心和基础，在各种型号的计算机上实现的DBMS都是基于某种数据模型的。

在现实生活中，模型的例子随处可见，一张地图、一座楼的设计图都是具体的模型。这些模型都能很容易使人联想到现实生活中的事物。

人们在对数据库的理论和实践进行研究的基础上提出了各种模型。由于计算机不能直接处理现实世界中的具体事物，所以人们必须事先把具体事物转换成计算机能够处理的数据。

数据库系统的主要功能是处理和表示对象和对象之间的联系。这种联系用模型表示就是数据模型，它是人们对现实世界的认识和理解，也是对客观现实的近似描述。在不同的数据库管理系统中，应使用不同的数据模型，但不管采用什么样的模型，都要满足以下基本要求：

- 能按照人们的要求真实地表示和模拟现实世界；
- 容易被人们理解；
- 容易在计算机上实现。

数据模型更多地强调数据库的框架和数据结构形式，而不关心具体数据。

不同的数据模型实际上是提供模型化数据和信息的不同工具，根据模型应用的不同目的，可以将这些数据模型划分为两类，它们分别属于不同的层次。

第一类模型是概念模型。它是按用户的观点来对数据和信息建模，主要用于数据库设计。

第二类模型是数据模型，主要包括网状模型、层次模型、关系模型等。它是按计算机系统的观点对数据建模，主要用于 DBMS 的实现。

1.3.1 概念模型

如果直接将现实世界按具体数据模型进行组织，则需要考虑很多因素，设计工作非常复杂，并且效果也不理想，因此需要一种方法，对现实世界的信息进行描述。人们需要通过这种方法把现实世界抽象为信息世界，然后再通过相应的 DBMS 将信息世界转化为机器世界。在把现实世界抽象为信息世界的过程中，只抽取需要的元素及其关联，这时所形成的模型就是概念模型。在抽象出概念模型后，再把概念模型转换为计算机上某一 DBMS 支持的数据模型。概念模型不涉及数据组织，也不依赖于数据的组织结构，它只是现实世界到机器世界的一个中间描述形式。

目前，描述概念模型最常用的方法是实体-联系方法（即 E-R 方法），它是 P. P. s. chen 于 1976 年提出的。这种方法由于简单、实用，得到了非常普遍的应用。这种方法使用的工具称作 E-R 图，人们也把这种描述结果称为 E-R 模型。

1. 实体（Entity）

在 E-R 图中用矩形表示一个实体，给一类实体取一个名字，叫作实体名（如读者）。在 E-R 图中，实体名写在矩形框内，如图 1-8 所示，“读者”就是一个实体。

2. 属性（Attribute）

E-R 图中实体的属性用椭圆框表示（见图 1-8），框内是属性名，并用连线连到相应的实体。一个实体可以具有若干个属性。例如，读者可以有编号、姓名、班级、出生日期等属性，不同的属性值可以确定具体的读者。在图 1-9 中，可以确定读者编号为 R003，姓名为刘美丽，班级为网络 1302，出生日期为 1994/2/16 的读者。

与属性相关的概念有以下几个。

（1）码（Key）

唯一标识实体的属性集称为码。例如，读者的编号就是一个码（当然也可以是其他的属性或属性集）。对不同的学生实体，码值一定是唯一的，不允许出现多个实体具有相同的码值的情况。图 1-9 中的读者编号就是读者实体的码。由于存在重名现象，所以通常姓名不被选为码。

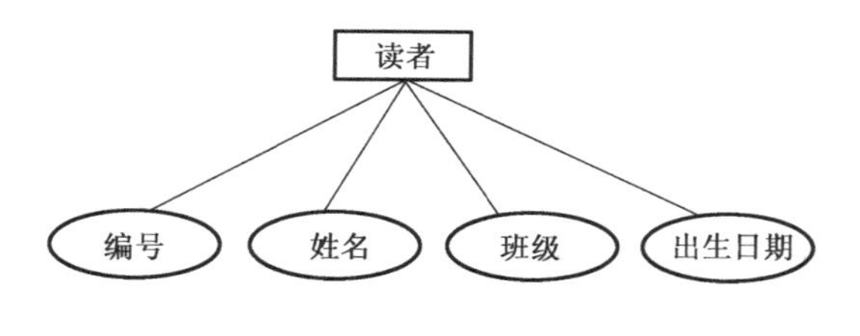

图 1-8　学生作为一个实体

读者编号	姓名	班级	出生日期
R001	张建国	计科 1401	1995/9/25
R002	马卫东	电子 1401	1994/5/8
R003	刘美丽	网络 1302	1994/2/16
R004	马力强	电子 1401	1995/12/18
R006	张庆奎	电子 1401	1994/5/8

图 1-9　实体的码

（2）域（Domain）

实体属性的取值一般受某个条件的约束，如果取值不满足约束条件，则认为是一种非法的值，这个约束条件确定的取值范围称为该属性的域。

例如，学生性别的域是{“男”,“女”}，而成绩的取值范围通常会是{0,1,2,…,100}。

（3）实体型（Entity Type）

一类实体的实体名及其属性名集合就构成了实体型。在一个数据库中，同一类实体的实体型是相同的，即它们的实体名及实体的属性名都是一样的。为了方便起见，我们认为这些属性的排列顺序也是一致的。

例如，图书（图书编号，书名，作者，出版社，单价，出版日期）就是表示图书实体的实体型。

（4）关系模式（Relation Schema）

对关系的描述称为关系模式，一般表示为：

关系名（属性 1，属性 2，…，属性 n）

例如，图书（图书编号，书名，作者，出版社，单价，出版日期）就是描述图书的关系模式。

（5）实体集（Entity Set）

具有相同实体型的实体组成的集合称为实体集。

例如，在一个图书管理系统中，一个图书馆的全部图书具有相同的实体型，这些图书实体的集合就是一个实体集。

3. 联系

在现实世界中，事物内部和事物之间是有联系的，这些联系在信息世界中包括实体内部的联系和实体之间的联系。实体内部的联系通常指组成实体的各属性之间的联系，实体之间的联系通常指不同实体集之间的联系。

实体之间的联系可以分为以下 3 类。

（1）一对一联系（1∶1）

如果对于实体集 A 中的每个实体，实体集 B 中至多有 1 个（也可以没有）实体与之相联系，反之亦然，则称实体集 A 与实体集 B 之间具有一对一的联系，记为 1∶1。

例如，在学校里，一个班只有一个班长，而一个班长只能是一个班的班长，所以班级和班长之间就是一对一的联系。

（2）一对多联系（1∶*n*）

如果对于实体集A中的每个实体，实体集B中有*n*个实体（$n \geqslant 0$）与之联系；反之，对于实体集B中的每个实体，实体集A中至多有1个实体与之联系，则称实体集A与实体集B有一对多联系，记为1∶*n*。

例如，班级与学生之间的联系。一个班级有若干名学生，而每个学生只在一个班中学习，则班级与学生之间就是一对多的联系。

（3）多对多联系（*m*∶*n*）

如果对于实体集A中的每个实体，实体集B中有*n*个实体（$n \geqslant 0$）与之联系；反之，对于实体集B中的每个实体，实体集A中也有*m*个实体（$m \geqslant 0$）与之联系，则称实体集A与实体集B具有多对多的联系，记为*m*∶*n*。

例如，读者与图书之间的联系就是多对多的联系。一本图书同时有若干个读者选读，一名读者可以同时选读多本图书。

一般在E-R图中，用菱形表示联系，内部写上联系的名称，两端分别用连线连接发生联系的实体，并分别标上联系的类型。

图1-10所示为实体之间的联系的3种不同的类型。

一般来说，两个以上的实体之间也可以存在一对一、一对多和多对多的联系。

如对于课程、教师和学生这3个实体，如果一门课程可以有若干老师讲授，而每名老师可以讲授多门课程，每名学生可以学习多门课程，则老师和学生之间是*n*∶*p*的联系，老师和课程之间是*n*∶*m*的联系，而学生和课程之间是*p*∶*m*的联系，如图1-11所示。

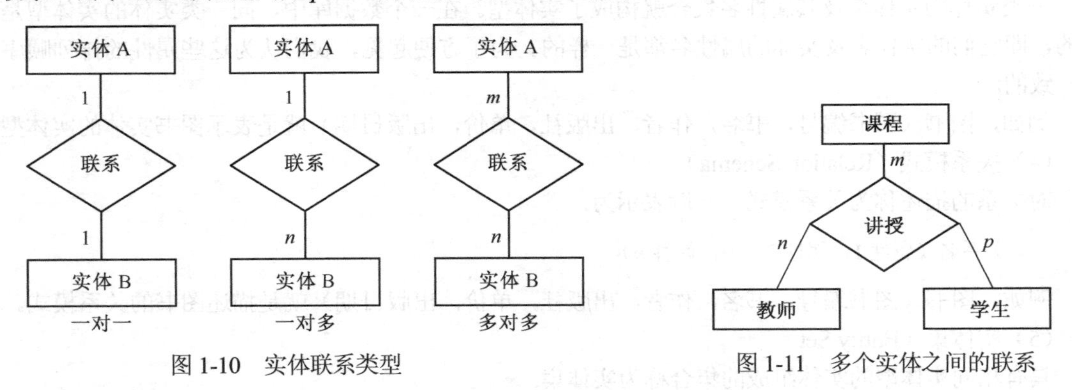

图1-10 实体联系类型

图1-11 多个实体之间的联系

1.3.2 数据模型

数据模型通常由数据结构、数据操作和完整性约束3部分组成。

1．数据结构

数据结构是所研究的对象类型及其相互关联的集合，它用来描述系统数据集合的结构，可分为语义结构和组织结构两类，是对系统静态特性的描述。

语义结构是指应用实体、应用语义之间的关联，它是与数据类型、内容、性质有关的对象。

组织结构是指用来表达实体及关联的数据的记录和字段结构，它是与数据之间联系有关的对象。

在数据库系统中通常按照数据结构的类型来命名数据模型。例如，层次结构、网状结构和关系结构的模型分别叫作层次模型、网状模型和关系模型。

2. 数据操作

数据操作是指对数据库中各种对象（型）的实例（值）允许执行的操作及这些操作规则的集合。数据操作用来描述系统的信息变化，是对系统动态特性的描述。

数据操作的种类如下。

① 引用类：不改变数据组织结构与值，如查询。

② 更新类：对数据组织结构与值进行修改，如增、删、改。

3. 完整性约束

数据的完整性约束条件是一组完整性规则的集合。完整性规则是给定的数据模型中的数据及其联系所具有的制约和依存规则，用以限定符合数据模型的数据库状态及状态的变化，以保证数据的正确性、有效性和相容性。

例如，在学校的管理信息数据库中规定学生入学成绩不能低于550分，学生毕业的学分必须达到120分等。

1.3.3 常用数据模型

1. 层次模型（Tree Type Model）

层次模型也称树形模型。它是以记录为节点，以记录之间的联系为边的有向树。在层次模型中，最高层只有一个记录，该记录称为根记录，根记录以下的记录称为从属记录。一般来说，根记录可以有多个从属记录，每个从属记录又可以有任意多个低一层的从属记录。由此可见，层次模型中的实体联系是一对多的对应关系。

图1-12所示为一个简单的层次模型。

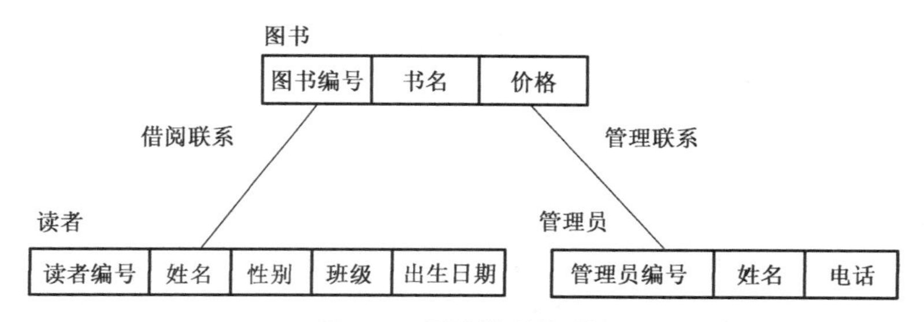

图1-12 层次模型的示例

从图1-12中可以看出，层次模型具有两个突出的问题。首先，在层次模型中具有一定的存取路径，它仅允许自顶向下的查询。按照图1-12，该模型比较适用于以下查询：查询某本书的情况、查询借阅本书的读者的情况、查询管理某图书的管理员的情况。但在查询某管理员所管理学生的情况时，因为管理员和读者之间没有自顶向下的路径，所以无法查询。这时需要把查询分成两个子查询，先查询某读者借阅的图书，当得到所借阅的图书时，再查询管理这本图书的管理员的情况。因此，在设计层次模型时，要仔细考虑存取路径的问题，因为路径一经确定就不能改变。由于路径的问题，给用户带来了不必要的麻烦，尤其是用户要花费时间和精力去解决那些由层次结构产生的问题。层次结构中引入的记录越多，层次变得越复杂，问题会变得越糟糕，从而使应用程序变得比问题要求的还要复杂，其结果是程序员在编写、调试和维护程序时花费的时间将比查询本身需要的时间还多。

另外，层次模型比较适合于表示数据记录之间一对多的联系，而表示多对多和多对一的联系则非常不方便。

2．网状模型（Network Model）

为了克服层次模型的局限性，美国数据系统语言协会CODASYL的数据库任务小组（DBTG）在其发表的报告中首先提出了网状模型。在网状模型中用节点表示实体，用系表示两个实体之间的联系。网状模型是一种较通用的模型，从图论的观点看，它是一个不加任何条件的无向图。网状模型与层次模型的根本区别如下：

- 一个子节点可以有很多的父节点；
- 在两个节点之间可以有两个或多种联系。

显然层次模型是网状模型的特殊形式。网状模型是层次模型的一般形式。

图1-13所示为学生选课系统数据库的网状模型的数值化后的实例。为了简化，图中只取000913、000914、000915三名学生和C_1、C_2、C_3三门课程。从图1-13中可以看出，所有的实体记录都具有一个以其为始点和终点的循环链表，而每个系都处于两个链表中，一个是课程链，一个是学生链。从而根据学生查找课程和根据课程查找学生都非常方便。这种以两个节点和一个系构成的结构是网状模型的基本结构，一个节点可以处于几个基本结构中，这样就形成了网状结构。

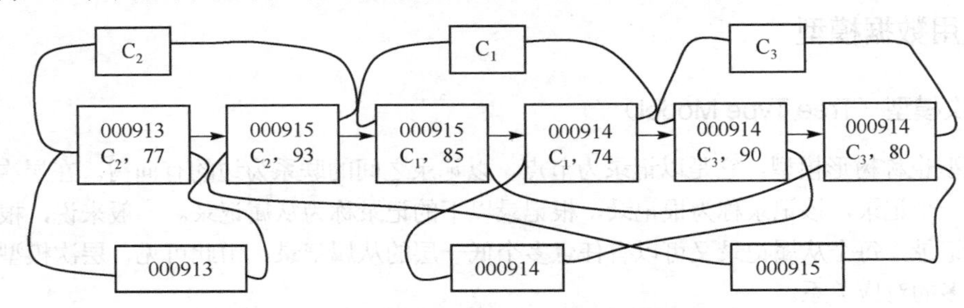

图1-13 学生选课数据库的网状模型的数值化图示

网状模型在结构上比层次模型复杂，因而它在查询方式上要比层次模型优越。在网状模型中，对数据的查询可以使用两种方式：

- 从网络中任一个节点开始查询；
- 沿着网络中的路径按任何一个方向查询。

从网状结构中可以看出，这是一种对称结构。对于根据读者查图书和根据图书查读者这种对称的查询，在网状模型中所使用的查询语句格式是相同的。尽管网状模型比层次模型具有对称性，也不能使其查询变得简单，因为它支持的数据结构种类较多，从而势必造成操作的复杂性。因此，网状模型的主要缺点是数据结构本身及其相应的数据操作语言都极为复杂。一般来说，结构越复杂，功能就越强，所要处理的操作也越复杂，因此相应的数据操作语言也变得更为复杂。而且由于其结构的复杂，给数据库的设计带来了很大困难。

3．关系模型（Relational Model）

在现实生活中经常用到数据表格，如学生的成绩单、教师的工资表等。如果在DB中也能够以表格的形式来表达和管理信息，会使用户感到更方便。1970年IBM公司的E. F. Codd提出了关系模型，开创了数据库系统的新纪元。

关系模型是以关系代数为理论基础，以集合为操作对象的数据模型，其表现形式正好是在现实生活中经常用到数据表格——二维表。对一些非常复杂的表格，通常在关系模型中可以用多个二维表来表示。这些二维表通常有一定的联系，人们从不同的二维表中抽取有用的信息，构建新的表格来表达这些联系。

表 1-2、表 1-3 和表 1-4 所示为关于读者和图书的表。

表 1-2　读者表

读者编号	姓名	班级	出生日期
R001	张建国	计科 1401	1995/9/25
R002	马卫东	电子 1401	1994/5/8
R003	刘美丽	网络 1302	1994/2/16
R004	马力强	电子 1401	1995/12/18
⋮	⋮	⋮	⋮

表 1-3　图书表

图书编号	书名	作者	出版社	价格	出版日期
B001	数据库技术及应用	王大力	电子工业出版社	29.8	2014/2/5
B002	C 程序设计	谭浩强	清华大学出版社	32.5	2012/5/8
B003	高等数学	张强壮	高等教育出版社	22.9	2000/10/28
B004	算法与数据结构	刘卫国	机械工业出版社	35.6	2013/7/19
⋮	⋮	⋮	⋮	⋮	⋮

在关系模型中，通常把二维表称为关系。表中的每一行称为元组，相当于通常所说的记录，每一列称为属性，相当于记录中的一个数据项。一个关系若有 *k* 个属性则称为 *k* 元关系。

表 1-4　读者和图书联系表

读者编号	图书编号
R001	B002
R001	B008
R002	B002
R002	B005
⋮	⋮

一个关系具有如下性质：

- 没有两个元组在所有属性上的值是完全相同的；
- 行的次序无关；
- 列的次序无关。

关系模型具有以下特点：

① 描述的一致性。无论实体还是实体之间的联系都用关系来描述，从而保证了数据操作语言的一致性。对于每一种基本操作功能（插入、删除、查询等），都只需要一种操作运算。

② 利用公共属性连接。关系模型中各关系之间都是通过公共属性发生联系的。例如，学生关系和选课关系是通过公共属性学号实现连接的，而选课关系与课程关系可以通过课程号连接。

③ 结构简单直观。采用表结构，用户容易理解，更接近于一般用户的习惯，并且在计算机中的实现也比较方便。

④ 有严格的理论基础。关系的数学基础是关系代数，对关系进行的数据操作相当于关系代数中的关系运算。这样，在关系模型中的定义与操作均建立在严格的数学理论基础之上。

⑤ 语言表达简练。在进行数据库查询时，不必像前两种模型那样需要事先规定路径，而是用严密的关系运算表达式来描述查询，从而使查询语句的表达非常简单直观。

关系模型的缺点是在查询时需要执行一系列的查表、拆表和并表操作，故执行时间较长。不过，目前的关系数据库系统大都采用查询优化技术，使得查询操作基本克服了速度慢的缺陷。

1.4　数据库系统结构与组成

1.4.1　数据库系统的三级模式结构

在数据模型中有型（Type）和值（Value）的概念。型是指对某一类数据的结构和属性的说明，值是型的一个具体赋值。

模式仅仅涉及对型的描述，不涉及具体的值。模式的一个具体值称为模式的一个实例。同一个模式可以有很多实例。模式是相对稳定的，而实例是相对变动的，因为数据库中的数据是在不断更新的。模式反映的是数据的结构及其联系，而实例反映的是数据库某一时刻的状态。

例如，读者（读者编号，姓名，班级，出生日期）定义了一名读者关系，那么（R002，马卫东，电子1401，1994/5/8）则是该关系的一个实例。

实际的数据库系统软件产品多种多样，支持不同的数据模型，使用不同的数据库语言，建立在不同的操作系统之上，数据的存储结构也各不相同，但是大多数数据库系统在总的体系结构上都具有三级模式的结构特征。数据库系统的三级模式结构由外模式、模式和内模式组成，如图1-14所示。

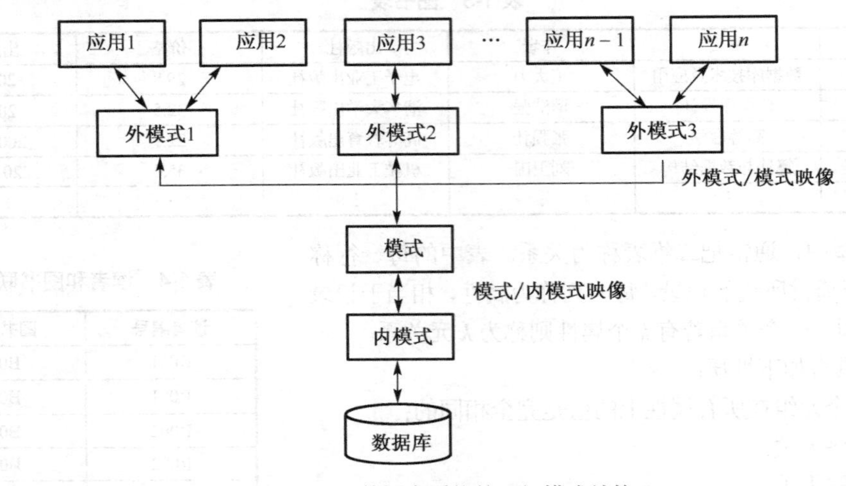

图1-14　数据库系统的三级模式结构

数据库系统的三级模式对应数据的3个抽象级别，数据的具体组织由DBMS管理，这使得用户能够逻辑、抽象地处理数据，而不必关心数据在计算机中的表示和存储。为了实现这3个层次的联系和转换，数据库系统在这三级模式中提供了外模式/模式和模式/内模式的两级映像功能。

1．模式（Schema）

模式，也称为逻辑模式，是数据库中全体数据的逻辑结构和特性的描述。模式不涉及数据的物理存储细节和硬件环境，也与具体的用户无关。模式通常以某一种数据模型为基础，除了定义数据的逻辑结构外，还要定义与数据有关的安全性、完整性要求。例如，数据记录由哪些数据项构成，数据项的名字、类型、取值范围等，而且要定义数据之间的关系。

数据库系统提供模式描述语言（模式DDL）来严格地描述这些内容。用模式DDL写出的一个数据库逻辑结构的全部语句称为某一个数据库的模式。模式是对数据库结构的一种描述，而不是数据库本身，它是数据的一个框架。

2．外模式（External Schema）

外模式，也称为子模式或用户模式，它针对某一具体用户而设置，是这类用户看到和使用的局部数据的逻辑结构和特征的描述，也就是这类用户的数据视图。同一外模式可以为某一用户的任意多个应用使用。

比如有一个读者数据库，实体包括（读者编号，姓名，班级，出生日期）等属性，这是这个数据库的模式，但在图书借阅管理系统中，不要求某个用户接触到班级、出生日期信息。那么可以定义一个视图作为外模式，使实体只包含有（读者编号，姓名），这种专门给某用户定义的视图是原数据库的一个子集，该用户所能看到的只是视图中的字段的值，而其他的值看不到。

数据库系统提供外模式描述语言（外模式 DDL）来描述用户数据视图。用外模式 DDL 写出的一个用户数据视图的逻辑结构的全部语句称为此用户的外模式。外模式 DDL 和用户选用的程序设计语言具有相容的语法。

3. 内模式（Internal Schema）

内模式描述了数据库的存储方式，定义了所有内部记录的类型、索引和文件的结构，以及如何对数据进行控制的要求，又称为存储模式。

我们能看到的是数据库逻辑结构，但数据在计算机中的存储方式并不是我们所看到的那样。一个数据库的数据具体在物理上是如何存储的，是由数据库系统的内模式来定义的。

1.4.2 二级映像与数据独立性

数据库系统的三级模式对应数据的 3 个抽象级别，它把数据的具体组织工作留给 DBMS 管理，使用户能方便地处理数据，而不用关心数据在计算机中的具体表示方法与存储方式。为了能够在内部实现这三个抽象层次的联系和转换，数据库管理系统在这三级模式之间提供了二级映像功能。

1. 外模式/模式映像

模式描述的是数据的全局逻辑结构，外模式描述的是数据的局部逻辑结构。对一个给定的模式，可以根据不同用户的需求，设计出多个不同的外模式。在外模式和模式之间定义一个映像来反映外模式与模式之间的对应关系，当模式改变时（如增加新的关系、新的属性、改变属性的数据类型等），由数据库管理员对各个外模式/模式的映像做相应的修改，可以使外模式保持不变。由于应用程序是依据数据的外模式编写的，所以应用程序不必修改，就能保证数据与程序的逻辑独立性，简称数据的逻辑独立性。

对于每一个外模式，数据库系统都有一个外模式/模式映像。这些映像定义通常包含在各自外模式的描述中。

2. 模式/内模式映像

在数据库的模式和内模式之间，定义一个数据库全局逻辑结构和存储结构之间的对应关系，这个关系就是模式/内模式映像。

由于数据库只有一个模式，也只有一个内模式，所以模式/内模式映像是唯一的。当数据库的存储结构改变时，由数据库管理系统对模式/内模式映像做相应的改变，可以使模式保持不变，保证了数据库的物理独立性，简称数据的物理独立性。

数据与程序之间的独立性，使得数据的定义和描述可以从应用程序中分离出来。另外，由于数据的存取有 DBMS 管理，用户不必考虑存取路径等细节，简化了应用程序的编制，大大减少了应用程序的维护和修改。

1.4.3 数据库系统的组成✎

数据库系统由数据库、数据库管理系统、应用程序、数据库的软硬件支撑环境、数据库管理员等部分组成。

1. 硬件支撑环境

硬件是存储数据库和运行数据库管理系统的物质基础。数据库系统对硬件的要求是：有足够大的内存以存放操作系统、DBMS 例行程序、应用程序、数据库表等，有大容量的直接存取外存储器供存放数据和系统副本，有较强的数据通道能力以提高数据处理速度。有些数据库系统还要求提供网络环境。

2．软件系统

数据库系统的软件主要包括以下几种。

（1）数据库管理系统（DBMS）

DBMS 是数据库系统的核心，用于数据库的建立、使用和维护。

（2）支持 DBMS 运行的操作系统（OS）

DBMS 向操作系统申请所需的软、硬件资源，并接受操作系统的控制和调度，操作系统是 DBMS 与硬件之间的接口。

（3）具有与数据库接口的高级语言及其编译系统

为了开发数据库应用系统，还需要有各种高级语言及其编译系统。这些高级语言应具有与数据库的接口，这需要扩充或修改原有的编译系统或研制新编译系统来标识和转换高级语言中存取数据库的语句，实现对数据库的访问。例如，Microsoft 的开放数据库连接（ODBC，Microsoft Open Database Connectivity）软件标准，使基于 Windows 的应用程序可方便地访问多种数据库系统的数据。Microsoft 的开放数据库连接标准不仅定义了 SQL 语法规则，而且还定义了 C 语言与 SQL 之间的程序设计接口。经过编译的 C 语言或 C++语言程序有可能对任何带有 ODBC 驱动程序的 DBMS 进行访问。

（4）以 DBMS 为核心的应用开发工具软件

应用开发工具软件是系统为应用开发人员和最终用户提供的功能强大、效率高的应用生成器或第四代非过程语言等软件工具，如表格软件、图形系统、数据加载程序等。这些工具软件为数据库系统的开发和应用提供了有力的支持。

（5）为特定应用环境开发的数据库应用系统

为特定应用环境开发的数据库应用系统是利用应用开发工具软件开发的专门用于某一个特定应用的系统。该系统一般针对于某个企事业单位或某个部门的工作需要，如针对于学校的学生的学籍管理系统。

3．数据库

通俗地讲，数据库是一个单位、组织需要管理的全部相关数据的集合，并以一定的组织形式存于存储介质中。它是数据库系统的基本成分，通常包括两部分内容：一个是按照一定的数据模型组织并实际存储的所有应用需要的数据，存放在数据库中；另一个是存放在数据字典（Data Dictionary）中的各级模式的描述信息，主要包括所有数据的结构名、意义、描述定义、存储格式、完整性约束、使用权限等信息。关系数据库的数据字典主要包括对基本表、视图的定义，以及存取路径（索引、散列等）、访问权限和用于查询优化的统计数据等的描述。

由于数据字典包含数据库系统中的大量描述信息（而不是用户数据），因此也称为描述数据库。

在结构上，数据字典也是一个数据库，为了区分物理数据库中的数据和数据字典中的数据，通常将数据字典中的数据称为元数据，组成数据字典文件的属性称为元属性。

数据字典是 DBMS 存取和管理数据的基本依据，主要由系统管理员使用。在关系数据库系统中，数据字典通常包含下列文件。

① 表示数据库文件的文件：每条记录对应一个数据库文件定义，记录了文件的名字、码、文件类型等。

② 表示数据库中属性的文件：每条记录对应一个属性定义，指出该属性所在文件的文件名、数据类型、长度及取值范围、是否可为空值等。

③ 视图定义文件：每条记录对应一个视图定义，有视图名、定义语句等元属性。

④ 同义词文件：每条记录对应一个同义词定义，指出所代表的一个数据库文件。

⑤ 授权关系文件：每条记录对应一个数据库文件的一次授权关系定义，包含授权种类（读、写等）、授权人和被授权人等元属性。

⑥ 索引关系文件：每条记录对应一个索引定义，记录索引对象及性质等。

4. 人员

人员是指开发、管理和使用数据库系统的人员，主要包括数据库管理员、系统分析员和数据库设计人员、应用程序员和最终用户。不同的人员涉及不同的数据抽象级别，具有不同的数据视图，拥有不同的职责。

（1）数据库系统管理员

数据库的设计、建立、管理、维护和协调各用户对系统数据库的要求等工作只靠一个DBMS是远远不够的，还要有专门的人员完成，这些人称为数据库管理员（DBA，DataBase Administrator）。DBA应该对程序语言和系统软件都比较熟悉，还要了解各应用部门的所有业务工作。DBA不一定只是一个人，尤其对一些大型数据库系统，它往往是一个工作小组。

DBA是控制数据整体结构的一组人员，负责数据库系统的正常运行，承担创建、监控和维护数据库结构的责任。DBA必须熟悉企业全部数据的性质和用途，并对所有用户的需求有充分的了解。DBA还必须对系统的性能非常熟悉，兼有系统分析员和运筹学专家的品质。

DBA有两个很重要的工具：一个是语义系列的使用程序，如DBMS中的装配、重组、日志、恢复、统计分析等程序；另一个是数据字典（DD，Data Dictionary）系统，管理着三级结构的定义。DBA可以通过DD掌握整个系统的工作情况。

由于职责重要和任务复杂，DBA一般由业务水平较高、资历较深的人员担任。

DBA的主要职责如下。

① 参与数据库系统的设计与建立。

在设计和建立数据库时，DBA参与系统分析与系统设计，决定整个数据库的内容。首先全面调查用户需求，列出用户问题表，建立数据模式，并写出数据库的概念模式。然后与用户一起建立外模式，根据应用需求决定数据库的存储结构和存取策略，建立数据库的内模式。最后将数据库各级模式经过编译生成目标模式并装入系统，然后把数据装入数据库。

② 决定数据库的存储结构和存取策略。

DBA要综合各用户的应用要求，与数据库设计人员共同决定数据的存储结构和存取策略，以求获得较高的存取效率和存储空间利用率。

③ 对系统的运行进行监控。

在数据库运行期间，为了保证有效地使用DBMS，要对用户的存取权限进行监督和控制，并收集、统计数据库运行的有关状态信息，记录数据库数据的变化。在此基础上响应系统的某些变化，改善系统的“时空”性能，提高系统的执行效率。

④ 定义数据的安全性要求和完整性约束条件。

DBA负责确定用户对数据库的存取权限、数据的保密级别和完整性约束条件，以保证数据库数据的完整性和安全性。

⑤ 负责数据库性能的改进和数据库的重建及重构工作。

DBA负责在系统运行期间监控系统的空间利用率、处理效率等性能指标，对运行情况借助于监视和分析实用程序进行统计分析，并根据实际应用环境不断改进数据库的设计，提高数据库的性能。

在数据库运行过程中，由于数据的不断插入、删除、修改，时间一长会影响系统的功能，因此，DBA要定期对数据库进行重组，以提高数据库的运行性能。

当用户对数据库的需求增加或修改时，DBA还要对数据库模式进行必要的修改，以及由此引起的数据库的修改，即对数据库进行重构。

DBA负责数据库的恢复。数据库在运行过程中，由于软、硬件故障会受到破坏，所以有DBA决定数据库的后援（即如何建立数据库的副本）和恢复策略，负责恢复数据库的数据。

DBA在执行上述任务时，通常可以利用若干专用程序工具软件实现各种操作。

（2）系统分析员

系统分析员负责应用系统的需求分析和规范说明，与DBA和用户一起确定数据库系统的硬件平台和软件配置，并参与数据库系统的设计。

（3）数据库设计人员

数据库设计人员负责数据库中数据的确定、数据库各级模式的设计，必须参加用户需求调查和系统分析。

（4）应用程序员

应用程序员负责设计和编制应用系统的程序模块，并进行调试和安装。

（5）用户

用户通过应用系统的用户接口使用数据库。对简单用户，主要工作是对数据库进行查询和修改，而一些高级用户能够直接使用数据库查询语言访问数据库。

总之，在各种人员中，用户对应于应用系统的具体数据，应用程序员对应于外模式，DBA、系统分析员和数据库设计人员对应于外模式、模式、内模式和数据库这几个抽象级别的工作。

习 题 1

1.1 选择题

1. 现实世界中客观存在并能相互区别的事物称为（ ）。

   A. 实体　B. 实体集　C. 字段　D. 记录

2. 现实世界中事物的特性在信息世界中称为（ ）。

   A. 实体　B. 实体标识符　C. 属性　D. 关键码

3. 在下列实体类型的联系中，属于一对一联系的是（ ）。

   A. 教研室和教师的联系　B. 父亲和孩子的联系

   C. 省和省会的联系　D. 供应商和工程项目的供货联系

4. 层次模型必须满足的一个条件是（ ）。

   A. 每个节点都可以有一个以上的父节点　B. 有且仅有一个节点无父节点

   C. 不能有节点无父节点　D. 可以有一个以上节点无父节点

5. 采用二维表格结构表达实体类型及其实体间联系的数据模型是（ ）。

   A. 层次模型　B. 网状模型　C. 关系模型　D. 实体联系模型

6. 数据逻辑独立性是指（ ）。

   A. 模式改变，外模式和应用程序不变　B. 模式改变，内模式不变

   C. 内模式改变，模式不变　D. 内模式改变，外模式和应用程序不变

7. 物理数据独立性是指（　　）。

A. 模式改变，外模式和应用程序不变　　B. 模式改变，内模式不变

C. 内模式改变，模式不变　　D. 内模式改变，外模式和应用程序不变

8. 数据库（DB）、DBMS、DBS 三者之间的关系是（　　）。

A. DB 包括 DBMS 和 DBS　　B. DBS 包括 DB 和 DBMS

C. DBMS 包括 DB 和 DBS　　D. DBS 与 DB 和 DBMS 无关

9. 在数据库系统中，用（　　）描述全部数据的整体逻辑结构。

A. 外模式　　B. 存储模式　　C. 内模式　　D. 模式

10. 在数据库系统中，用户使用的数据视图用（　　）来描述，它是用户与数据库系统之间的接口。

A. 外模式　　B. 存储模式　　C. 内模式　　D. 模式

11. 数据库系统达到了数据独立性是因为采用了（　　）。

A. 层次模型　　B. 网状模型　　C. 关系模型　　D. 三级模式结构

12. 在数据库系统中，使用专门的查询语言操作数据库的人员是（　　）。

A. 数据库管理员　　B. 专业人员

C. 应用程序员　　D. 最终用户

13. 在数据库中，负责物理结构与逻辑结构的定义的人员是（　　）。

A. 数据库管理员　　B. 专业人员

C. 应用程序员　　D. 最终用户

1.2 填空题

1. 数据库中存储的基本对象是__________。

2. __________是指数据库的整体逻辑结构改变时，尽量不影响用户的逻辑结构及应用程序。

3. __________是指数据库的物理结构改变时，尽量不影响整体逻辑结构、用户的逻辑结构及应用程序。

4. 根据不同的数据模型，数据库管理系统可分为__________、__________、__________和面向对象型。

5. 数据模型应当满足__________、__________和__________三方面的要求。

6. 在现实世界中，事物的个体在信息世界中称为__________，在机器世界中称为__________。

7. 在现实世界中，事物的每一个特性在信息世界中称为____________，在机器世界中称为__________。

8. 能唯一标识实体的属性集称为__________。

9. 属性的取值范围称为该属性的__________。

10. 两个不同的实体集的实体间有__________、__________和__________三种联系。

11. 表示实体和实体之间联系的模型称为__________。

12. 最著名、最常用的概念模型是__________。

13. 常用的数据模型有__________、__________和__________。

14. 数据模型的三要素包含数据结构、__________和__________。

15. 在 E-R 图中，用____________表示实体，用____________表示联系，用__________表示实体和联系类型的属性。

16. 用树形结构表示实体及实体间联系的数据模型称为__________。在该模型中，上层记录类型和下层记录类型之间的联系是__________。

17．用有向图结构表示实体及实体间联系的数据模型称为__________。

18．用二维表表示实体及实体间联系的数据模型称为__________。

19．关系模型由一个或多个__________组成集合。

20．数据库系统结构分为__________、__________和__________三级。

21．DBMS 提供了__________和__________功能，保证了数据库系统具有较高的数据独立性。

22．在数据库的三级模型结构中，单个用户使用的数据视图的描述称为__________。全局数据视图的描述称为__________，物理存储数据视图的描述称为__________。

23．数据独立性是指__________和__________之间相互独立，不受影响。

24．数据独立性分为__________独立性和__________独立性两级。

25．DBS 中最重要的软件是__________，最重要的用户是__________。

1.3 简答题

1．简述数据、数据库、数据库管理系统、数据库系统的概念。

2．实体型与关系模式有什么区别？

3．数据库系统有哪些特点？

4．什么是数据模型？数据模型的作用及三要素是什么？

5．试述数据库系统三级模式结构及其优点。

6．什么是数据库的逻辑独立性？什么是数据库的物理独立性？为什么数据库系统具有数据和程序的独立性？

7．数据库系统由哪几部分组成？

8．DBA 的职责是什么？

1.4 综合题

1．试给出 3 个实际部门的 E-R 图，要求实体之间具有一对一、一对多、多对多的各种不同的联系。

2．某工厂生产若干产品，每种产品由不同的零件组成，有的零件可以用在不同的产品中。这些零件由不同的原材料制成，不同零件所用的材料可以相同。这些零件按所属的不同产品分别放在仓库中，试用 E-R 图画出此工厂产品、零件、材料、仓库的概念模型。

3．某百货公司有若干连锁商店，每家商店经营若干商品，每家商店有若干职工，但每个职工只能服务于一家商店，试描述该百货公司的 E-R 模型，并给出每个实体、联系的属性。

1.5 设计操作题

在学习本课程的过程中，要求自行设计一个信息管理系统的数据库。题目根据情况自己选定，最好能够结合生产实际，具有一定的实用价值，也可以参考以下题目：病历管理系统、药物管理系统、户口管理系统、教材管理系统、列车时刻查询决策系统、光盘管理系统、计算机配件库存管理系统、人事管理系统、工资管理系统、单位住房管理系统、成绩管理系统、学籍管理系统、财务管理系统、图书管理系统、公寓管理系统、民航售票管理系统、合同管理系统、学生档案管理系统、水电管理系统、试题库管理系统、机房管理系统、学费管理系统、考务管理系统、排课系统、气象信息收集及预测系统。

要求学习过程中带着自己选定的课题学习，边学习边思考。学习结束时，完成此设计。

学完本章后，请思考以下问题：

1．自己要设计的信息管理系统的信息世界和机器世界会是什么样子？

2．自己毕业后在工作岗位上可能扮演数据库系统中的什么角色？做哪些工作是本行业最需要且贡献最大的？

第 2 章　关系数据库

本章通过一些直观的实例，对关系数据模型的基本概念、关系数据模型的组成进行了重点讲解。通过展示二维表的方法，介绍了关系运算，便于读者理解选择、投影和连接这 3 种最基本的关系运算方法，为读者自主学习其他关系运算打下基础。

本章导读：

- 关系数据模型的基本概念
- 关系数据模型的组成
- 简单的关系运算

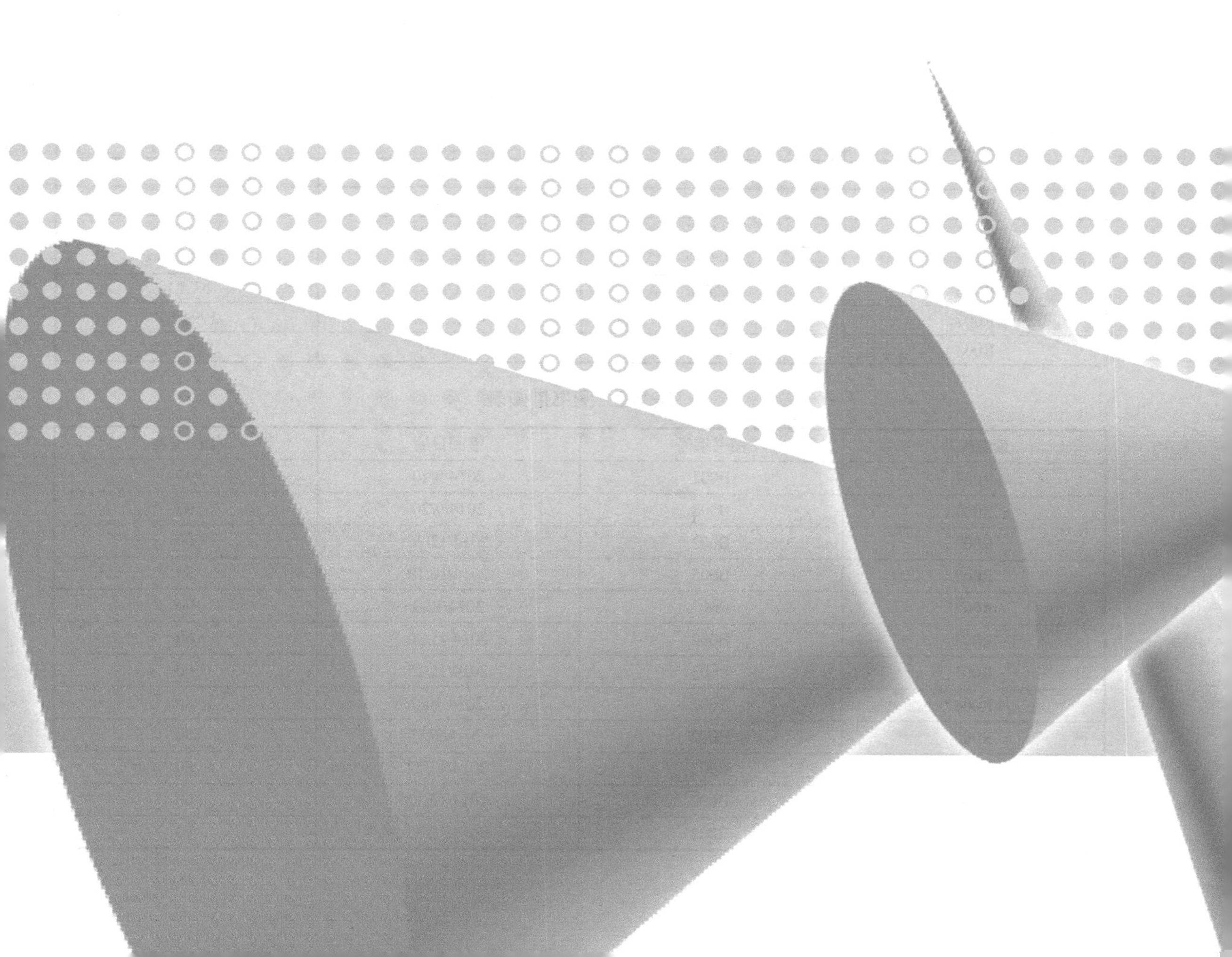

2.1 关系数据模型

2.1.1 关系数据模型概述

第1章介绍了3种主要的数据模型：层次模型、网状模型、关系模型。其中，关系模型简单灵活，有着坚实的理论基础，已经成为当前最流行的数据模型。

关系模型是以关系代数为理论基础，以集合为操作对象的数据模型。1970年IBM公司的E. F. Codd在题为*A Relational Model of Data for Shared Data Banks*的论文中，系统而严格地提出了关系模型，开创了数据库系统的新纪元。

关系数据库管理系统（RDBMS，Relation Database Management System）是支持关系模型的数据库管理系统。目前国际上著名的关系数据库管理系统有DB2、Oracle、Sybase、SQL Server等。东软集团有限公司的OpenBase、人大金仓数据库公司的Kingbase ES、武汉华工达梦数据库公司的DM和中国航天科技集团公司的OSCAR已经成为我国自主开发的支柱型关系数据库产品。

2.1.2 关系数据模型的基本概念

1. 二维表

在现实生活中会经常看到一些数据以表格的形式出现。表2-1和表2-2就是常见的读者情况表和图书借阅表。

表2-1　读者情况表

读者编号	姓名	班级	出生日期
R001	张三丰	计科1401	1995/9/25
R002	马三立	电子1401	1994/5/8
R003	刘三姐	网络1302	1994/2/16
R004	马大帅	电子1401	1995/12/18
R006	顾盼盼	NULL	NULL
R007	张二娃	电子1401	1994/5/8
R008	王老五	网络1302	1994/2/16

表2-2　图书借阅表

读者编号	图书编号	借阅日期	借阅天数
R001	B002	2014/9/20	90
R001	B008	2014/9/20	90
R002	B002	2014/12/26	60
R002	B005	2014/10/18	30
R002	B007	2014/12/3	90
R003	B002	2014/11/30	60
R003	B003	2014/11/15	60
R004	B002	2014/10/9	30
R005	B002	2014/9/27	30
R006	B002	2014/11/22	50
R007	B002	2013/12/12	60
R008	B002	2013/12/30	60

不难看出，这种二维表具有以下特点：

① 有表名，如读者情况表、图书借阅表。

② 由两部分构成，一个表头和若干行数据。其中，表头表示出表中数据的组成，各行构成了相应的具体内容。

③ 从垂直方向看，表有若干列，每列都有列名，如读者编号、姓名和出生日期等。

④ 同一列的值来自同一个取值范围，如价格的取值范围通常是 0～100 之间的小数。

⑤ 每一行的数据描述一个具体的事物，如一名读者的基本信息或借阅情况的信息，通常称为一条记录。

2. 域

域是一组具有相同数据类型的值的集合，又称为值域（用 D 表示），如整数、实数、字符串的集合。在一张二维表中某一列的取值范围也称作域。例如：

D_1={R001，R002，R003}

D_2={电子 1401，网络 1302}

D_3={B001，B002，B003}

其中，D_1、D_2 和 D_3 为域名，分别表示读者基本情况表和图书借阅表中的读者编号、班级、图书编号的集合。

3. 笛卡儿积

如果从上例的 D_1 和 D_2 中分别取出元素构成一些两个元素组成的二元组合，所有可能的组合有 6 种情况：（R001，电子 1401），（R001，网络 1302），（R002，电子 1401），（R002，网络 1302），（R003，电子 1401），（R003，网络 1302），把它们放在一起就构成了一个集合，这个集合就是 D_1 与 D_2 构成的笛卡儿积。

一般来说，笛卡儿积就是一组给定域 D_1，D_2，…，D_n 构成的集合。这组域可以包含相同的元素，也可以完全不同，也可以部分或全部相同。D_1，D_2，…，D_n 的笛卡儿积表示为：

$$D_1 \times D_2 \times \cdots \times D_n=\{(d_1, d_2,\cdots, d_n)|d_i \in D_i, i=1, 2,\cdots, n\}$$

例如，D_1={ R001,R002,R003}，D_3={ B001,B002,B003}，则构成的笛卡儿积为：

$D_1 \times D_3$={(R001,B001), (R001,B002), (R001,B003), (R002,B001), (R002,B002), (R002,B003), (R003,B001), (R003,B002), (R003,B003)}

4. 关系

从用户的角度考虑，关系就是一张二维表。可以将表 2-1 所示的二维表表示成如图 2-1 所示的关系。

关系模式为：读者（读者编号，姓名，班级，出生日期）。

不难看出，关系模式表示关系的构成形式，相当于表头表达的内容。关系则给出表中的每一行，表示这个表目前的内容。注意到关系中每一行的各列依次是读者编号、姓名、班级、出生日期，正好与关系模式“读者情况”（读者编号，姓名，班级，出生日期）中的（读者编号，姓名，班级，出生日期）依次对应。所以，通常关系的数学定义为：笛卡儿积 $D_1 \times D_2 \times \cdots \times D_n$ 的任一有限子集称为定义在域 D_1，D_2，…，D_n 上的一个 n 元关系（Relation）。

也就是说从一组集合的笛卡儿积中，抽取出能反映现实问题的、具有实际意义的子集，该子集即为一个关系。

上例中，$D_1 \times D_3$ 笛卡儿积的子集可以构成学生选课关系 T_1，如表 2-3 所示。

关系

R001	张三丰	计科 1401	1995/9/25
R002	马三立	电子 1401	1994/5/8
R003	刘三姐	网络 1302	1994/2/16
R004	马大帅	电子 1401	1995/12/18
R006	顾盼盼	NULL	NULL
R007	张二娃	电子 1401	1994/5/8
R008	王老五	网络 1302	1994/2/16

图 2-1　二维表对应的关系

表 2-3　图书借阅关系

读者编号	图书编号
R001	B001
R001	B002
R001	B003
R002	B001
R002	B002
R002	B003
R003	B001
R003	B002
R003	B003

5．元组

关系中的每一行称为一个元组（又称作记录）。一个元组描述了现实世界中的一个实体值。

例如，表 2-2 中的（R001，B008，2014/9/20，90）元组描述的是：读者编号为 R001 的读者借阅了编号为 B008 的图书，借阅时间为 2014/9/20，借阅天数为 90 天。

6．属性

关系中的每一列称为属性（又称作字段）。属性描述的是现实世界中某个实体集的一些特征。

例如，表 2-1 中，读者编号、姓名、班级、出生日期属性描述的是实体型读者的一些特征。当然，这些特征是人们所关心的。

7．属性组

关系中多个属性的组合称为属性组，记作（属性 1，属性 2，…，属性 n）。例如，读者编号和图书编号的组合记作（读者编号，图书编号）。

8．码

若关系中的某一个属性组的值能唯一地标识每个元组，则称该属性组为码（Key），也称作关键字。

同一个实体型的两个实体是可以区分的，在现实生活中可以根据颜色或大小（高矮）区分两张桌子，根据人的相貌区分两个人，即实体型的两个实体之间总是可以由某个或某几个特征（属性）来区分。

在关系中，如何区分两个元组呢？关系模型规定在一个关系中不能有两个完全一样的元组。所谓两个元组不完全一样就是说两个元组在某一个或某一组属性上具有不同的值，这个属性或这组属性就是码（Key）。因此，在关系中，可以由码来区分两个不同的元组。

例如，在“读者（读者编号，姓名，班级，出生日期）”关系中，任何两个元组的读者编号都不相同，所以读者编号是该关系的码。在“图书借阅（读者编号，图书编号）关系”中一名读者可以借阅多本图书，在该关系中存在读者编号相同的两个元组，一本图书也可以被多名读者借阅，在该关系中也存在图书编号相同的两个元组，所以读者编号和图书编号都不能单独作为该关系的码。但在该关系中不存在读者编号和图书编号都相同的两个元组，所以可以用读者编号和图书编号的组合来区分两个不同的元组，读者编号和图书编号的组合也就是该关系的码。

对于码这个概念，有两点注意事项。第一，码是由语义决定的。例如，在关系“读者（读者编号，姓名，班级，出生日期）”中有 8 个元组，从表 2-1 中可以看出，在姓名属性上任何两个元组的值都不相同，但是姓名不能作为码，因为可能存在同名现象，而读者编号可以作为码，因为在编制读者编号时保证每个读者编号是唯一的，并且一个读者编号只能指派给一名读者。如果在设计系统时，根据实际应用提出了读者不能重名这样的规定，那么姓名也可以作为码。第二，码具有最小性。例如，在读者关系中，任何两个元组在读者编号和班级属性组上的取值都不相同，但是去掉班级属性后，任何两个元组读者编号的值也不相同，所以说（读者编号，班级）属性组不是码，因为它们不具有最小性。

9. 候选码

若在一个关系中有多个码，则每一个码都被称为候选码。例如，读者关系中，在不允许读者重名的语义下，读者编号和姓名都是候选码。但请注意，图书借阅关系中读者编号和图书编号都不是候选码，而（读者编号，图书编号）是候选码。

10. 主码

根据实际应用一般选定一个候选码用来作为一个实体区分其他实体的标志，这个码称作主码（Primary Key），也称作主键、主关键字。每一个关系都有且只有一个主码。

11. 主属性

所有候选码包含的属性都称为主属性。例如，在关系“读者（读者编号，姓名，班级，出生日期）”中，在不允许读者重名的语义下，读者编号和姓名都是主属性。图书借阅关系中，（读者编号，图书编号）为候选码，所以其中的读者编号和图书编号都是主属性。

12. 非主属性

不包含在任何候选码中的属性称为非主属性。例如，读者情况关系中的班级、出生日期等。

13. 数据冗余

数据冗余是指数据的重复，即同一数据在一个关系中出现多次的现象。例如，表 2-4 所示的读者关系中的班主任，一个班有多少个读者，班主任在该关系中就出现了多少次。

表 2-4　读者关系

读者编号	姓名	班级	出生日期	班主任
R002	马三立	电子 1401	1994/5/8	李平
R003	刘三姐	网络 1302	1994/2/16	周正
R004	马大帅	电子 1401	1995/12/18	李平

2.1.3　关系数据模型的组成

关系数据模型简称关系模型，由关系数据结构、关系操作和关系完整性约束 3 部分组成，如图 2-2 所示。

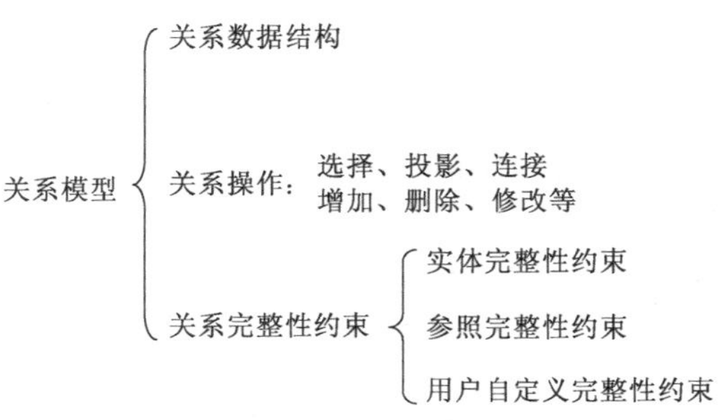

图 2-2　关系数据模型的组成

1．数据结构

关系模型的数据结构是关系，无论是实体还是实体之间的联系均由关系表示。在用户看来，关系模型中数据的逻辑结构是一张二维表。关系模型的这种简单的数据结构能够表达丰富的语义，能描述现实世界的实体及实体间的各种联系。

一个关系是一张二维表，表中的行表示某个对象，列表示对象的某个属性。行也称为元组，列也称为属性。关系具有以下特性：

① 任何列中的所有数据项都必须属于同一类型，即每一列中的分量都来自于同一个域；

② 不同的列可取自相同的域，但要给定不同的列名，列的次序可交换；

③ 关系中的任何两行必须是不能完全相同的，行的顺序无关紧要；

④ 每一分量必须是不可再分的数据项。

例如，表 2-5 就不是一个关系，因为在这个表中的工资分量又分为基本工资、职务工资、津贴 3 个分量，所以不是一个关系。

表 2-5　职工工资表

职工编号	姓名	工资（元）			扣款（元）	实发工资（元）
		基本工资	职务工资	津贴		
00001	张三	481	207	30	25	693
00002	李四	540	207	30	0	777

关系可以有 3 种类型的表对应：基本表、查询表和视图表。基本表是根据数据库系统的实际需要而建立的表，它是实际存储数据的逻辑表示。查询表是查询结果对应的表。视图表是由基本表或其他图表导出的表，是虚表，不对应实际存储的数据。基本表对应于关系模式中的模式，查询表、视图表对应于关系模式中的外模式。

2．关系操作

关系操作也叫关系运算，是采用集合运算形式进行的操作。也就是说，操作的对象和结果都是集合（即一次对多个元组进行操作或操作的结果是多个元组）。

关系模型中的关系操作能力早期通常用代数方法或逻辑方法来表示，分别称为关系代数和关系演算。关系代数采用对关系的运算来表达查询要求，关系演算用谓词来表达查询要求。实际的 SQL 查询语言（select）除了提供关系代数或关系演算的功能外，还提供了许多附加功能，如集函数、关系赋值、算术运算等。

关系模型中常用的操作包括选择、投影、连接、除、并、交、差等运算。

3．关系的完整性

在关系型数据库中，数据库的完整性是为了保证数据库中存储的数据的准确性和一致性。数据库是否具备完整性关系到数据库系统能否真实地反映现实世界，因此维护数据库的完整性是非常重要的。

关系模型中可以有 3 类完整性约束：实体完整性、参照完整性、用户自定义完整性。

约束是实现数据完整性的重要方法。完整性约束条件实际上是由数据库管理员 DBA 或应用程序员事先规定好的有关数据约束的一组规则。关系模型允许定义实体完整性约束、参照完整性约束和用户自定义完整性约束。其中，实体完整性和参照完整性约束是关系模型必须满足的约束条件。

（1）实体完整性

一个基本关系通常对应于现实世界的一个实体集。例如，关系“读者（读者编号，姓名，班级，出生日期）”对应于读者的集合，“图书借阅（读者编号，图书编号，借阅时间，借阅天数）”对应于读者和图书之间的联系这个实体集。

现实世界中的实体是可区分的。例如，读者集中的每名读者都可以用读者编号区分，即它们具有唯一性标识——读者编号。在图书借阅实体集中多名读者可以借阅同一本图书，同一名读者可以借阅多本不同的图书，而读者编号和图书编号的任何一个单项都不能区分图书借阅的结果，因此，在图书借阅结果的集合中，用读者编号和图书编号的组合来进行唯一性的区分，即它们具有唯一性标识——读者编号和图书编号。

关系模型中以码作为唯一性标识。包含在候选码中的属性（即主属性）不能取空值。所谓空值就是“不知道”或“无意义”的值。如果主属性取空值，就说明存在某个不可标识的实体，即存在不可区分的实体，这与现实世界的应用环境相矛盾，因此这个实体一定不是一个完整的实体。

实体完整性规则为：若属性 A 是基本关系 R 的主属性，则属性 A 不能取空值。

例如，在关系“读者（读者编号，姓名，班级，出生日期）”中，读者编号属性为码，则读者编号不能取空值。实体完整性规则规定基本关系的所有主属性都不能取空值。例如，在图书借阅关系中（读者编号、图书编号）为主码，则读者编号和图书编号两个属性分别都不能取空值。

（2）参照完整性

现实世界中的实体之间往往存在某种联系，在关系模型中实体及实体间的联系都是用关系来描述的，这样就自然存在着关系与关系之间属性的引用。先看下面的 3 个例子。

【例 2-1】 读者实体和班级实体可以用如下关系表示，其中主码用下画线标识：

读者（<u>读者学号</u>，姓名，班级，出生日期）
班级（<u>班级名称</u>，班级人数，班主任）

这两个关系之间存在着属性间的引用，即“读者”关系中的“班级”与“班级”关系的主码“班级名称”所指是相同的。显然，“读者”关系中的“班级”必须是确实存在的班级，即“班级”关系中必须有该班级的记录。也就是说，“读者”关系中的某个属性的取值需要参照“班级”关系的属性取值。

【例 2-2】 读者和图书之间多对多的联系可以用以下 3 个关系表示，其中主码用下画线标识：

读者（<u>读者编号</u>，姓名，班级，出生日期）
图书（<u>图书编号</u>，书名，作者，出版社，定价，出版日期）
图书借阅（<u>读者编号，图书编号</u>，借阅时间，借阅天数）

这 3 个关系之间也存在属性间的引用，即关系“图书借阅”引用了关系“读者”的主码“读者编号”和关系“图书”的主码“图书编号”。同样，关系“图书借阅”中的读者编号必须是确实存在的读者的读者编号，即关系“读者”中有该读者的记录。关系“图书借阅”中的图书编号必须是确实存在的图书的图书编号，即关系“图书”中有这个图书的记录。换句话说，关系“图书借阅”中的读者编号、图书编号属性的取值需要参照关系“读者”和关系“图书”的属性取值。

不仅两个或两个以上的关系间可以存在引用关系，同一关系内部属性间也可能存在引用关系。

【例 2-3】 在关系“读者 2（读者编号，姓名，班级，出生日期，班长）”中，“读者编号”属性是主码，班长属性为本班班长的读者编号，则它引用了本关系的“读者编号”属性，即“班长”必须是确实存在的读者的读者编号。

在参照完整性约束中涉及一个非常重要的概念——外码（又称外关键字、外键）。

外码的定义为：设 F 是基本关系 R 的一个或一组属性，但不是关系 R 的主码，如果 F 与基本关系 S 的主码 K_S 相对应，则称 F 是基本关系 R 的外码，并称基本关系 R 为参照关系，称基本关系 S 为被参照关系或目标关系。关系 R 和 S 可以是同一个关系。显然，目标关系 S 的主码 K_S 和参照关系的外码 F 必须定义在同一个域上。

在例2-1中，读者关系的“班级”属性与班级关系的主码“班级名”相对应，因此，“班级”属性是读者关系的外码。这里班级关系为被参照关系，读者关系为参照关系，如图2-3所示。

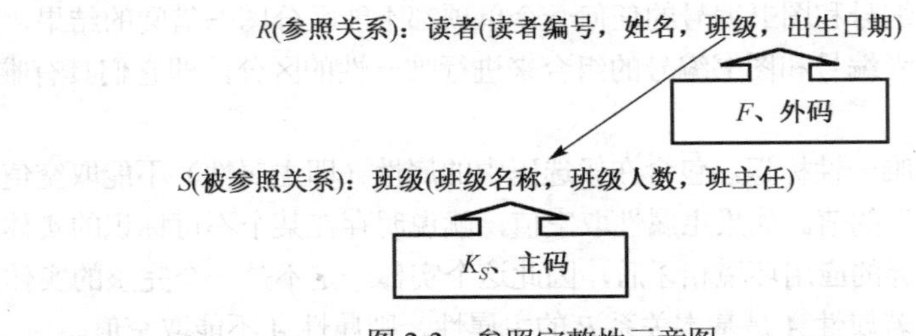

图2-3　参照完整性示意图

在例2-2中，图书借阅关系的“读者编号”属性与读者关系的主码“读者编号”相对应，“图书编号”属性与图书关系的主码“图书编号”相对应，因此“读者编号”和“图书编号”属性是图书借阅关系的外码。这里的读者关系和图书关系均为被参照关系，图书借阅关系为参照关系。

在例2-3中，“班长”属性与本关系主码“读者编号”属性相对应，因此“班长”是外码。读者2关系既是参照关系也是被参照关系。

需要指出的是，外码并不一定要与相应的主码同名。不过，在实际应用中，为了便于识别，当外码与相应的主码属于不同关系时，往往给它们取相同的名字。参照完整性规则就是定义外码与主码之间的引用规则。

参照完整性规则：若基本关系 R 中含有与另一个基本关系 S 的主码 K_S 相对应的属性组 F（F 称为 R 的外码），则对于 R 中每个元组在 F 上的取值必须是：或者取空值；或者等于 S 中某个元组的主码值。关系 S 的主码 K_S 和 F 定义在同一个域上。基本关系 R 和 S 可以是同一个关系。

（3）用户自定义完整性

实体完整性和参照完整性用于任何关系数据库系统，用户自定义完整性则是针对某一个具体数据库应用的约束条件。

根据应用环境变化的需要，用户往往还需要定义一些特殊的约束条件，这种用户针对某一个具体关系数据库的应用而定义的约束条件称为用户定义的完整性。

用户自定义完整性反映了某一个具体应用所涉及的数据必须满足的语义要求。关系模型应提供定义和检验这类完整性的机制，以便用统一的系统方法来处理它们而不要由应用程序承担这一功能。

SQL Server支持6种类型的约束：非空约束、检查约束、默认值约束、唯一性约束、主关键字约束和外关键字约束。

非空约束是指该表中某一列的列值不允许为空；检查约束是指该表中的某一列的列值按照一定的取值范围或格式取值；默认值约束是指用户在向某一列中插入数据时，如果没有为该列指定数据，那么系统就将默认值赋给该列；唯一性约束确保表中的两个数据行在非主键列中没有相同的两个列值，但唯一性约束可以允许有空值；主关键字约束是定义主键，表本身并不要求一定要有主键，但应该养成给表定义主键的习惯；外关键字约束是定义外关键字。

非空约束、默认值约束、检查约束可以实现用户自定义完整性，主关键字约束和唯一性约束可以实现实体完整性，外关键字约束可实现参照完整性。数据的完整性和用于实现完整性的方法——约束之间的关系见表2-6。

表 2-6　完整性和约束之间的关系表

数据完整性	实体完整性	参照完整性	用户自定义完整性
用于实现完整性的约束	主关键字约束、唯一性约束	外关键字约束	检查约束、默认值、非空约束

2.2　关系运算简介

关系模型的数学基础是关系代数。关系代数通过对关系的运算来表达对关系的操作，是关系数据操纵的一种传统表达方式。关系代数的运算对象是关系，运算结果也是关系。关系代数用到的运算符包括 4 类：集合运算符、专门的关系运算符、算术比较符和逻辑运算符。集合运算是基本的关系运算，包括并、交、差、广义笛卡儿积这 4 种运算。专门的关系运算包括选择、投影、连接。算术比较符包括<、<=、>、>=、!=、==这 6 种运算符。逻辑运算符包括 NOT、AND、OR。

2.2.1　集合运算

集合运算是二目运算，包括并、交、差、广义笛卡儿积这 4 种运算。

设关系 R 和关系 S 是具有 n 个属性的关系，称为 n 目关系。当 n 目关系 R 和 S 相应的属性值取自同一个域时，则可以定义并、交、差运算如下。

① 并：关系 R 与关系 S 的并由属于 R 或属于 S 的元组组成，记作：$R \cup S=\{t|t\in R \vee t\in S\}$。

② 交：关系 R 与关系 S 的交由既属于 R 又属于 S 的元组组成，记作：$R \cap S=\{t|t\in R \wedge t\in S\}$。

③ 差：关系 R 与关系 S 的差由属于 R 而不属于 S 的所有元组组成，记作：$R-S=\{t|t\in R \wedge t\notin S\}$。

④ 广义笛卡儿积：两个分别为 n 目和 m 目的关系 R 和 S 的广义笛卡儿积是一个 n+m 目的关系。该关系的元组的前 n 列是关系 R 的一个元组，后 m 列是关系 S 的一个元组。记作：

$$R\times S=\{\widehat{t_R\ t_S} \mid t_R \in R \wedge t_S \in S\}$$

2.2.2　选择运算

选择运算（σ运算）是从给定关系中选取满足一定条件的元组，其运算结果是一个新的关系。也就是说，对数据表中的记录进行横向选择。

选择运算可表示为：

$$\sigma_{\text{条件}}\text{（关系）}$$

【例 2-4】 从表 2-7 所示的读者关系中选出所有电子 1401 的读者。

表 2-7　读者关系

读者编号	姓名	班级	出生日期
R001	张建国	计科 1401	1995/9/25
R002	马卫东	电子 1401	1994/5/8
R003	刘美丽	网络 1302	1994/2/16
R004	马力强	电子 1401	1995/12/18
R006	顾盼盼	NULL	NULL
R007	张庆奎	电子 1401	1994/5/8

解： 根据题目要求只将“班级='电子 1401'”作为条件，而对读者编号、姓名、班级、出生日期不做要求。因此，可进行选择操作如下：

$\sigma_{\text{班级='电子 1401'}}$（读者）

在应用中通过 select 查询语句实现（该内容在第 4 章中讲解）。实现方法如下：

```
select * from 读者 where 班级='电子 1401'
```

运算结果如表 2-8 所示。

表 2-8 运算结果

读者编号	姓名	班级	出生日期
R002	马卫东	电子 1401	1994/5/8
R004	马力强	电子 1401	1995/12/18

如果要求从读者关系中查询出电子 1401 的姓名为马卫东的读者，则运算表达式为：

$\sigma_{\text{班级='电子 1401'} \wedge \text{姓名='马卫东'}}$（读者）

2.2.3 投影运算

投影运算（Π运算）是从一个关系中选择指定属性的操作，它的结果是一个带有所选属性的新关系。表示为：

$\Pi_{\text{属性}1,\ \text{属性}2,\ \cdots,\ \text{属性}n}$（关系）

【例 2-5】 从表 2-7 所示的读者关系中查询出所有读者的班级及姓名。

解：根据题目要求，只需指定班级、姓名属性，因此，可用下式进行选择操作：

$\Pi_{\text{班级，姓名}}$（读者）

用 SQL 查询语句实现：

```
select 班级，姓名 from 读者
```

运算结果如表 2-9 所示。

表 2-9 $\Pi_{\text{班级，姓名}}$（读者）的运算结果

班级	姓名
张建国	计科 1401
马卫东	电子 1401
刘美丽	网络 1302
马力强	电子 1401
顾盼盼	NULL
张庆奎	电子 1401
张建国	计科 1401

2.2.4 连接运算

连接运算是从两个关系的笛卡儿积中选取满足一定连接条件的元组集合。连接操作是一个笛卡儿积和选择操作的组合。R 和 S 两个关系的连接操作定义为：首先，形成 R 与 S 的笛卡儿积，然后选择某些元组（选择的标准是连接时所指定的条件）：

$$R \underset{F}{\bowtie} S$$

式中，F 为连接条件。

连接运算中有两种最重要也是最常用的连接：一种是等值连接（Equi Join），另一种是自然连接（Natural Join）。

连接条件 F 中的比较运算符为“=”时的连接运算称为等值连接，它是从关系 R 与 S 的笛卡儿积中选取与 A、B 属性值相等的那些元组。即等值连接为：

$$R \underset{A=B}{\bowtie} S = \{\widehat{t_R\ t_S} \mid t_R \in R \wedge t_S \in S \wedge t_R[A] = t_S[B]\}$$

自然连接是一种特殊的等值连接，它要求两个关系中进行比较的分量必须是相同的属性组，并且要在结果中把重复的属性去掉。即若 R 和 S 具有相同的属性组 B，则自然连接可以记作：

$$R \bowtie S = \{\widehat{t_R t_S} \mid t_R \in R \wedge t_S \in S \wedge t_R[B] = t_S[B]\}$$

一般的连接操作是从行的角度进行的运算。但自然连接还需要取消重复列，所以是同时从行和列的角度进行运算的。

【例 2-6】 从表 2-10 的读者表和表 2-11 的图书借阅表中，根据实际需要查询关于读者的全部信息（包括基本情况和所借图书情况）。

解： 先对读者关系和借阅关系求取笛卡儿积，结果如表 2-12 所示。然后对笛卡儿积中的元组按条件“读者.读者编号=借阅.读者编号”做选择运算，结果如表 2-13 所示，表示为：

$$读者 \bowtie 借阅$$

用 SQL 查询语句实现：

```
select 读者.读者编号,读者.姓名,读者.班级 from 读者,借阅 where 读者.读者编号=借阅.读者编号
```

表 2-10　读者表

读者编号	姓名	班级
R002	马卫东	电子 1401
R003	刘美丽	网络 1302

表 2-11　图书借阅表

读者编号	图书编号
R002	B005
R002	B007
R003	B002

表 2-12　读者关系和借阅关系的笛卡儿积

读者编号	姓名	班级	读者编号	图书编号
R002	马卫东	电子 1401	R002	B005
R002	马卫东	电子 1401	R002	B007
R002	马卫东	电子 1401	R003	B002
R003	刘美丽	网络 1302	R002	B005
R003	刘美丽	网络 1302	R002	B007
R003	刘美丽	网络 1302	R003	B002

表 2-13　自然连接运算

读者编号	姓名	班级	图书编号
R002	马卫东	电子 1401	B005
R002	马卫东	电子 1401	B007
R003	刘美丽	网络 1302	B002

习　题　2

2.1　选择题

1．在关系模型中，一个关键字（　　）。

A．可由多个任意属性组成

B．至多由一个属性组成

C．可由一个或多个其值能唯一标识该关系模式中任何元组的属性组成

D．以上都不是

2．同一个关系模型的任两个元组值（　　）。

A．不能全同　B．可全同　C．必须全同　D．以上都不是

3．一个关系中的各个元组（　　）。

A．前后顺序不能任意颠倒，一定要按照输入的顺序排列

B．前后顺序可以任意颠倒，不影响库中的数据关系

C．前后顺序可以任意颠倒，但排列顺序不同，统计处理的结果就可能不同

D．前后顺序不能任意颠倒，一定要按照关键字段值的顺序排列

4．设学生关系模式为：学生（学号，姓名，年龄，性别，成绩，专业），则该关系模式的主码是（　　）。

A．姓名　B．学号，姓名　C．学号　D．学号，姓名，年龄

5．有一个关系：学生（学号，姓名，系别），规定学号的值域是8个数字组成的字符串，这一规则属于（　　）。

A．实体完整性约束　B．参照完整性约束

C．用户自定义完整性约束　D．关键字完整性约束

6．已知关系1：厂商（厂商号，厂名），关系1的主码为厂商号；关系2：产品（产品号，颜色，厂商号），关系2的主码为产品号，外码为厂商号。假设两个关系中已经存在如表2-14和表2-15所示的元组，若再往产品关系中插入如下元组：Ⅰ（P03，红，C02），Ⅱ（P01，蓝，C01），Ⅲ（P04，白，C04），Ⅳ（P05，黑，null）。

表2-14　厂商

厂商号	厂名
C01	宏达
C02	立仁
C03	广源

表2-15　产品

产品号	颜色	厂商号
P01	红	C01
P02	黄	C03

能够插入的元组是（　　）。

A．Ⅰ，Ⅱ，Ⅳ　B．Ⅰ，Ⅲ　C．Ⅰ，Ⅱ　D．Ⅰ，Ⅳ

7．在关系*S*（NAME，SNO，DEPART）中规定DEPART属性只能是计算机。这一规定属于（　　）。

A．用户自定义完整性　B．参照完整性

C．实体完整性　D．固定完整性

8．在下面的两个关系中，职工号和部门号分别为职工关系和部门关系的主码。

职工（职工号，职工名，部门号，职务，工资）
部门（部门号，部门名，部门人数，工资总额）

在这两个关系的属性中，只有一个属性是外码，它是（　　）。

A．职工关系的职工号　B．职工关系的部门号

C．部门关系的部门号　D．部门关系的部门名

2.2　填空题

1．关系操作的特点是__________操作。

2．在一个实体表示的信息中，称__________为关键字。

3．已知“系（系编号，系名称，系主任，电话，地点）”和“学生（学号，姓名，性别，入学日期，专业、系编号）”两个关系，“系”关系的主关键字是__________，“学生”关系的主关键字是__________，外关键字是__________。

4．在关系数据库中，二维表称为一个__________，表的每一行称为__________，表的每一列称为__________。

5．关系数据库是以__________为基础的数据库，利用__________描述现实世界，一个关系既可以描述__________，也可以描述__________。

6．__________运算是从一个现有的关系中选取某些属性，组成一个新的关系。

2.3　简答题

1．试述关系数据模型的 3 个组成部分。

2．解释下列术语：域、笛卡儿积、主码、候选码、外码、元组、属性。

2.4　综合题

设有一个 SC 数据库，包括 STUDENT、SC 和 COURSE 3 个关系模式：

STUDENT(SNO ,SNAME, SSEX, SAGE, SDEPT);
COURSE(CNO, CNAME, CPNO, CCREDIT);
SC(SNO , CNO, GRADE);

学生表 STUDENT 由学号（SNO）、姓名（SNAME）、性别（SSEX）、年龄（SAGE）、系名（SDEPT）组成，课程表 COURSE 由课程号（CNO）、课程名（CNAME）、先修课程（CPNO）、学分（CCREDIT）组成，学生选课表 SC 由学号（SNO）、课程号（CNO）、成绩（GRADE）组成。有如表 2-16～表 2-18 所示的数据。

表 2-16　STUDENT 表

SNO	SNAME	SSEX	SAGE	SDEPT
15001	李勇	男	20	CS
15002	吕晨	女	19	IS
15003	王敏	女	18	MA
15004	张立	男	19	IS

表 2-17　COURSE 表

CNO	CNAME	CPNO	CCREDIT
1	数据库	5	4
2	数学		2
3	信息系统	1	4
4	操作系统	6	3
5	数据结构	7	4
6	数据处理		2
7	PASCAL	6	4

表 2-18　SC 表

SNO	CNO	GRADE
15001	1	92
15001	2	85
15001	3	88
15002	2	90
15002	3	80

使用关系运算完成以下查询：

1．查询“IS”系学生的信息；

2．查询所有学生的学号、姓名和年龄；

3．查询“IS”系学生的学号和姓名；

4．查询选修了 2 号课程的学生的学号；

5．查询选修了信息系统这门课程的学生的学号；

6．查询考试成绩不低于 90 的学生学号和姓名；

7．查询考试成绩在 80～90 之间（包括 80 和 90）的学生学号、姓名、课程名和成绩。

第 3 章　数据库设计

本章主要介绍数据库设计的步骤和方法。通过实例详细介绍了数据库设计各个步骤的任务、方法、应该注意的事项。通过本章的学习，使读者掌握数据库设计的基本方法，更好地理解关系数据库规范化理论，能在实际工作中运用这些方法和理论思想，设计出符合应用需求的数据库应用系统。

结合本章内容的讲解，读者可以根据数据库设计的方法和基本理论，对在学习第 4 章时创建的数据库进行分析和优化，进一步掌握数据库设计的步骤和方法。

本章导读：

- 数据库设计的内容和基本步骤
- 需求分析的任务、方法和内容
- 概念结构设计的任务、方法
- E-R 模型向关系模型的转换
- 规范化理论、范式
- 数据库的物理设计
- 数据库的实施和维护

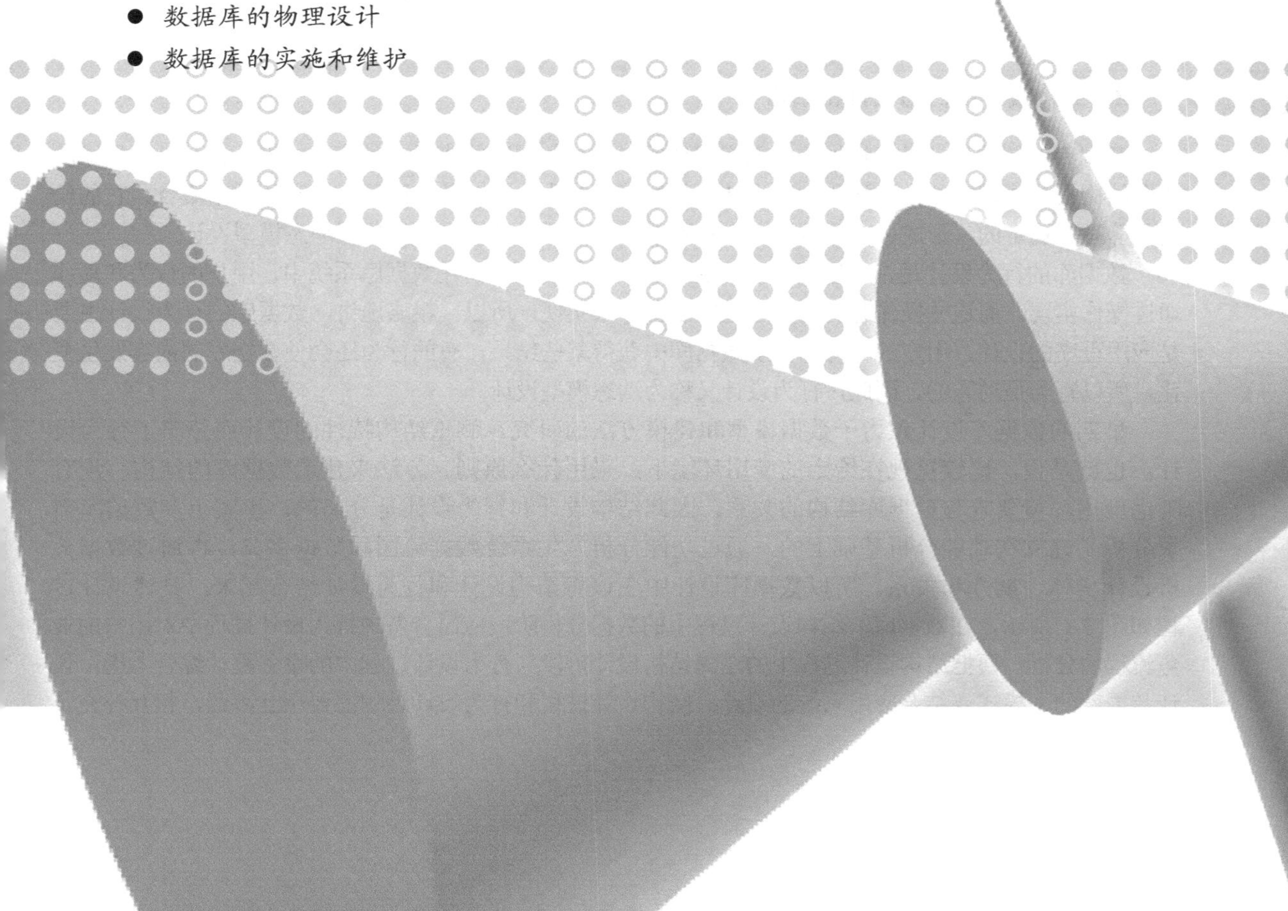

3.1 数据库设计概述

在数据库领域内，常常把使用数据库的各类信息系统统称为数据库应用系统。例如，以数据库为基础的各种管理信息系统、电子商务系统、办公自动化系统、地理信息系统、电子政务系统等都可以称为数据库应用系统。

数据库设计是建立数据库及其应用系统的技术，是信息系统开发和建设中的核心技术。具体地说，数据库设计是指对于一个给定的应用环境，构造最优的数据库逻辑结构和物理机构，建立数据库及其应用系统，使之能够有效地存储和管理数据，满足各种用户的应用需求，主要是信息需求和处理需求。

3.1.1 数据库设计的特点

数据库设计是指数据库应用系统从设计、实施到运行与维护的全过程，数据库设计和一般软件系统的设计、开发和运行与维护有许多相同之处，更有其自身的一些特点。

1. 三分技术，七分管理，十二分基础数据

数据库设计中不仅涉及技术，还涉及管理，技术固然重要，但是相比之下管理更加重要，这里讲的管理不仅是项目本身的项目管理，还包括应用部门的业务管理。十二分基础数据强调数据的收集、整理、组织和不断更新是数据库设计中的重要环节，人们往往忽略基础数据在数据库设计中的地位和作用。数据库运行过程中需要不断把新的数据加到数据库中，使数据库成为一个“活库”，数据库一旦成为一个“死库”，数据库应用系统就就失去了应用价值。

2. 结构设计和行为设计相结合

数据库的结构设计是指根据给定的应用环境，进行数据库的模式或外模式的设计，包括数据库的概念结构设计、逻辑结构设计和物理设计。数据库是结构化的、各应用程序共享的数据集合，它的结构是静态、稳定的，形成后在通常情况下是不改变的，所以结构设计又称为静态模型设计。

数据库的行为设计是指对数据库进行的一系列操作的设计。在数据库系统中，用户的行为和动作通过操作实现，而这些操作有时需要通过应用程序来实现，所以，粗略地讲，数据库的行为设计主要是应用程序的设计。用户的行为总是从数据库中获得某些结果，有的行为还会使数据库的内容发生变化，所以行为是动态的。因此，行为设计又称为动态模型设计。

早期的数据库设计致力于数据模型和建模方法的研究，侧重结构特性的设计而忽略了行为设计。也就是说，比较重视在给定的应用环境下，采用什么原则、方法来建造数据库的结构，没有考虑应用环境要求与数据库结构的关系，因此结构设计和行为设计是分离的。事实上，数据库需求分析是建立在功能分析基础上的，通过功能分析产生系统数据流图和数据字典，再通过数据分析设计实体、属性和关系。所以数据库设计中应该将结构设计和行为设计结合起来，具体设计过程如图 3-1 所示，在数据库的结构设计过程中的数据分析阶段应结合考虑行为设计过程中对用户的业务流程的分析；要把结构设计过程中的逻辑结构设计阶段与行为设计过程中的事务设计综合考虑；设计数据库的子模式要结合应用系统的设计；结构设计过程和行为设计过程需要相互参照，相互补充，以完善两方面的设计。

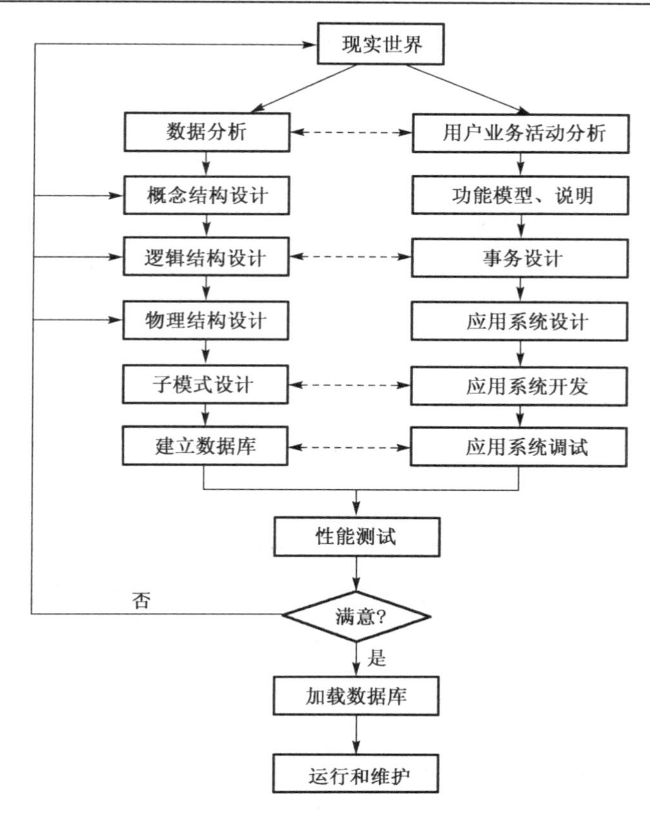

图 3-1　结构设计和行为设计相结合

3.1.2　数据库设计的方法

在数据库的设计过程中提出了如下几种数据库设计方法。

① 新奥尔良方法：把数据库设计分为若干阶段和步骤，并采用一些辅助手段实现每一个过程。它运用软件工程的思想，按一定的设计规程用工程化方法设计数据库。新奥尔良方法属于规范设计法，基本思想是过程迭代和逐步求精。

② 基于 E-R 模型的数据库设计方法：用 E-R 模型来设计数据库的概念模型，是数据库概念设计阶段经常采用的方法。

③ 3NF 的设计方法：以关系数据库理论为指导来设计数据库的逻辑模型，是设计关系数据库时在逻辑设计阶段采用的一种有效方法。

④ ODL（Object Definition Language）方法：面向对象的数据库设计方法。用面向对象的概念和术语来说明数据库的结构。

3.1.3　数据库设计的基本步骤

考虑数据库及其应用系统开发全过程，数据库设计一般分为：需求分析、概念结构设计、逻辑结构设计、物理设计、数据库实施、数据库运行和维护 6 个步骤。

数据库设计之前，首先必须选定参加设计的人员，包括数据库管理员（DBA）、系统分析员、数据库设计人员、应用程序员和用户代表。系统分析员和数据库设计人员是数据库设计的核心人员，他们将自始至终参与数据库的设计。用户和数据库管理员主要参与需求分析和数据库的运行维护。应用程序员则在系统实施阶段参与，主要负责编制程序和准备软、硬件环境。

1. 需求分析

数据库需求分析是数据库设计的第一个步骤，进行数据库设计首先必须准确了解与分析用户需求（信息需求和处理需求），需求分析是整个设计过程的基础，是最困难、最耗费时的一步。需求分析是否做得充分与准确，决定了在其上构建数据库系统的速度与质量，需求分析做得不好，甚至会导致整个数据库设计返工重做。

2. 概念结构设计

数据库概念结构设计是整个数据库设计的关键，它对需求分析阶段得到的现实世界中的用户需求进行综合、归纳与抽象，形成一个独立于具体的DBMS的概念模型（如E-R模型）。

3. 逻辑结构设计

数据库逻辑结构设计的任务是把概念结构设计所得到的与DBMS无关的概念模型，转换成某个DBMS所支持的逻辑数据模型。数据库的逻辑结构设计不是简单地将概念模型转化成逻辑数据模型，而是要进一步深入解决数据库设计中的一些技术问题，如数据模型的规范化、满足DBMS的各种限制等。

4. 物理设计

数据库物理设计是为逻辑数据模型选取一个最适合应用环境的物理存储结构和存取方法。例如，文件结构、各种存取路径、存储空间的分配、记录的存储格式等，即数据库的内模式。数据库的内模式虽然不直接面向用户，但对数据库的性能影响很大。

5. 数据库实施

在数据库实施阶段，设计人员运用DBMS提供的数据语言（如SQL）及其宿主语言，根据逻辑结构设计和物理设计的结果建立数据库、编制与调试应用程序、组织数据入库并进行试运行。数据库实施阶段主要包括的工作有：用DDL定义数据库结构、组织数据入库、编制与调试应用程序、数据库试运行。

6. 数据库运行和维护

数据库应用系统经过试运行后即可投入正式运行。在数据库系统运行过程中必须不断地对其进行评价、调整与修改，包括数据库的转储和恢复、数据库的安全性和完整性控制、数据库性能的监督、分析和改进、数据库的重组和重构等。

设计一个完善的数据库应用系统不可能一蹴而就，它往往是上述6个步骤的不断反复。

3.2 需 求 分 析

需求分析就是分析用户的需求，是数据库设计的第一个阶段，也是数据库应用系统设计的第一个阶段。这里要特别强调需求分析的重要性，因为设计人员忽视或不善于进行需求分析，从而导致数据库应用系统开发周期一再延误，甚至开发项目最终失败的案例也有很多。需求分析是否详细、正确，将直接影响后面各个阶段的设计，影响到设计结果是否合理和实用。

3.2.1　需求分析的任务

需求分析阶段的主要任务是：通过详细调查现实世界要处理的对象（部门、企业、组织等），充分了解原系统（手工系统或计算机系统）的工作概况，明确用户的各种需求，在此基础上确定新系统的功能。新系统必须考虑今后可能需要的扩充和改变，不能仅仅按当前应用需求来设计数据库。

调查的重点是“信息”和“处理”，通过调查、收集与分析，在与应用单位有关人员的共同商讨下，初步归纳出用户对数据库有以下需求。

① 信息需求：根据信息需求可推导出系统需要存储和管理的数据是什么，这些数据具有什么样的组成格式。

② 处理需求：描述系统包含哪些核心的数据处理，对处理的响应时间有什么要求，处理方式是什么，并描述处理与数据之间的关系。

③ 安全性和完整性要求。

需求分析阶段是数据库设计人员与用户进行交流的过程，是计算机系统与人工管理系统的交接点。在数据库设计的初始阶段，确定用户最终需求其实是很困难的。因为一方面用户缺少计算机的专业知识，开始时无法确定计算机能为自己做什么，不能做什么，因此可能无法准确地表达自己的需求。另一方面数据库设计人员缺少用户的行业知识，不容易理解用户的真正需求，甚至会误解用户的需求。因此设计人员需要不断深入地与用户交流，才能逐步确定用户的实际需求。

需求分析的输入是原始的手工处理的或原有系统已有的信息集合，需求分析的处理是对信息进行整理和抽象，需求分析的输出是“需求说明书”文档，其主要内容是描述系统的“数据流图”和“数据字典”。

3.2.2　需求分析的方法

为全面掌握用户的实际需求，需求分析可根据不同的问题和条件，采用不同的分析方法，常用的分析方法如下。

① 跟班作业：通过亲身参加业务工作来了解各相关部门业务活动的情况，从而掌握部门与业务活动的关系。了解业务活动中已经信息化的部分、已经信息化的业务中需要改进的部分以及业务活动中可以信息化的部分等。这种方法可以准确地理解用户的具体需求，但比较耗费时间。

② 开调查会：通过与各个职能部门的负责人和部门的有关专业人员座谈来了解业务活动情况及用户需求，座谈时参加者可以发表意见和看法，相互启发。

③ 专人介绍：一般请工作多年、熟悉业务活动的业务专家，详细介绍业务活动情况，包括每一项业务活动的输入、输出和处理需求以及现存系统的优点和不足之处。让系统设计者充分了解工作中用户的需求，特别是工作现状中已经比较明确的业务活动流程、先进的管理过程，了解工作中比较烦琐的工作有哪些，有没有通过信息化手段可以改进的地方。

④ 询问：对某些调查中的问题，可以找专人询问，以便更详细地了解用户的需求。

⑤ 设计调查表请用户填写：如果调查表设计得合理，这种方法是很有效的，能够充分了解用户的需求，并且也易于被用户所接受。

⑥ 查阅记录：查阅与原系统有关的数据记录和档案资料。

进行需求分析调查时，可以综合采用多种方法完成，但无论采用何种调查方法，都必须有用户的积极参与和配合。

3.2.3 数据流图

数据流图（Data Flow Diagram）表达了数据和处理过程的关系，反映的是对事务处理的原始数据及经过处理后的数据及其流向。

数据流图由数据流、数据处理、数据存储、外部实体（数据源及终点）4部分构成。

① 数据流：具有名字且具有流向的一组数据，是一种动态数据结构。用标有名字的箭头表示。一个数据流可以是记录或数据项，如图3-2所示。

② 数据处理：表示对数据所进行的操作和处理，在图中用椭圆形表示。指向处理的数据流为该处理的输入数据，离开处理的数据流为该处理的输出数据，如图3-3所示。

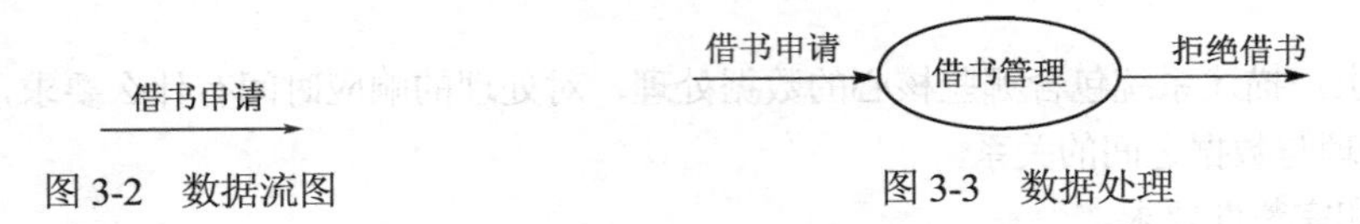

图3-2 数据流图　　图3-3 数据处理

③ 数据存储：表示用数据库形式（或文件形式）所存储的数据，是一种静态数据结构。对其进行的存取分别以指向或离开数据存储的箭头表示，如图3-4所示。

④ 外部实体：表示当前系统的数据来源或数据去向，也称作外部实体，用矩形框表示，如图3-5所示。

图书信息表

图3-4 数据存储

读者

图3-5 外部实体

3.2.4 数据字典

数据字典（Data Dictionary）是系统中各类数据描述的集合，是进行详细的数据收集和数据分析所获得的主要成果。数据字典通常包括数据项、数据结构、数据流、数据存储和处理过程5个部分。其中数据项是数据的最小组成单位，若干个数据项可以组成一个数据结构。数据字典通过对数据项和数据结构的定义来描述数据流和数据存储的逻辑内容。

1. 数据项

数据项是不可再分的数据单位，对应于关系模型中的属性。数据项字典的描述如下：

数据项 = {数据项名，数据项含义说明，别名，数据类型，长度，
取值范围，取值含义，与其他数据项的逻辑关系}

取值范围、与其他数据项的逻辑关系定义了数据的完整性约束条件。

2. 数据结构

数据结构是若干数据项有实际意义的组合。一个数据结构可以由若干个数据项组成，也可以由若干个数据结构组成，或由若干个数据项和数据结构混合组成。数据结构字典的描述如下：

数据结构= {数据结构名，含义说明，组成：{数据项或数据结构}}

3. 数据流

数据流是数据结构在系统内传输的路径，是流动的、动态的数据结构。数据流字典的描述如下：

数据流= {数据流名，说明，数据流来源，数据流去向，组成：{数据结构}，
平均流量，高峰期流量}

其中，数据流来源是说明该数据流来自哪个过程，数据流去向是说明该数据流将到哪个过程去，平均流量是指在单位时间（每天、每周、每月等）里的传输次数，高峰期流量则是指在高峰时期的数据流量。

4．数据存储

数据存储是数据结构停留或保存的地方，这里的停留或保存的地方不是指的某种存储介质，而是数据项之间的一种逻辑存储关系，也是数据流的来源和去向之一。数据存储定义的目的是根据实际问题确定最终数据库需要存储哪些信息，是一种静态的数据结构。

数据存储字典的描述如下：

数据存储=｛数据存储名，说明，编号，流入的数据流，流出的数据流，组成：
｛数据结构｝，数据量，存取频度，存取方式｝

其中，流入的数据流是指数据来源；流出的数据流是指数据去向；数据量是指每次存取多少数据。存取频度指单位时间（每天、每小时、每周等）存取几次等信息。存取方式包括批处理或联机处理、检索或更新、顺序检索或随机检索等。

数据结构是多个数据项（属性）的集合，是一种抽象的概念。数据流是一种具体的、动态的、流动的数据结构；数据存储是存储在数据库中的多个数据项的集合，是一种具体的、静态的数据结构。

5．处理过程

数据字典中只需要描述处理过程的说明性信息，处理过程说明性信息的描述如下：

处理过程描述=｛处理过程名，说明，输入：｛数据流｝，输出：｛数据流｝，处理：｛简要说明｝｝

其中，“简要说明”主要说明该处理过程的功能及处理要求；“功能”主要说明该处理过程用来做什么；“处理要求”包括处理频度要求（如单位时间里处理多少事务，多少数据量）和响应时间要求等，是后面物理设计的输入及性能评价的标准。

数据字典是关于数据库中数据的描述，即元数据，而不是数据本身。

数据字典是需求分析阶段的结论。在数据库设计过程中可以不断修改、充实和完善。明确地把需求分析作为数据库设计的起始阶段是十分重要的。需求分析阶段收集到的基础数据（数据字典表达）和数据流图是后面进行概念结构设计的基础。

3.2.5　需求分析实例

【例 3-1】 假设要开发一个学校图书借阅管理子系统，需求分析如何进行？

经过可行性分析和初步应用需求调查，学校图书管理系统由读者管理子系统、图书采编管理子系统、图书借阅管理子系统和图书查询子系统等构成，每个子系统分别配备一个开发小组。

本书以学校图书借阅管理子系统为例，通过详细的业务流程分析和数据收集后，生成该子系统的数据流图，如图 3-6 所示。

通过对学校图书借阅管理子系统数据流图进行分析，得出学校图书借阅管理子系统的数据字典如下。

1．数据项

以“读者编号”为例说明如下。

① 数据项名：读者编号。

② 含义说明：唯一标识一个读者，定义成字符型。

③ 别名：rno。

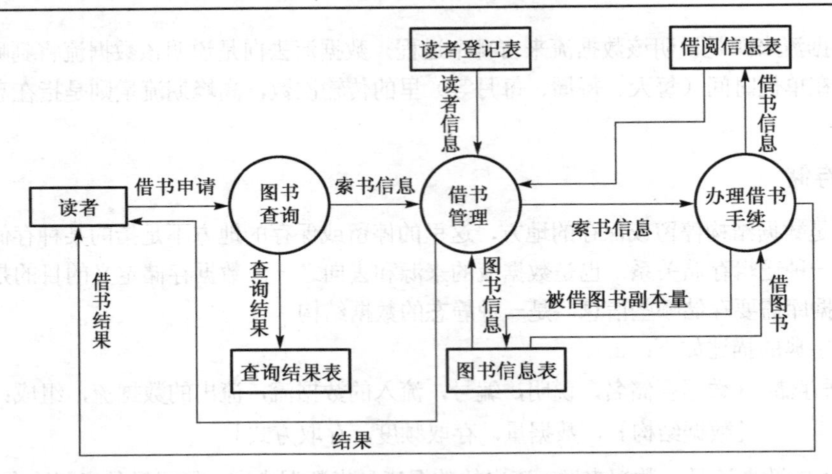

图3-6 学校图书借阅管理子系统数据流图

④ 类型：字符型。

⑤ 长度：4。

⑥ 取值范围：R001～R999。

⑦ 取值含义：字符R表示读者，是读者reader的首字符，后三位按顺序编号。

数据项还有：姓名、班级、图书编号、出生日期等。

2. 数据结构

① 数据结构名：读者；含义说明：学校图书借阅管理子系统的主体数据结构，定义了一个读者的有关信息；组成：{读者编号，姓名，班级，出生日期}。

② 数据结构名：图书；含义说明：学校图书借阅管理子系统的主体数据结构，定义了一本图书的有关信息；组成：{图书编号，书名，作者，出版社，价格，出版日期}。

③ 数据结构名：班级；组成：{班级名，人数，班主任}。

3. 数据流

以“借书信息”为例说明如下。

数据流：借书信息。

说明：读者的借书信息。

数据流来源：读者。

数据流去处：处理逻辑“借书管理”。

组成：读者编号，图书编号，借阅日期，借阅天数等。

平均流量：1000本/天。

高峰期流量：1500本/天。

4. 数据存储

以“读者登记表”为例说明如下。

数据存储：读者登记表。

说明：记录读者的基本信息。

流入数据流：…

流出数据流：…

组成：读者数据结构。
数据量：每年 8000 张。
存取方式：随机存取。
数据存储还有：查询结果表、借阅信息表、图书信息表等。

5．数据处理

以“借书管理”为例说明如下。
处理过程：借书管理。
说明：接收读者的借书申请并处理读者的借书申请。
输入：读者、图书。
输出：图书借阅信息。
处理：读者到图书馆可以根据需要借阅图书，系统根据读者要求进行处理，比如要求一位读者最多能够借阅 10 本图书，借阅图书的处理时间应不超过 10 分钟。
数据处理还有：图书查询、办理借阅手续等。

3.3 概念结构设计

通过需求分析，可以得到用户在现实世界的详细需求，将其转换为计算机能够识别的信息世界的结构，即概念模型，就是概念结构设计，这是整个数据库设计过程的关键。

3.3.1 概念结构设计的任务

概念结构设计就是将需求分析阶段得到的用户需求转换为计算机能够识别的信息世界的结构（概念模型）。概念结构设计的任务是：将需求分析的结果进行概念化抽象，抽象出的概念模型要能真实、充分地反映现实世界，容易被人所理解，容易更改且容易实现向某一种 DBMS 的转换。

概念结构设计的主要特点如下：

① 真实、充分反映现实世界，包括现实世界中的事物以及事物和事物之间的联系等，能够满足用户对数据的处理要求，是现实世界的一个真实模型。

② 容易理解，可以用它跟不熟悉计算机的用户交换意见，用户的积极参与是数据库设计成功的关键。

③ 容易修改，当系统应用环境和应用需求发生改变时，容易对概念模型进行修改和扩充。

④ 容易转换为关系、网状、层次等各种数据模型。

概念模型比数据模型更加独立于机器，更加抽象，更加稳定。描述概念模型的有力工具是 E-R 图，全局概念模型对应于全局 E-R 图，局部概念模型对应于局部 E-R 图。

3.3.2 概念结构设计的方法

概念结构设计通常有以下 4 类方法。

① 自顶向下：首先定义全局概念结构的框架，即全局 E-R 图，然后再逐步细化（局部 E-R 图），如图 3-7 所示。

② 自底向上：首先定义各局部应用的概念结构（局部 E-R 图），然后将它们集成起来，得到全局概念结构（全局 E-R 图），如图 3-8 所示。

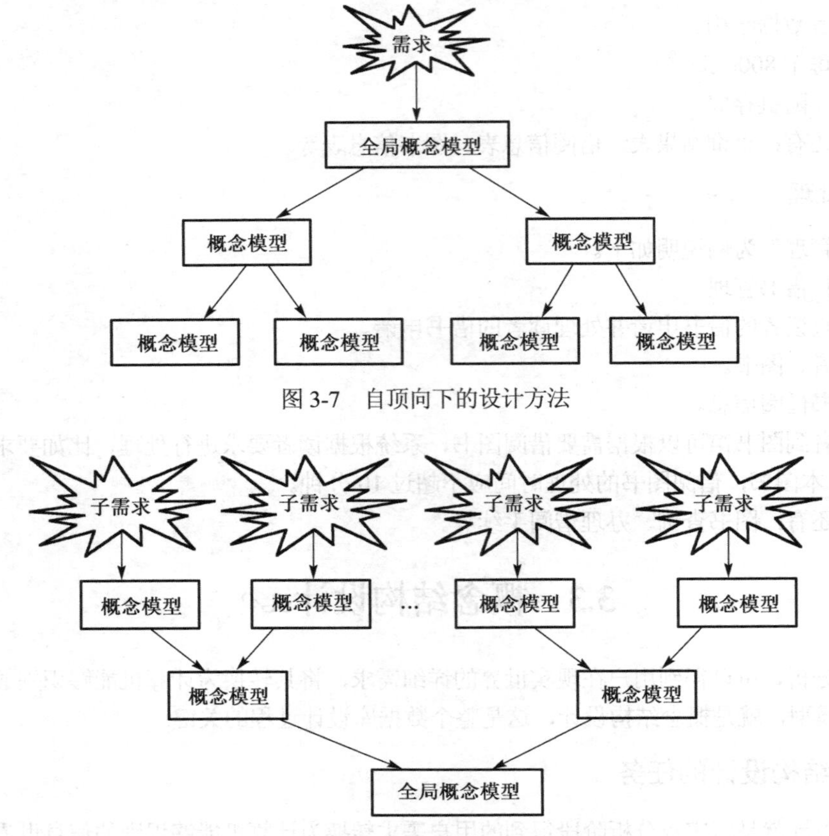

图3-7 自顶向下的设计方法

图3-8 自底向上的设计方法

③ 逐步扩张：首先定义最重要的核心概念结构，然后向外扩充，以滚雪球的方式逐步生成其他概念结构，直至全局概念结构，如图3-9所示。

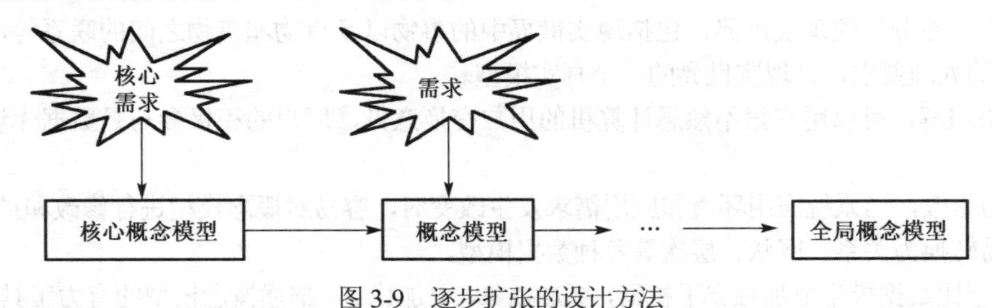

图3-9 逐步扩张的设计方法

④ 混合策略：将自顶向下和自底向上相结合，用自顶向下策略设计一个全局概念结构的框架，以它为骨架集成由自底向上策略中设计的各局部概念结构。

其中最经常采用的策略是自顶向下进行需求分析，然后再自底向上设计概念结构。

3.3.3 局部概念结构设计

1. 确定局部概念结构设计的范围

局部概念结构设计的范围没有明确的标准，根据需求分析阶段所产生的文档说明书中的数据流图和数据字典，可以参考如下设计原则：

① 关系密切的功能模块所涉及的数据包含在一个局部概念结构中。

② 一个局部概念结构包含的实体数要适中，不能过多也不能过少，一般不大于 10 个。

2. 逐一设计局部概念结构

选择好局部应用后，就要对每个局部应用设计局部概念模型，每个局部应用对应一组数据流图，局部应用所涉及的数据都收集在数据字典中，局部概念结构设计主要完成如下工作。

（1）确定实体（集）

实体（集）是指对一组具用共同特征和行为的对象的抽象。例如，计算机网络原理是一本图书，具有图书所共有的特征，如图书编号、书名、作者、出版社、价格、出版日期等共同特征，因此，所有图书可以抽象为一个实体（集）。

（2）确定实体（集）的属性

确定实体与属性，最大的困难是如何区分哪些是实体，哪些是属性。一般情况下，实体（集）的信息描述就是该实体的属性，但有时实体和属性很难有明确的划分界限。同一个事物，在一种应用环境中作为属性，也许在另外一种应用环境中就是实体。例如，关于出版社的描述，从图书这个实体考虑，图书所在的出版社是图书的一个属性，当要考虑出版社这个实体集时应该包含出版社的编号、出版社名称、社长、地址点、联系电话等更多信息时，出版社就成为一个独立的实体。

（3）确定实体间的联系

现实世界中存在各种各样的的联系，可以归纳为如下几种：

① 存在性联系：比如出版社有图书，图书馆里有读者等；

② 功能性联系：读者和图书之间有借阅联系等；

③ 事件联系：读者借书等。

通过分析联系的语义，可以将联系分为 1∶1，1∶n，m∶n 3 种类型，另外，联系本身也可以有属性。

3.3.4　全局概念结构设计

全局概念结构（全局 E-R 图）设计是指如何将多个局部概念结构（局部 E-R 图）合并，并去掉冗余的实体集、实体集属性和联系集，解决冲突，最终产生全局 E-R 图的过程。局部 E-R 图的集成方法有以下两种：

① 多元合并法：多个局部 E-R 图一次合并，产生全局 E-R 图，如图 3-10 所示。

② 二元合并法：用累加的方式一次合并两个局部 E-R 图，最后成全局 E-R 图，如图 3-11 所示。

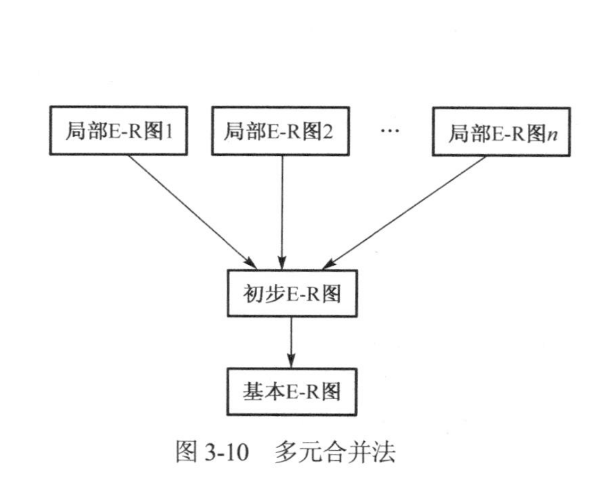

图 3-10　多元合并法

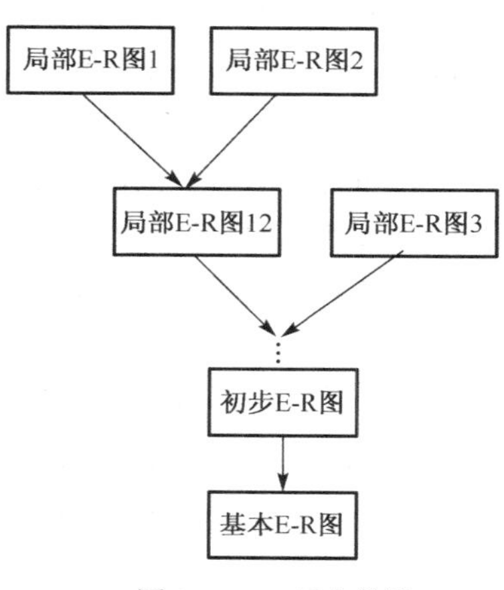

图 3-11　二元合并法

在实际应用中一般根据系统的复杂程度选择合并的方法，如果各个局部E-R图比较简单，可以采用多元合并法，但这种方法弊端多，且实施起来不方便，所以不常用。一般情况下采用二元合并法。

无论采用哪种合并法，每一次合并都分为两个阶段：解决冲突，合并局部E-R图并生成初步E-R图；消除不必要的冗余，设计基本E-R图。

1. 解决冲突，合并局部E-R图并生成初步E-R图

由于各个局部E-R图是由不同的设计人员设计的，这就导致了各个局部E-R图之间必定会存在许多不一致的地方，称为冲突。合理地消除冲突，形成一个能为全系统中所有用户共同理解和接受的概念模型，成为合并各局部E-R图的主要工作。

各局部E-R图之间的冲突一般有3类：属性冲突、命名冲突、结构冲突。

（1）属性冲突

属性冲突是指属性值的类型、取值范围或取值集合不同。例如，读者编号是数值型还是字符型。有些学校图书馆以出生日期的形式来表示读者的年龄，还有一些学校图书馆用整数形式来表示读者的年龄。属性取值单位冲突，例如，读者的身高，有的以米计算，有的以厘米计算。

属性冲突通常可由各部门和不同应用设计人员采用相互讨论、协商的方式加以解决。

（2）命名冲突

命名冲突有同名异义和异名同义两种情况。同名异义即不同意义的对象在不同子系统中具有相同的名字。比如，学校图书借阅管理子系统中的读者和管理人员的属性中都有“姓名”这一属性，但两者的意义是不一样的，这个冲突要消除。异名同义即一义多名，同一个意义的对象在不同的子系统中具有不同的名字。比如，对于读者实体，在学校图书借阅管理子系统中称为读者，在学校学籍管理子系统中称为学生，在学校医院管理子系统中称为病人。

命名冲突通常采用行政手段协商解决。

（3）结构冲突

结构冲突通常有以下几种情况。

① 同一实体在不同的局部E-R图中具有不同的抽象。例如，“班级”在图3-17班级组成局部E-R图中作为实体，在图3-12读者借阅局部E-R图中作为属性。

解决办法是将实体转化为属性或将属性转化为实体，但要根据实际情况而定。

② 同一个实体在不同的局部 E-R 图中对应的实体属性组成不完全相同。例如，学生这个实体在学校学籍管理局部概念结构中由学号、姓名、性别、年龄组成，而在学校图书借阅局部概念结构中由读者编号、姓名、班级、出生日期等属性组成。

解决方法是对实体的属性取其在不同局部E-R图中的并集，并适当设计好属性的顺序。

③ 实体之间的联系在不同的局部 E-R 图中具有不同的类型。例如，在局部 E-R 图 A 中实体 E_1 和 E_2 是一对多的联系，而在局部E-R模型B中实体 E_1 和 E_2 是多对多的联系。

解决方法是根据应用的语义对实体联系的类型进行综合或调整。

通过解决上述3种冲突后将得到初步E-R图，这时需要仔细分析，消除冗余，以形成最后的基本E-R图。

2. 消除不必要的冗余，设计基本E-R图

在合并后的初步E-R图中，可能存在冗余的数据和实体之间冗余的联系。冗余的数据是指可由基本数据导出的冗余数据，实体之间冗余的联系是指可由其他联系导出的冗余的联系。

消除冗余主要采用分析方法，以数据字典和数据流图为依据，根据数据字典中关于数据项之间逻辑关系的说明来消除冗余。

并不是所有冗余的数据与冗余的联系都必须消除，有时为了提高某些应用的效率，不得不以冗余信息作为代价。设计数据库概念结构时，哪些冗余数据必须消除，哪些冗余数据允许存在，需要根据用户的整体需求来确定。如果是为了提高效率，人为保留了一些冗余数据是恰当的。

除了分析法之外，还可以使用规范化理论来消除冗余。规范化理论中，函数依赖的概念提供了消除冗余联系的形式化工具，这部分内容在逻辑结构设计阶段会做详细介绍。

3.3.5 概念结构设计实例

【例 3-2】 假设要开发一个学校图书借阅管理子系统，概念结构设计如何进行？

通过分析学校图书借阅管理子系统的数据流图和数据字典，得到如图 3-12～图 3-17 所示的局部 E-R 图。

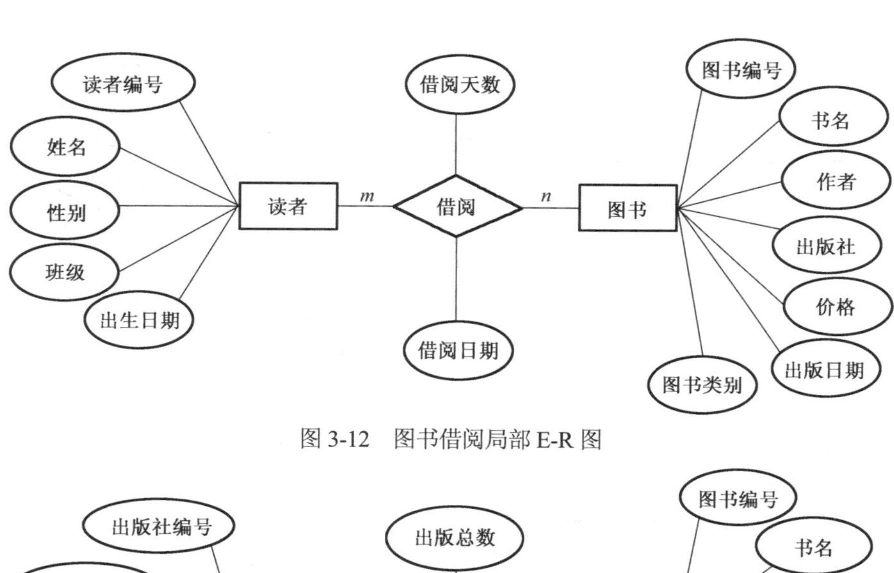

图 3-12　图书借阅局部 E-R 图

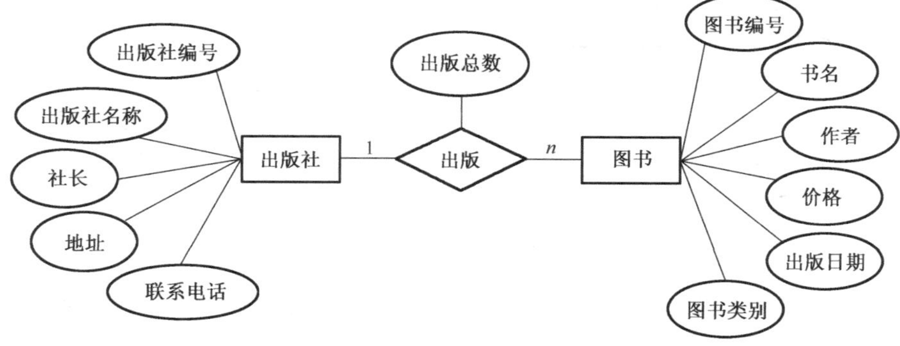

图 3-13　图书出版局部 E-R 图

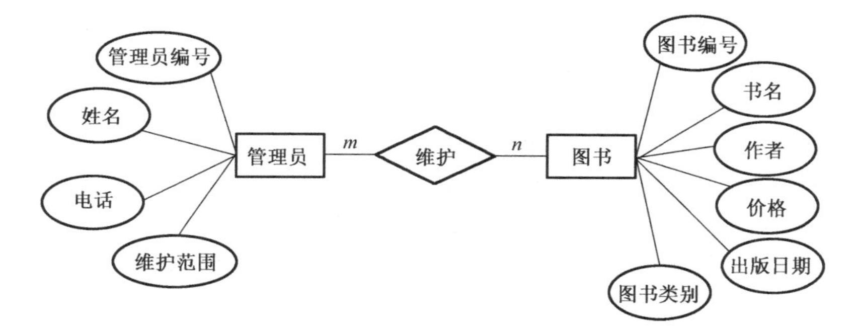

图 3-14　图书维护局部 E-R 图

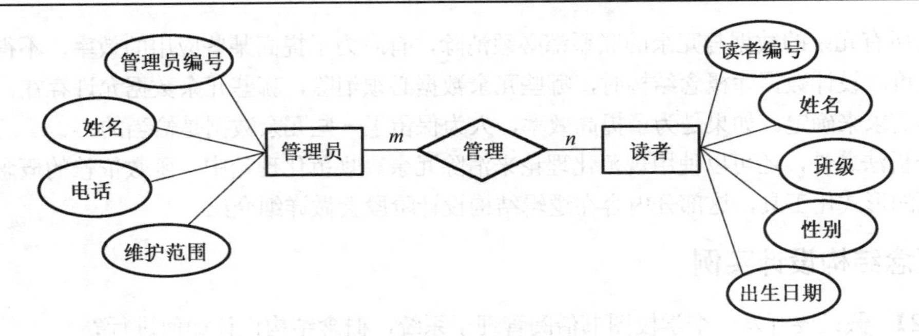

图 3-15 读者管理局部 E-R 图

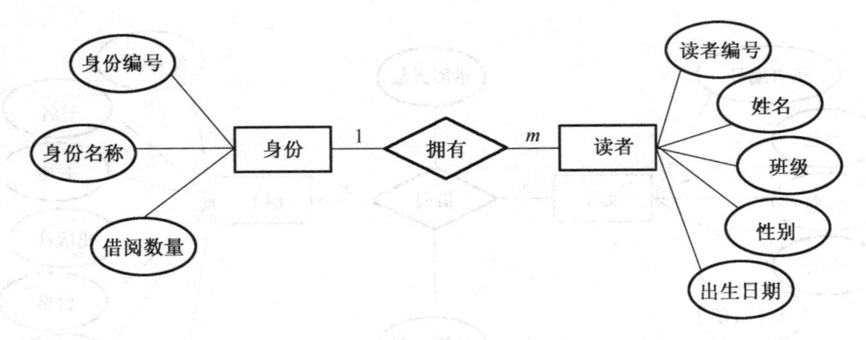

图 3-16 拥有身份局部 E-R 图

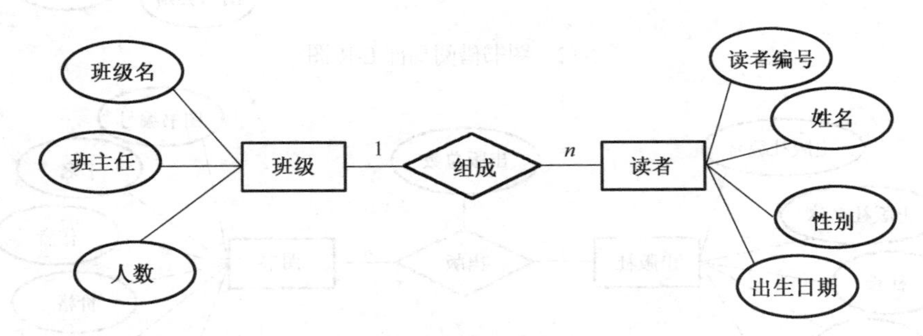

图 3-17 班级组成局部 E-R 图

根据概念结构设计的要求，首先合并各局部 E-R 图，在合并过程中消除各局部 E-R 图中的各种冲突。该子系统的各个局部 E-R 图中由于数据类型比较简单，基本不存在属性冲突，但是存在结构冲突，例如，“班级”在图 3-12 中是作为读者实体的属性存在的，而在图 3-17 中则作为一个单独的班级实体出现，通过分析，决定将“班级”抽象为实体，不作为读者的属性。这样就得到初步的 E-R 图，限于篇幅所限，省略了实体属性，如图 3-18 所示。

通过分析，在图书借阅管理子系统的 E-R 图中存在着冗余数据和冗余联系。

由图书实体中的“图书编号”即可推出该图书属于哪一类别，馆藏图书的编号是按图书类别依次排序的，“图书类别”属于冗余数据，应该去掉。

图书：{图书编号，书名，作者，出版社，价格，出版日期}

管理员和读者之间的管理联系可以由管理员和图书之间的维护联系、读者和图书之间的借阅联系推导出来，因此属于冗余联系，可以去掉。

消除冗余后生成学校图书借阅管理子系统基本 E-R 图，如图 3-19 所示。

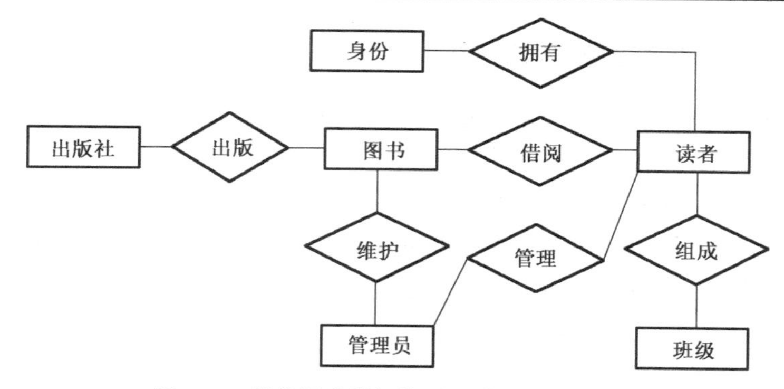

图 3-18　学校图书借阅管理子系统初步 E-R 图

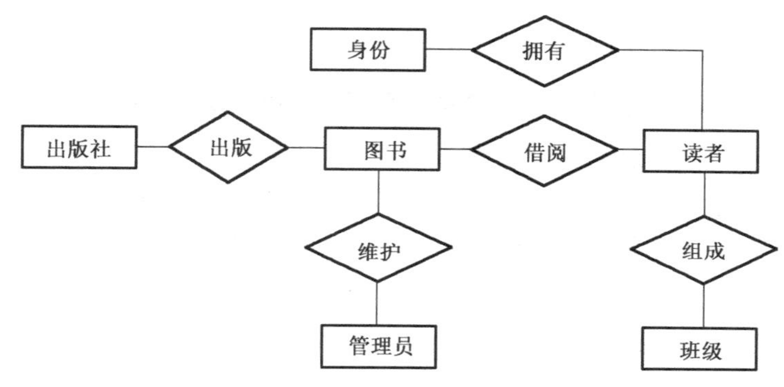

图 3-19　学校图书借阅管理子系统基本 E-R 图

3.4　逻辑结构设计

数据库逻辑结构设计阶段是数据库设计过程中很重要的一个阶段，实现将概念结构设计阶段得出的概念模型转换为相应的逻辑结构。

3.4.1　逻辑结构设计的任务

概念结构设计阶段得到的概念模型是独立于任何一种数据模型的信息结构，是对用户数据需求的一种抽象表示形式，它不被任何一个 DBMS 所支持，为了能够用某一 DBMS 建立用户所需求的数据库，最终实现用户的需求，必须将概念模型进一步转换为某个具体 DBMS 所支持的数据模型，然后根据逻辑结构设计准则、数据的语义约束、规范化理论等对数据模型的结构进行调整和优化，形成合理的逻辑结构，设计出用户子模式（外部模式），这就是逻辑结构设计要完成的任务。

目前的 DBMS 产品支持关系、网状、层次 3 种数据模型。这里只讨论目前最流行的关系数据库系统。逻辑结构设计阶段一般分以下 3 个步骤：

① 将概念模型（E-R 图）转换为一般的数据模型（关系、层次或网状模型）。

② 将一般的数据模型向转换为特定的 DBMS 所支持的数据模型。

③ 对数据模型进行优化，产生全局逻辑结构，并设计出外部模式。

目前市场流行的数据库应用系统大都采用支持关系数据模型的 RDBMS，所以本书只介绍概念模型（E-R 图）向关系数据模型转换的原则和方法。

3.4.2 概念模型向关系模型的转换

概念模型向关系模型转换要解决的问题是：如何将实体型和实体之间的联系转换为关系模式，如何确定这些关系模式的属性和码。

关系模型的逻辑结构是一组关系模式的集合。概念模型（E-R 图）由实体、实体的属性和实体之间的联系3个要素组成。所以将 E-R 图转换为关系模型的过程实际上是将实体、实体的属性和实体之间的联系转换为关系模式的过程。转换过程一般遵循以下原则。

1．一个实体型转换为一个关系模式

实体型的属性就是关系的属性，实体型的码就是关系的码。

将上节图 3-13 所示的“出版社”实体的 E-R 图转换为如下关系模式：

出版社（出版社编号，出版社名称，社长，地址，联系电话）

2．一个 1∶1 联系可以转换为一个独立的关系模式，也可以与任意一端对应的关系模式合并

（1）转换为一个独立的关系模式

关系模式的属性就是与该联系相连的各实体型的码及联系本身的属性。每个实体型的码均是该关系模式的候选码，将图 3-20 所示的联系转换为一个独立的关系模式：

任职（班级名，班长名，任职时间）

关系模式任职的码可以是班级名，也可以是班长名。

（2）与某一端对应的关系模式合并

合并后关系模式的属性是加入对应关系模式的码和联系本身的属性，合并后关系模式的码不变。将图 3-20 所示的联系与班级端合并形成的关系模式如下：

班级（班级名，班长名，班主任，人数，任职时间）

将图 3-20 所示的联系与班长端合并形成的关系模式如下：

班长（班长名，班级名，性别，年龄，任职时间）

3．一个 1∶n 联系可以转换为一个独立的关系模式，也可以与 n 端对应的关系模式合并

（1）转换为一个独立的关系模式

关系模式的属性就是与该联系相连的各实体型的码及联系本身的属性，关系模式的码是 n 端实体型的码。如图 3-21 所示班级与读者之间的联系是 1∶n 的联系，该联系可转换为关系模式：

组成（读者编号，班级名），其中主码为 n 端实体的码读者编号

（2）与 n 端对应的关系模式合并

合并后关系模式的属性是在 n 端关系中加入 1 端实体型的码和联系本身的属性，合并后关系模式的码不变。可以减少系统中的关系个数，1∶n 联系转换时一般更倾向于采用这种方法：

班级（班级名，班主任，人数）

读者（读者编号，姓名，班级名，性别，出生日期）

4．一个 m∶n 联系转换为一个关系模式

关系的属性就是与该联系相连的各实体型的码及联系本身的属性，关系的码就是各实体型码的组合。读者与图书之间的“借阅”联系是一个 m∶n 联系，可以将它转换为如下关系模式，其中借阅关

系主码为读者编号和图书编号的组合码：

借阅（读者编号，图书编号，借阅天数，借阅日期）

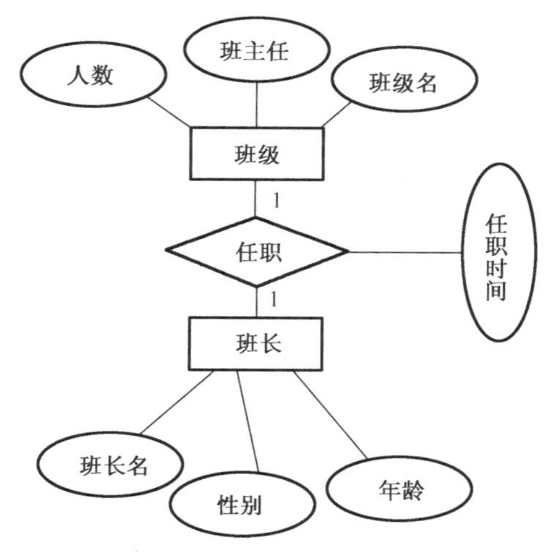

图 3-20　班级和班长的联系 E-R 图

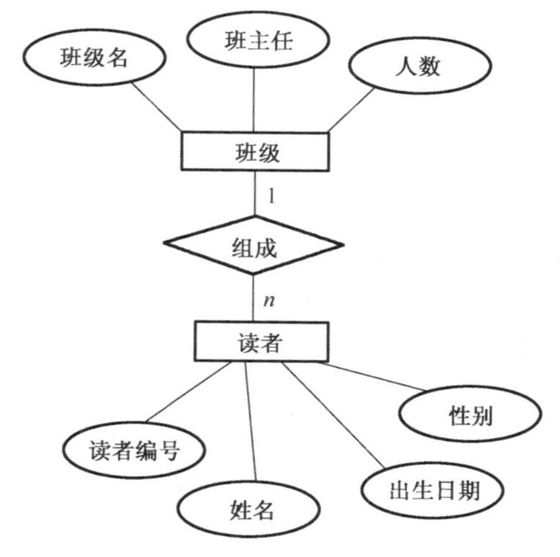

图 3-21　读者与班级的联系的 E-R 图

5. 3 个或 3 个以上实体型间的一个多元联系转换为一个关系模式

关系模式的属性就是与该多元联系相连的各实体型的码及联系本身的属性，关系模式的码是各实体型码的组合。

例如，供应商、项目、零件这 3 个实体之间有“供应”这一联系，该联系有“数量”这一属性，则可转化为以下关系：

供应（供应商号，项目号，零件号，数量）

6. 同一实体型集的实体间的联系，即自联系，也可按 1∶1、1∶n 和 m∶n 3 种情况分别处理

如果读者实体型集内部存在领导与被领导的 1∶n 自联系，可以将该联系与读者实体合并，这时主码读者编号将多次出现，但作用不同，可用不同的属性名加以区分。假如“读者”{读者编号，姓名，班级，班长，出生日期} 中的班长就是班长的读者编号。

7. 具有相同码的关系模式可合并

将具有相同码的关系模式合并的目的是减少系统中的关系模式个数。合并方法是将其中一个关系模式的全部属性加入到另一个关系模式中，然后去掉其中的同义属性（可能同名也可能不同名），并适当调整属性的次序。

例如，拥有关系模式“拥有（读者编号，身份编号）”与读者关系模式“读者（读者编号，姓名，出生日期，班级）”都以读者编号为码。可以将它们合并为一个关系模式“读者（读者编号，姓名，性别，出生日期，班级，身份编号）”。

一般的数据模型还需要向特定 DBMS 规定的模型转换，转换的主要依据是所选用的 DBMS 的功能及限制，没有通用规则，一般关系模型与 RDBMS 所支持的模型之间差别不大，因而这种转换通常都比较简单。

3.4.3 关系数据理论基础

1．问题的提出

关系数据库设计过程中，通常采用 E-R 图来实现对现实世界中的事物及其联系的抽象表示，再用关系模型（表）对 E-R 图表示的信息进行组织、存储。E-R 图向关系模型的转换称为数据库的逻辑结构设计。在将 E-R 图转化成关系模型时，存在着关系模型设计的优劣问题。为了使所设计的关系模型具有较好的特性，在数据库逻辑结构设计阶段要以关系数据库的规范化理论为指导。因此，数据库逻辑结构设计的基础是关系数据库的规范化理论。

为了更好地理解数据库的规范化理论，分析下面这样一个具体实例。

【例 3-3】 设计一个用于学校图书借阅子系统的数据库应用系统，用户有以下几点需求：

① 查询每位读者的基本信息；

② 查询每个读者的借书信息、读者的班级信息；

③ 查询各个班级的基本信息；

④ 添加读者的基本信息；

⑤ 添加新图书的基本信息；

⑥ 删除读者和图书的基本信息；

⑦ 更改读者、班级、图书的基本信息。

通过需求分析阶段，对学校图书借阅工作的调查、了解，数据库设计者初步设计的用于描述图书借阅的关系模式如表 3-1 所示。

表 3-1 图书借阅关系

读者编号	姓名	性别	班级	班长	图书编号	书名	借阅日期	借阅天数	管理员
R001	张建国	男	计科 1401	徐浩然	B002	C 程序设计	2014/9/20	90	萧峰
R001	张建国	男	计科 1401	徐浩然	B008	计算机网络原理	2014/9/20	60	杨广
R003	刘美丽	女	网络 1302	李飞	B003	高等数学	2014/11/15	60	陈妍
R004	马力强	男	电子 1401	李智	B007	数据结构	2014/11/20	30	张敏
R005	顾盼盼	女	计软 1403	魏涛	B002	C 程序设计	2014/9/27	90	张倩
R006	张庆奎	男	电子 1401	李智	B008	计算机网络原理	2015/1/4	90	陈妍
					B009	计算机组成原理			

首先分析该关系模式的主码，通过对现实世界的需求分析可知，一个读者可以借阅多本书，一本图书（这里的一本图书指的是图书编号相同的图书）可以被多个读者借阅。一个读者借阅多本图书在关系中对应多个元组，一本图书被多个读者借阅也需要用多个元组表示。因此，读者编号和图书编号之中的任何一个都不能唯一标识这个关系的元组。一个读者借阅一本图书对应一个元组，所以读者编号和图书编号的组合才能唯一标识这个关系模式的元组，该关系模式的主码是读者编号和图书编号的组合，读者编号和图书编号都是主属性。

当向该关系中添加读者记录时，同一个班级的班长名字要添加很多次，一个班级有多少同学就要添加多少次班长的名字，一个同学借多少本书还要添加多少次班长的名字，这种现象就是数据冗余。例如，计科 1401 班的班长徐浩然就在该关系中出现了多次。

当读者进入图书馆借书则相关读者信息就要添加到关系中，新买进了一本图书则新进图书信息也要添加到关系中。如果读者刚加入图书馆还没有借阅图书，那该读者的基本信息能否插入呢？如果新买进了一本新图书，而该图书还没有被读者借阅，是否可以插入这条图书记录呢？例如，计算机组成原理这本图书为新进图书，还没有读者借阅。由于实体完整性要求主属性不能为空，没有读者借阅就说明没有相对应的读者编号，不能插入新的记录。所以表 3-1 中的最后一条记录是无法插入的。这种现象就是插入异常。如果读者刚加入图书馆还没有借阅图书，由于实体完整性要求主属性不能为空，读者没有借阅图书就说明没有相对应的图书编号，同样也不能插入新记录。

当读者因特殊原因需要转到别的班级时，就要对该读者相应元组中的班级及班长的属性值进行更改。如果张建国转到计软 1403 班又会出现什么情况呢？由于张建国转到计软 1403 班，所以与张建国有关的所有记录的班级、班长这两列的值都要更新，如果图书借阅记录有多条则容易遗漏更新，产生数据不一致，这种现象就是更新异常。

当读者还书后就应把该读者相应的记录删除掉。如果一个班级的读者全部还书会产生什么情况呢？由于实体完整性的规则要求主属性不能为空，读者编号不能为空，所以不能存在读者编号为空，而班级、班长不为空的记录。删除该班级读者记录的同时，有关该班级的其他信息也一同被删除掉。例如，计软 1403 班的读者全部还书，都还没有再借书，则没有计软 1403 班的读者记录，那么计软 1403 班的班长属性值也随着记录的删除而被删掉。这种现象就是删除异常。

综上所述，在表 3-1 中存在数据冗余过大，并且对表 3-1 中的数据进行插入、更新、删除操作时还会产生插入异常、更新异常、删除异常等问题。

2. 规范化理论

关系模型的优化、改造通常以规范化理论为指导，通过分解来消除关系模型中不合适的问题，解决插入异常、更新异常、删除异常和数据冗余等问题。理解规范化理论的基础知识是函数依赖，因此在讨论规范化理论之前必须先研究函数依赖。

（1）函数依赖

函数依赖普遍存在于现实生活中。例如，描述一个读者的关系模式，可以有“读者编号，姓名，班级”等属性。由于一个“读者编号”只对应一个读者的“姓名”，一个读者只在一个“班级”。因而当“读者编号”值确定之后，“姓名”和该读者所在“班级”的值也就被唯一地确定了。就像自变量 x 确定之后，相应的函数值 $f(x)$ 也就唯一地确定了一样，那么就说“读者编号”函数决定“姓名”和“班级”，或者说“姓名”和“班级”函数依赖于“读者编号”，记为：读者编号→姓名，读者编号→班级。

定义 3.1　设 $R(U)$ 是一个属性集 U 上的关系模式，X 和 Y 是 U 的子集。若对于 $R(U)$ 的任意一个可能的关系 r，r 中不可能存在两个元组在 X 上的属性值相等，而在 Y 上的属性值不等，则称“X 函数确定 Y”或“Y 函数依赖于 X”，记作 $X \to Y$。如果“Y 函数不依赖于 X”，则记作 $X \nrightarrow Y$。

关系模式中的函数依赖说明如下：

① 函数依赖不是指关系模式 R 的某个或某些关系满足的约束条件，而是指 R 的所有关系均要满足的约束条件。

② 函数依赖和别的数据依赖一样是语义范畴的概念，只能根据数据的语义来确定函数依赖。例如，“姓名→班级”这个函数依赖只有在不允许重名的语义规定下才成立。因此，在进行数据库设计时，数据库设计者应该对数据给予语义方面的规定。

③ 函数依赖表达的是关系的属性与属性之间的关系。如果属性 A 和属性 B 之间是一对一的关系，那么属性 A 和属性 B 互相函数依赖；如果属性 A 和属性 B 之间是一对多的关系，那么属性 A 函数依赖于属性 B（即一端函数依赖于多端）；如果属性 A 和属性 B 之间是多对多的关系，那么属性 A 和属性 B 之间不存在函数依赖。

【例 3-4】　分析关系模式“借阅(读者编号，姓名，性别，班级，班长，图书编号，书名，借阅日期，借阅天数，管理员)”的函数依赖。

在不允许同名的语义下，对于所有的记录，不存在读者编号的属性值相同，而姓名、性别、班级、班长上的属性值不同的两条记录，所以有：

读者编号→姓名，读者编号→性别，读者编号→班级，读者编号→班长

同样也不存在姓名的属性值相同，而读者编号、性别、班级、班长的属性值不同的两条记录，所以有：

姓名→读者编号，姓名→性别，姓名→班级，姓名→班长

同理也能分析出关系模式中还存在如下函数依赖：

图书编号→书名，(读者编号，图书编号)→借阅日期，(读者编号，图书编号)→管理员，(姓名，图书编号)→借阅日期，(姓名，图书编号)→管理员

因为可能存在读者编号的属性值相同而借阅日期的属性值不同的两条或两条以上记录，所以有：

读者编号 ↛ 借阅日期

因为可能存在图书编号的属性值相同而借阅日期的属性值不同的两条或两条以上记录，所以有：

图书编号 ↛ 借阅日期

在允许同名的语义下情况下，只有：

读者编号→姓名，读者编号→班级，读者编号→性别，读者编号→班长，图书编号→书名，(读者编号，图书编号)→借阅日期，(读者编号，图书编号)→借阅天数，(读者编号，图书编号)→管理员

定义 3.2 如果 $X \to Y$，但 $Y \neq X$ 且 $Y \not\subset X$，则称 $X \to Y$ 是非平凡的函数依赖。

定义 3.3 如果 $X \to Y$，但 $Y \subseteq X$，则称 $X \to Y$ 是平凡的函数依赖。

【例 3-5】 对于关系模式“借阅(读者编号，姓名，性别，班级，班长，图书编号，图书名称，借阅日期，借阅天数，管理员)”。

非平凡的函数依赖：读者编号→性别，读者编号→班级，读者编号→姓名，(读者编号，图书编号)→借阅日期，图书编号→书名等。

平凡的函数依赖：(读者编号，姓名)→姓名等。

定义 3.4 在关系模式 $R(U)$ 中，如果 $X \to Y$，并且对于 X 的任何一个真子集 X'，都有 $X' \not\to Y$，则称 Y 完全函数依赖于 X，记作 $X \xrightarrow{f} Y$。如果 X 只含有一个属性，那么 $X \to Y$ 肯定是完全函数依赖。

若 $X \to Y$，但 Y 不完全函数依赖于 X，则称 Y 部分函数依赖于 X，记作 $X \xrightarrow{p} Y$。

【例 3-6】 分析关系模式“借阅(读者编号，姓名，性别，班级，班长，图书编号，图书名称，借阅日期，借阅天数，管理员)”中的完全函数依赖及部分函数依赖。

由于读者编号→班级，“读者编号→姓名”中的决定属性集只包含一个属性“读者编号”，所以有读者编号 $\xrightarrow{f}$ 班级，读者编号 $\xrightarrow{f}$ 姓名。因为(读者编号，图书编号)→借阅日期，并且读者编号 ↛ 借阅日期，图书编号 ↛ 借阅日期，所以有(读者编号，图书编号) $\xrightarrow{f}$ 借阅日期等。

因为读者编号→姓名，所以有(读者编号, 图书编号) $\xrightarrow{p}$ 姓名。

因为图书编号→书名，所以有(读者编号, 图书编号) $\xrightarrow{p}$ 书名。

定义 3.5 在关系模式 $R(U)$ 中，如果 $X \to Y$，$Y \to Z$，且 $Y \not\subset X$，$Y \not\to X$，则称 Z 传递函数依赖于 X。

注：如果 $Y \to X$，即 $X \longleftrightarrow Y$，则 Z 直接依赖于 X。

【例 3-7】 分析关系模式“借阅(读者编号，姓名，性别，班级，班长，图书编号，图书名称，借阅日期，借阅天数，管理员)”中的传递函数依赖，因为读者编号→班级，班级→班长，并且班级 ↛ 读者编号，所以有班长传递函数依赖于读者编号。

总结学校图书借阅关系的函数依赖集如图 3-22 所示。

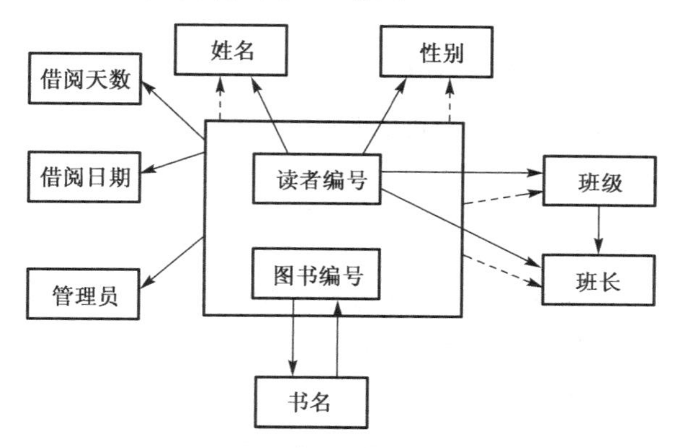

图 3-22　学校图书借阅关系的函数依赖图

在图 3-22 中，实线箭头表示完全函数依赖，虚线箭头表示部分函数依赖。在该图中表示出来的借阅关系中存在的函数依赖集为：读者编号→姓名，（读者编号，图书编号）$\xrightarrow{p}$ 姓名，读者编号→性别，（读者编号，图书编号）$\xrightarrow{p}$ 性别，读者编号→班级，（读者编号，图书编号）$\xrightarrow{p}$ 班级，班级→班长，图书编号←→书名（前提是图书没有重名的），（读者编号，图书编号）$\xrightarrow{f}$ 借阅日期，（读者编号，图书编号）$\xrightarrow{f}$ 借阅天数，（读者编号，图书编号）$\xrightarrow{f}$ 管理员。

（2）函数依赖的性质

① 投影性。

根据平凡的函数依赖的定义可知，一组属性函数决定它的所有子集。

例如，在借阅关系中，（读者编号，图书编号）→读者编号和（读者编号，图书编号）→图书编号。

② 并行性。

有属性 X、Y、Z，若 $X \rightarrow Y$ 且 $X \rightarrow Z$，则必有 $X \rightarrow (Y, Z)$。

例如，在借阅关系中，有读者编号→姓名，读者编号→性别，则有读者编号→（姓名，性别）。

③ 扩张性。

有属性 X、Y、Z，若 $X \rightarrow Y$ 且 $W \rightarrow Z$，则 $(X, W) \rightarrow (Y, Z)$。

例如，在借阅关系中，读者编号→（姓名，性别），班级→班长，则有（读者编号，班级）→（姓名，性别，班长）。

④ 分解性。

若 $X \rightarrow (Y, Z)$，则 $X \rightarrow Y$ 且 $X \rightarrow Z$。很显然，分解性为合并性的逆过程。

由合并性和分解性，很容易得到以下事实：

$X \rightarrow A_1, A_2, \cdots, A_n$ 成立的充分必要条件是 $X \rightarrow A_i$（$i=1,2,\cdots,n$）成立。

3．范式

关系数据库中的关系仅仅满足每一分量必须是不可分的数据项是不够的，尤其是增加、修改、删除时，会出现前面介绍的各种异常。满足最低要求的叫第 1 范式，简称 1NF。

为了消除这些异常，常采用分解的办法，力求使关系的语义单纯化，这就是所谓关系的规范化。由于关系的规范化要求不同，出现了满足不同程度的关系模式。在数据库中，范式就是符合某一种级别的关系模式的集合。通常，关系模式化分成 6 类：第 1 范式（1NF）、第 2 范式（2NF）、第 3 范式（3NF）、BC 范式（BCNF）、第 4 范式（4NF）、第 5 范式（5NF）。

某一关系模式 R 为第 n 范式，可简记为 $R \in n$NF。

各种范式之间的关系有：

$$1NF \supset 2NF \supset 3NF \supset BCNF \supset 4NF \supset 5NF$$

低一级范式的关系模式，通过模式分解可以得到更高级范式的关系模式。模式分解的原则是：把不满足条件的函数依赖所影响到的属性投影到多个关系中。由于第4范式和第5范式涉及多值依赖和连接依赖等，已经超出本书的范围，所以在此不具体讨论。

（1）第1范式

定义3.6 如果 R 满足关系的每一分量是不可再分的数据项，则称 R 是第1范式，记作 $R \in$ 1NF。

第1范式是对关系模式的最起码的要求。不满足第1范式的数据库模式不能称为关系数据库。

例如，表3-2所示的关系满足第1范式。

表3-2 满足第1范式的关系

读者编号	姓名	性别	班级	班长	图书编号	书名	借阅日期	借阅天数	管理员
R001	张建国	男	计科1401	徐浩然	B002	C程序设计	2014/9/20	90	萧峰
R001	张建国	男	计科1401	徐浩然	B008	计算机网络原理	2014/9/20	60	杨广
R003	刘美丽	女	网络1302	李飞	B003	高等数学	2014/11/15	60	陈妍
R004	马力强	男	电子1401	李智	B007	数据结构	2014/11/20	30	张敏
R005	顾盼盼	女	计软1403	魏涛	B002	C程序设计	2014/9/27	90	张倩
R006	张庆奎	男	电子1401	李智	B008	计算机网络原理	2015/1/4	90	陈妍
					B009	计算机组成原理			

前面已经讨论过该关系，在该关系中存在大量的数据冗余，以及插入异常、更新异常、删除异常等弊端。

为什么存在这些问题呢？

回顾一下该关系中的函数依赖关系。该关系的主码为（读者编号，图书编号）的属性组合。所以有：读者编号→姓名，（读者编号，图书编号）$\xrightarrow{p}$ 姓名，读者编号→性别，（读者编号，图书编号）$\xrightarrow{p}$ 性别，读者编号→班级，（读者编号，图书编号）$\xrightarrow{p}$ 班级，班级→班长，图书编号←→书名，（读者编号，图书编号）$\xrightarrow{f}$ 借阅日期，（读者编号，图书编号）$\xrightarrow{f}$ 借阅天数，（读者编号，图书编号）$\xrightarrow{f}$ 管理员。

从上面的分析可以看出该关系中既存在完全函数依赖，又存在部分函数依赖。克服这些弊端的方法是用投影运算将关系分解，去掉过于复杂的函数依赖关系，向更高一级的范式转换。

将起决定因素的属性及它所影响的属性投影成一个分模式，读者编号函数决定（姓名、性别、班级、班长），图书编号函数决定书名，读者编号和图书编号共同函数决定（借阅日期、借阅天数、管理员），所以上面的关系模式可分解为如表3-3、表3-4和表3-5所示的3个关系模式（目的是消除部分函数依赖）。

表3-3 读者关系

读者编号	姓名	性别	班级	班长
R001	张建国	男	计科1401	徐浩然
R003	刘美丽	女	网络1302	李飞
R004	马力强	男	电子1401	李智
R005	顾盼盼	女	计软1403	魏涛

表 3-4　图书关系

图书编号	书名
B002	C 程序设计
B008	计算机网络原理
B003	高等数学
B007	数据结构
B009	计算机组成原理

表 3-5　借阅关系

读者编号	图书编号	借阅日期	借阅天数	工作人员
R001	B002	2014/9/20	90	萧峰
R001	B008	2014/9/20	60	杨广
R003	B003	2014/11/15	60	陈妍
R004	B007	2014/11/20	30	张敏
R005	B002	2014/9/27	90	张倩
R006	B008	2015/1/4	90	陈妍

上面这 3 个关系的特点是：每一个非主属性完全函数依赖于码，消除了部分函数依赖，满足下面定义 3.7 的第 2 范式的要求。

它们的函数依赖图如图 3-23、图 3-24、图 3-25 所示。

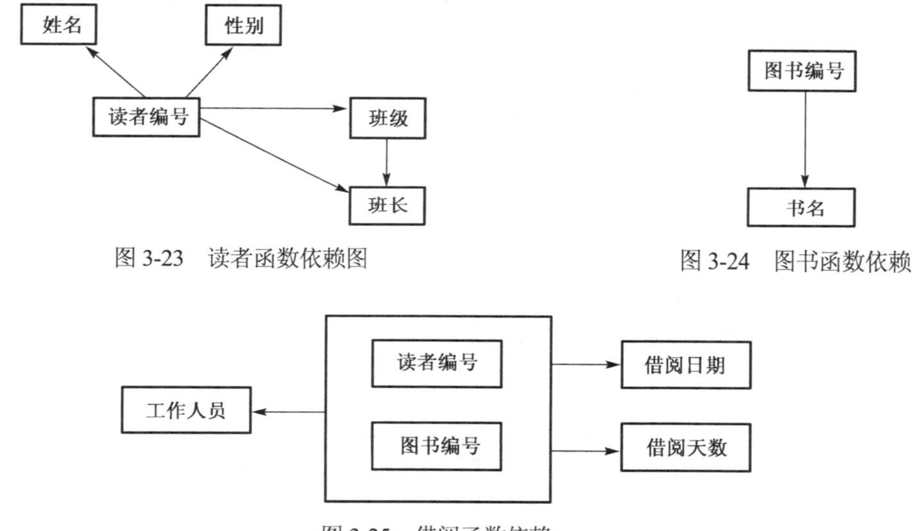

图 3-23　读者函数依赖图

图 3-24　图书函数依赖

图 3-25　借阅函数依赖

（2）第 2 范式

定义 3.7　如果关系模式 $R \in$ 1NF，并且每一个非主属性都完全函数依赖于 R 的码，则称 R 是第 2 范式的，记作 $R \in$ 2NF。

也就是说，对 R 的每一个非平凡的函数依赖 $X \rightarrow Y$，要么 Y 是主属性，要么 X 不是任何码的真子集，则 $R \in$ 2NF。

在关系模式借阅中，（读者编号，图书编号）为主属性，姓名、性别、班级、班长、借阅日期、借阅天数、管理员均为非主属性。经上述分析，存在非主属性对码的部分函数依赖，所以借阅不属于 2NF。

而如表 3-3、表 3-4、表 3-5 所示的由借阅分解的 3 个关系模式中“读者（读者编号，姓名，性别，班级，班长）”的码为读者编号，“图书（图书编号，书名）”的码为图书编号，都是单属性，不可能存在部分函数依赖。

“借阅（读者编号，图书编号，借阅天数，借阅日期，管理员）”中，（读者编号，图书编号）→借阅天数，（读者编号，图书编号）→借阅日期，（读者编号，图书编号）→管理员，只有一个候选码，所以不存在部分函数依赖。因为图书借阅分解后，消除了非主属性对码的部分函数依赖，所以关系模式读者、图书和借阅均属于 2NF。

对上面的读者关系模式进一步分析，由于关系模式“读者（学号，姓名，性别，班级，班长）”中，读者编号→班级，班级→班长，并且班级$\nrightarrow$读者编号，所以班长传递函数依赖于读者编号。

仍然存在着如下问题。

① 数据冗余：每个班长的名字存储的次数等于该班级的学生人数。

② 插入异常：当一个班级没有读者借阅图书时，有关该班级的班长信息就无法插入。

③ 删除异常：某班级的读者全部没有借阅图书时，删除全部读者的记录也随之删除了该班级的有关信息。

④ 更新异常：更换班长时，仍需改动较多的读者记录。

之所以存在上面这些问题，是因为班长传递函数依赖于读者编号。

由传递函数依赖的定义知道，如果 $X \rightarrow Y$，$Y \rightarrow Z$，那么 Z 传递函数依赖于 X。将满足传递函数依赖关系中的 X、Y、Z 这 3 个属性投影分解到（X，Y）和（Y，Z）两个关系中，使它们的传递链断开。将学生关系模式投影分解为如表 3-6 和表 3-7 所示的两个关系（目的是消除传递函数依赖）。

表 3-6 读者关系

读者编号	姓名	性别	班级
R001	张建国	男	计科 1401
R003	刘美丽	女	网络 1302
R004	马力强	男	电子 1401
R005	顾盼盼	女	计软 1403

表 3-7 班级关系

班级	班长
计科 1401	徐浩然
网络 1302	李飞
电子 1401	李智
计软 1403	魏涛

改进后的函数依赖关系如图 3-26 所示。

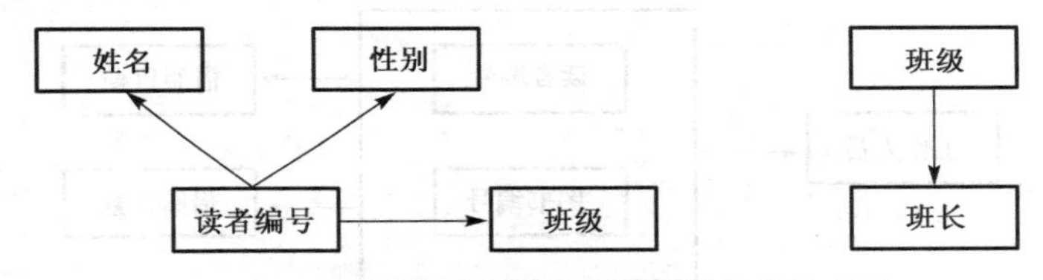

图 3-26 关系模式读者分解后的函数依赖关系图

由于读者（读者编号，姓名，性别，班级）这个关系的主码是读者编号，非主属性都完全函数依赖于读者编号，并且它们之间不存在函数依赖关系，班级（班级名，班长）改进后的关系不存在传递函数依赖，消除了传递函数依赖，满足下面定义 3.8 的第 3 范式的要求。

（3）第 3 范式

定义 3.8 如果 R 的每一个非主属性既不部分函数依赖于候选码也不传递函数依赖于候选码，则称 R 满足第 3 范式，记作 $R \in 3NF$。如果 $R \in 3NF$，则 R 也是 2NF。

例如，上面讨论过的关系模式“读者（读者编号，姓名，性别，班级，班长）”，经过分解后的两个关系都满足第 3 范式。

将一个 2NF 关系分解为多个 3NF 的关系后，并不能完全消除关系模式中的各种异常情况和数据冗余。3NF 只限制了非主属性对码的函数依赖关系，而没有限制主属性对码的函数依赖关系。如果发生了这种函数依赖，仍有可能存在数据冗余、插入异常、更新异常和删除异常。这时，则需对 3NF 做进一步规范化，消除主属性对码的函数依赖关系。为了解决这种问题，Boyce 与 Codd 共同提出了一种新范式的定义，这就是 Boyce-Codd 范式，通常简称 BCNF 或 BC 范式。它弥补了 3NF 的不足。分解后的读者关系模式、图书关系模式、班级关系模式中的码只包含一个主属性，所以不存在主属性对码的部分和传递函数依赖，分解后的借阅关系模式中主只有一个候选码，且候选码是读者编号和图书编号的组合，也不存在主属性对码的部分和传递函数依赖，或者说借阅关系模式分解后的 4 个关系模式都只有一个候选码，所以分解后的各关系模式满足下面定义 3.9 的 BC 范式的要求。

（4）BC 范式

定义 3.9　假设关系模式 $R\in$1NF，如果对于 R 的每个函数依赖 $X\rightarrow Y$，若 Y 不包含于 X，则 X 必含有候选码，那么 $R\in$BCNF。

也可以说，每一个决定属性集（因素）都包含（候选）码。

BCNF 的关系模式具有如下性质：

① 所有非主属性都完全函数依赖于每个候选码；

② 所有主属性都完全函数依赖于每个不包含它的候选码；

③ 没有任何属性完全函数依赖于非码的任何一组属性。

3NF 与 BCNF 的关系为，如果关系模式 $R\in$BCNF，必定有 $R\in$3NF。如果 $R\in$3NF，且 R 只有一个候选码，则 R 必属于 BCNF。

（5）规范化小结

关系数据库规范化理论的基本思想就是消除不合适的数据依赖，使模式中的各关系模式达到某种程度的“分离”。采用“一事一义”的模式设计原则，让一个关系描述一个概念、一个实体或实体间的一种联系。若多于一个概念就把它“分离”出去。

所谓规范化，实质上是概念的单一化，不能说规范化程度越高的关系模式就越好。在设计数据库模式结构时，必须对现实世界的实际情况和用户应用需求做进一步分析，确定一个合适的、能够反映现实世界的模式。尽管大多数成功的数据库都规范化到一定程度，但是规范化的数据库仍存在一些缺点，那就是降低了数据库的可操作性。例如，规范化程度较高的表，其包含的信息比较少。如果查询的数据要涉及多个表，那么多表之间频繁的连接操作也是降低可操作性的原因之一。

根据实际情况和用户需要，规范化步骤可以在其中任何一步终止，适可而止。

图 3-27 总结了关系模式规范化的过程。

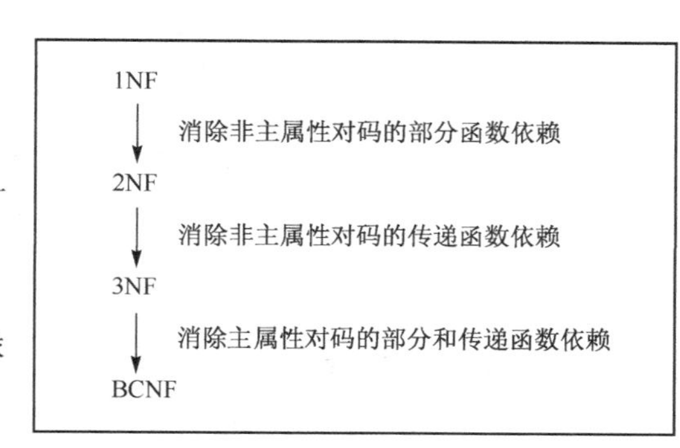

图 3-27　关系模式规范化的过程

关系模式的规范化过程是通过对关系模式的分解来实现的。把低一级的关系模式分解为若干个高一级的关系模式，但这种分解不是唯一的。

3.4.4　模式分解

为了提高数据库应用系统的性能，应该根据应用的需要适当地修改、调整数据模型的结构，对关系模式进行优化。关系模式的优化通常以规范化理论为指导，通常采用分解的方法。

为了提高数据操作的效率和存储空间的利用率，可以对关系模式进行水平分解和垂直分解。

水平分解是把关系模式按分类查询的条件分解成几个关系模式，这样可以减少应用系统每次查询时需要访问的记录数，从而提高查询效率。

例如，对读者关系，可以根据身份将其分解为教师、研究生、本科生3类。在查询时一般只涉及其中的一类，因此可以把读者关系水平分解成教师、研究生、本科生3个关系模式。

垂直分解是把关系模式 R 中经常一起使用的属性分解出来形成一个子关系模式。

例如，对读者关系，经常要查询其图书借阅情况，可以将关系垂直分解，得到如下关系：

（读者编号，姓名，书名，借阅日期）

关系数据库规范化理论为数据库设计人员判断关系模式的优劣提供了理论标准，可以用来预测关系模式可能出现的问题，使数据库设计工作有了严格的理论基础。

3.4.5 逻辑结构设计实例

【例3-8】 假设存在工厂车间员工管理子系统的关系模式如下：

员工（员工编号，员工姓名，车间，部门，工作日，出勤）

对员工关系模式有如下说明：一个部门可以有多个车间，一个员工只在一个车间工作，一个车间可有多名员工。请解决该关系模式存在的问题。

根据经验，分析一个关系模式首先要分析出该关系模式的主码。

通过对现实世界的需求分析可知，一个部门可以有多个车间，一个员工只在一个车间工作，一个车间可有多名员工，该关系模式的每个数据项都是不可再分的，满足第1范式的要求，通过分析得出该关系模式的主码是员工编号和工作日的组合，从而得出员工关系模式的函数依赖图，如图3-28所示。

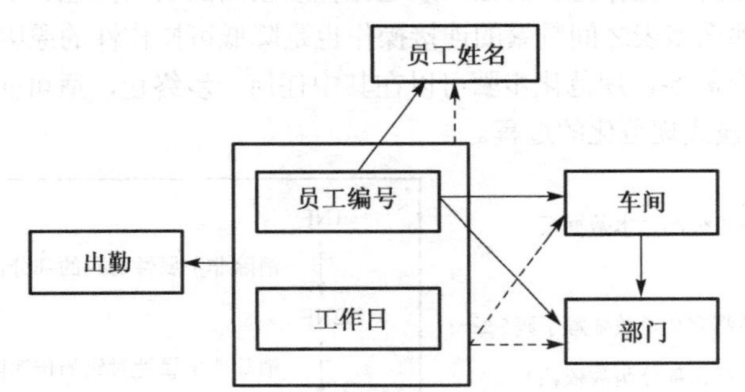

图3-28 员工关系模式的函数依赖图

通过函数依赖集可看出该关系中存在非主属性对码的部分函数依赖，员工姓名部分函数依赖于员工编号和工作日，车间和部门也部分函数依赖于员工编号和工作日，所以该关系模式不满足第2范式的要求，也存在数据冗余和各种异常。在关系规范化理论指导下，对该关系模式进行分解，消除非主属性对码的部分函数依赖可得到改进的函数依赖图，如图3-29和图3-30所示。

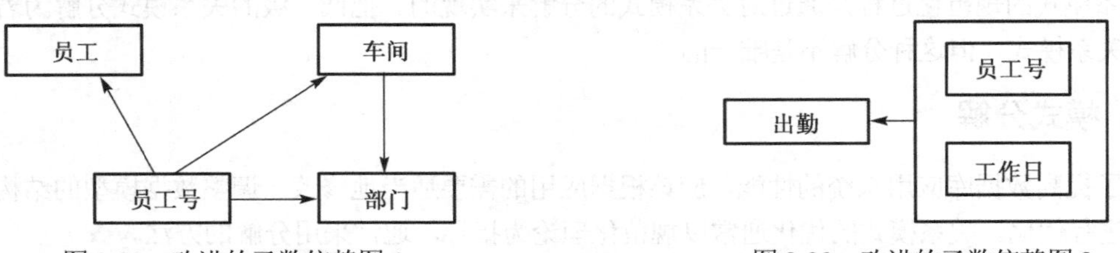

图3-29 改进的函数依赖图1　　图3-30 改进的函数依赖图2

图 3-29 和图 3-30 所示的改进的函数依赖图消除了部分函数依赖，满足第 2 范式要求，但是在图 3-27 中还存在传递函数依赖，不满足第 3 范式要求，将图 3-29 继续分解消除传递函数依赖形成函数依赖图，如图 3-31 所示。

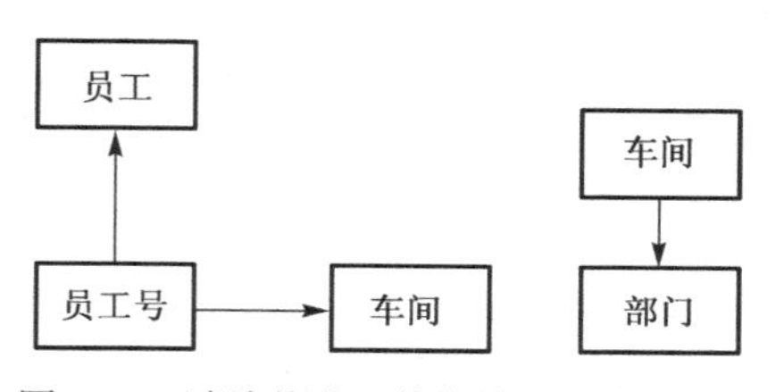

图 3-31　消除传递函数依赖的函数依赖图

消除传递函数依赖的函数依赖图满足第 3 范式的要求，经过分析各个函数依赖图中只有一个候选码，所以也就满足 BC 范式的要求，故对员工关系模式经过逻辑结构设计的分解以后形成如下几个关系模式：

员工（员工编号，员工姓名，车间）
出勤（员工编号，工作日，出勤）
车间（车间，部门）

3.5　数据库的物理设计

数据库在物理设备上的存储结构与存取方法称为数据库的物理结构，它依赖于所选定的 DBMS，为一个给定的逻辑数据模型选取一个最适合应用环境的物理结构的过程，就是数据库的物理设计。

数据库的物理设计分为两个步骤：

① 确定数据库的物理存储结构，在关系数据库中主要是指存取方法和存储结构；

② 对设计的物理结构进行评价，评价的重点是时间和空间效率。

数据库的物理结构设计之前，首先应充分了解数据库系统的应用环境，对要运行的事务进行详细分析，获得选择数据库物理设计所需的参数。其次，要充分了解所选择 RDBMS 的内部特征，包括 RDBMS 的功能，提供的物理环境，特别是系统提供的存取方法和存储结构。

3.5.1　确定数据库的存储结构

确定数据库的存储结构主要是指确定数据的存放位置和存储结构，包括确定关系、索引、聚簇、日志、备份等的存储安排及存储结构，以及确定系统存储参数的配置。确定数据的存放位置和存储结构要综合考虑存取时间、空间利用率和维护代价 3 方面的因素，而这 3 个方面常常是相互矛盾的。例如，消除冗余数据虽然能节约存储空间，但是会导致检索代价的增加，因此需要进行权衡，选择一个折中方案。

1. 确定数据的存放位置

为提高系统性能，应该根据数据应用情况将数据的易变部分与稳定部分、经常存取部分与存取频率较低部分分开存放。例如，数据库数据备份、日志文件备份等，由于只在故障恢复时使用，并且数据量很大，可以考虑放在磁带或者外部磁盘上。目前许多计算机都有多个磁盘，因此进行物理设计时可以考虑将表和索引分别放在不同的磁盘上，查询时由于两个磁盘驱动器在同时工作，因而可以保证物理读取速度比较快。也可以将比较大的表分别存放在两个磁盘上，以加快存取速度，这在多用户环境下特别有效。此外还可以将日志文件与数据库对象（表、索引等）放在不同的磁盘上以改进系统的性能。

2. 确定数据库的存取方法

确定数据库的存取方法就是确定建立哪些存取路径以实现快速存取数据库中的数据，DBMS 一般都提供多种存取方法，主要指确定如何建立索引，根据实际需要确定在哪个关系模式上建立索引，建立多少个索引，是否建立聚簇索引，是否选择HASH存取方法。

3. 确定系统配置

DBMS产品一般都提供了一些系统配置变量、存储分配参数，提供给设计人员和DBA对数据库进行物理优化。开始时系统都为这些变量赋予了合理的默认值，但这些值不一定适合每一种应用环境，进行物理设计时，需重新对变量赋值，改善系统性能。

系统配置变量有很多，例如，同时使用数据库的用户数、同时打开的数据库对象数、内存分配参数、缓冲区分配参数、时间片的大小、数据库的大小等。这些参数影响存取时间和存储空间的分配。物理结构设计时要根据应用环境确定这些系统变量，使系统性能达到最佳。

3.5.2　数据库物理结构评价

数据库物理设计过程中需要对时间效率、空间效率、维护代价和各种用户的要求进行权衡，产生多种设计方案。数据库设计人员必须对这些方案进行评价，从中选出一种较优的设计方案作为数据库的物理结构付诸实施。

评价数据库物理结构的方法完全依赖于所选择的DBMS，主要是估算数据库的存储空间、处理时间和维护代价是否符合用户需求，若评价结果符合用户需求，则数据库设计进一步转向数据库实施阶段，否则，需要重新设计设计或修改物理结构，有时甚至需要返回逻辑结构设计阶段调整相应的逻辑结构，直至达到设计要求为止。

3.6　数据库的实施与维护📖

数据库的物理设计完成以后，数据库设计人员就要用RDBMS提供的数据定义语言和其他实用工具将数据库逻辑设计和物理设计结果严格表述出来，成为RDBMS可以接受的源代码，经过调试产生目标模式，才可以组织数据入库，这就是数据库实施阶段。

3.6.1　数据库实施

数据库逻辑结构设计阶段的结束，标志着数据库的结构设计已经完成，接下来在数据库实施阶段就是选择一个RDBMS软件平台，比如SQL Server 2008，将整个数据库结构设计付诸实施。数据库实施阶段的主要任务如下：

① 根据逻辑结构设计的结果，利用RDBMS的数据定义语言DDL完成数据库存储模式的创建，其中包括很多数据库对象的创建，如数据库、数据表、属性（数据项）、视图、索引、存储过程、触发器、函数等。

② 实施完整性控制，包括创建表时的属性值域的控制、实体完整性控制、参照完整性控制、表跟表之间的级联控制，用触发器和规则进行补充完整性控制和复杂完整性控制等。

③ 实施安全性控制，设置用户和用户组的访问权限，用触发器设置常规以外的安全性控制，为数据库服务器设置防火墙和防病毒措施。

④ 实施数据库恢复机制，确保数据库的正常运行。

⑤ 组织数据入库，在创建数据库的基础上编制和调试应用改程序，并进行数据库的试运行。

3.6.2　数据库运行和维护

数据库试运行合格后，数据库开发工作就基本完成了，可以将数据库应用系统交付给用户，也就是说数据库应用系统可以投入正式运行。但是，由于应用环境不断变化，数据库运行过程中物理存储也会不断发生变化，所以在数据库应用系统运行过程中必须根据系统运行状况和用户的合理意见，不断地对其进行评价、调整、修改等维护工作。在数据库运行时，对数据库进行经常性的维护工作主要是由 DBA 完成的，主要工作包括：

① 数据库的转储和维护。比如，常规的异地备份和恢复等。

② 数据库安全性、完整性控制。比如，新的约束控制的增加。

③ 数据库性能的监督、分析和改进。比如，目前一些 DBMS 提供了检测系统性能参数的工具，DBA 可以利用这些工具得到系统运行过程中一系列性能参数的值，DBA 分析这些数据可判断当前系统运行状况是否最佳，应做哪些改进。

④ 数据库的重组织和重构造。比如，数据库中表的属性的增加和删除等。

习　题　3

3.1　选择题

1．下列不属于数据库设计的任务是（　　）。

A．进行需求分析　　B．设计数据库管理系统

C．设计数据库逻辑结构　　D．设计数据库物理结构

2．数据流图是用于数据库设计中（　　）阶段的工具。

A．需求分析　　B．概念结构设计　　C．物理设计　　D．逻辑结构设计

3．有关系模式“学生（学号，课程号，名次）”，若每一名学生每门课程有一定的名次，每门课程每一名次只有一名学生，则以下叙述中错误的是（　　）。

A．（学号，课程号）和（课程号，名次）都可以作为候选码

B．只有（学号，课程号）能作为候选码

C．关系模式属于第 3 范式

D．关系模式属于 BCNF

4．关系数据库规范化理论是为解决关系数据库中的（　　）问题而引入的。

A．插入、更新、删除和数据冗余　　B．提高查询速度

C．减少数据操作的复杂性　　D．保证数据的安全性和完整性

5．若关系模式 *R*（A，B）已属于 3NF，下列说法中（　　）是正确的。

A．它一定消除了插入和删除异常　　B．可能存在一定的插入和删除异常

C．一定属于 BCNF　　D．A 和 C 都是

6．关系模型中的关系模式至少满足（　　）。

A．1NF　　B．2NF　　C．3NF　　D．BCNF

7．在关系模式中，如果属性 A 和 B 存在一对一的联系，则说（　　）。

A．A→B　　B．B→A　　C．A←→B　　D．以上都不是

8．在数据库设计中，将 E-R 图转换成关系数据模型的过程属于（　　）。

A．需求分析阶段　　B．逻辑设计阶段　　C．概念设计阶段　　D．物理设计阶段

9．下列关于关系数据库规范化理论的描述中，不正确的是（　　）。

A．规范化理论提供了判断关系模式优劣的理论标准

B．规范化理论提供了判断关系数据库管理系统优劣的理论标准

C．规范化理论对于关系数据库设计具有重要指导意义

D．规范化理论对于其他模型的数据库的设计也有重要指导意义

10．有关系：教学（学号、教工号、课程号），假定每个学生可以选修多门课程，每门课程可以由多名学生来选修，每位教师只能讲授一门课程，每门课程只能由一位教师来讲授，那么该关系模式的主码是（　　）。

A．课程号　　B．教工号　　C．学号　　D．（学号，教工号）

11．下列关于关系模式规范化的叙述中，不正确的是（　　）。

A．若 $R \in$ BCNF，则必然 $R \in$ 3NF　　B．若 $R \in$ 3NF，则必然 $R \in$ 2NF

C．若 $R \in$ 2NF，则必然 $R \in$ 1NF　　D．若 $R \in$ 1NF，则必然 $R \in$ BCNF

12．下列关于E-R模型向关系模型转换的描述中，不正确的是（　　）。

A．一个实体类型转换成一个关系模式，关系模式的码就是实体的码

B．一个1∶n联系转换为一个关系模式，关系模式的码是1∶n联系的1端实体的码

C．一个m∶n联系转换为一个关系模式，关系模式的码为各实体码的组合

D．三个或三个以上实体间的多元联系转换为一个关系模式，关系模式的码为各实体码的组合

13．下列关于函数依赖的描述中，不正确的是（　　）。

A．若 $X \to Y$，$Y \to Z$，则 $X \to Z$　　B．若 $X \to Y$，$Y' \subseteq Y$，则 $X \to Y'$

C．若 $X \to Y$，$X' \subseteq X$，则 $X' \to Y$　　D．若 $X' \subseteq X$，则 $X \to X'$

14．关系数据库规范化中的删除异常是指（　　）。

A．应该删除的数据未被删除　　B．应该插入的数据未被插入

C．不该被删除的数据被删除　　D．不该插入的数据被插入

15．假设有关系模式 R（A, B, C, D, E），根据语义有如下函数依赖集：F={A→C，(B,C)→D，(C,D)→A，(A,B)→E}，则下列属性组中（　　）是关系 R 的候选码。

Ⅰ（A,B）　Ⅱ（A,D）　Ⅲ（B,C）　Ⅳ（C,D）　Ⅴ（B,D）

A．仅Ⅲ　　B．仅Ⅰ和Ⅲ　　C．仅Ⅰ、Ⅱ和Ⅳ　　D．仅Ⅱ、Ⅲ和Ⅴ

16．假设有关系模式 R（A, B, C, D, E），根据语义有如下函数依赖集：F={A→C，(B,C)→D，(C,D)→A，(A,B)→E}，则关系模式 R 的规范化程度最高达到（　　）。

Ⅰ（A,B）　Ⅱ（A,D）　Ⅲ（B,C）　Ⅳ（C,D）　Ⅴ（B,D）

A．1NF　　B．2NF　　C．3NF　　D．BCNF

17．下列不是局部E-R模型集成为全局E-R模型时可能存在的冲突是（　　）。

A．模型冲突　　B．结构冲突　　C．属性冲突　　D．命名冲突

18．在将E-R模型向关系模型转换的过程中，若将三个实体之间的多元联系转换为一个关系模式，则该关系模式的码是（　　）。

A．其中任意两个实体的码的组合　　B．其中任意一个实体的码

C．三个实体的码的组合　　D．三个实体中所有属性的组合

19．数据库设计中，确定数据库存储结构即确定关系、索引、聚簇、日志、备份等数据的存储安排和存储结构，这是数据库设计的（　　）。

A．需求分析阶段　　B．逻辑设计阶段　　C．概念设计阶段　　D．物理设计阶段

20．数据库物理设计完成后，进入数据库实施阶段，一般不属于实施阶段的工作的是（　　）。

A．建立库结构　　B．系统调试　　C．加载数据　　D．扩充功能

3.2　填空题

1．数据库设计一般经过需求分析、__________、__________、__________、数据库实施和数据库运行维护等 6 个阶段。

2．对于非规范化的关系模式，经过__________转变为 1NF，将 1NF 经过__________转变为 2NF，将 2NF 经过__________转变为 3NF。

3．对于函数依赖 $X \rightarrow Y$，如果 Y 包含于 X，则称 $X \rightarrow Y$ 是一个__________。

4．E-R 模型是数据库的__________阶段的一个有力工具，关系数据库规范化理论是数据库__________阶段的一个有力工具。

5．各分 E-R 模型之间的冲突主要有 3 类：__________、__________和__________。

6．$X \rightarrow Y$ 是关系模式 R 的一个函数依赖，在当前值 r 的两个不同元组中，如果 X 值相同，就一定要求__________。也就是说，对于 X 的每一个具体值，都有__________与之对应。

7．数据库的物理设计通常分为两步：①确定数据库的__________；②对其进行评价，评价的重点是__________和__________。

8．数据库的逻辑结构设计阶段的任务是将__________转换成关系模型。

9．数据字典和数据流图属于数据库系统设计中的__________阶段；关系模型的设计属于数据库系统设计中的__________阶段。

10．关系模型设计不当所引起的问题有数据冗余、__________、__________和__________。

3.3　简答题

1．理解下列定义：函数依赖、部分函数依赖、完全函数依赖、传递函数依赖、1NF、2NF、3NF。

2．什么是数据库设计？数据库设计一般分为哪几个阶段？

3．需求分析阶段的任务是什么？方法有哪些？

4．什么是数据库的概念结构设计？

5．什么是数据库的逻辑结构设计？

6．设有关系模式 R（A，B，C，D）。如果规定：关系中 B 值与 D 值之间是一对多的联系，A 值与 C 值之间是一对多的联系。试写出相应的函数依赖。

7．什么是数据库的物理设计？

8．试述 E-R 模型中联系如何转换成关系模型。

9．数据字典的内容和作用是什么？

3.4　综合题

1．某商业集团管理系统涉及两个实体类型，“商店”有属性商店编号、商店名、地址、电话，“顾客”有属性顾客编号、姓名、地址、年龄、性别。假设一个商店有多位顾客购物，一个顾客可以到多个商店购物，顾客每次去商店购物有一个消费金额和日期，而且规定每个顾客在每个商店里每天最多消费一次。

（1）请画出系统的 E-R 图，并注明属性和联系类型。

（2）将 E-R 图转换成关系模式。

（3）指出转换后的每个关系模式的码。

2．现有关系模式 *R*（Sno 学号，Cno 课程号，Grade 成绩，Teacher 教师，Title 职称），已知该关系模式有如下函数依赖：

（Sno,Cno）→Grade，Cno→Teacher， Teacher→Title

（1）请写出 *R* 的码是什么？

（2）*R* 最高满足第几范式？请说明理由。

（3）给出基于 *R* 的分解所得到的关系模式（都要满足 3NF）。

3．某数据库设计的过程中，得出下列局部 E-R 图，请将该 E-R 图转换为相应的关系模式。

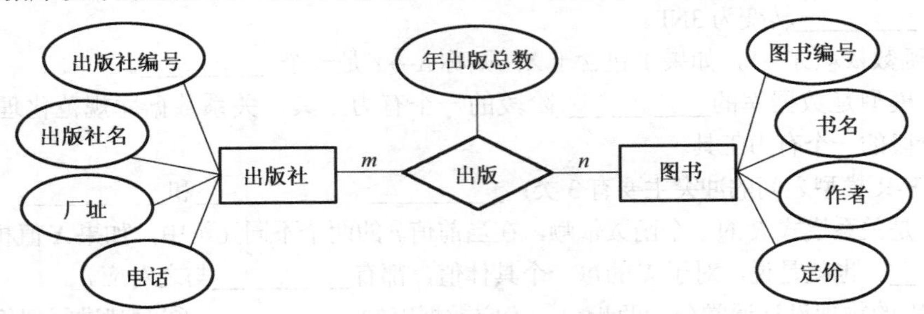

4．设有如下关系模式 *R*：

职工号	职工名	年龄	性别	单位号	单位名
E001	张无忌	20	男	D03	CC
E002	赵敏	19	女	D03	CC
E003	周芷若	20	女	D02	BB
E004	常遇春	25	男	D01	AA

假设：每个职工都有一个唯一的编号，每个单位都有一个唯一的编号；一个职工只能在一个单位工作，一个单位可以有多个职工。

试问：（1）*R* 是否属于 3NF？为什么？

（2）如果不是 3NF，那么它属于第几范式？为什么？

（3）写出分解后满足 3NF 的关系模式。

5．请把下面的 E-R 图转化为多个关系模式。

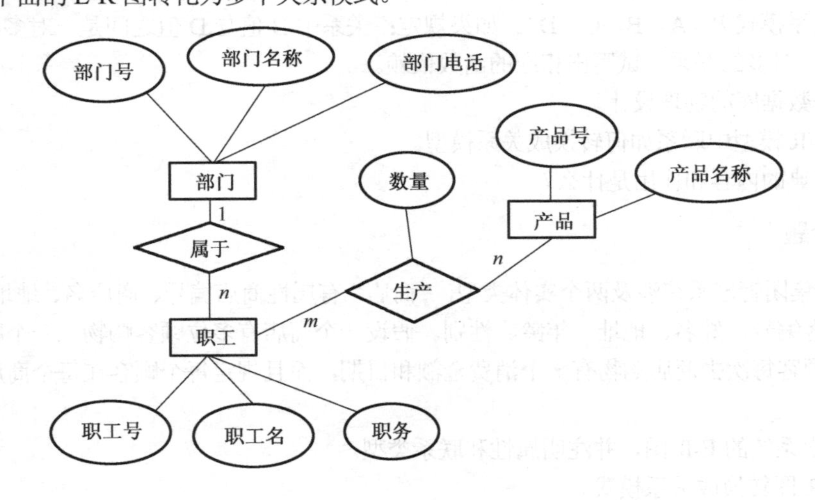

第 4 章　SQL Server 2008 数据库管理系统

本章重点介绍 SQL Server 2008 的安装及其常用工具的使用方法，以 readerbook 数据库为例介绍数据库和数据表的创建与维护。

通过读者仍主动练习和探索，掌握 SQL Server 2008 的安装方法，能够使用 SSMS 建立 SQL Server 注册、创建数据库、数据表等。读者可以使用 SSMS 的查询设计器初步感受 SQL 语言强大的构造能力，掌握 SSMS 的主要用法，利用导入/导出数据服务实现 SQL Server 数据库与多种数据库进行数据交流和转换的方法。

本章导读：

- SQL Server 2008 的安装和配置方法
- SQL Server 2008 管理工具的使用
- SQL Server 2008 数据库的创建与维护
- SQL Server 2008 数据表的创建与维护
- 数据的导入与导出、数据库的分离与附加

4.1 SQL Server 2008 概述

4.1.1 SQL Server 的发展历史

SQL Server 是一个关系数据库管理系统，它最初是由 Microsoft、Sybase 和 Ashton-Tate 3 家公司共同开发的，于 1988 年推出了第一个 OS/2 版本。在 Windows NT 推出后，Microsoft 与 Sybase 在 SQL Server 的开发上就分道扬镳了，Microsoft 将 SQL Server 移植到 Windows NT 系统上，专注于开发推广 SQL Server 的 Windows NT 版本，Sybase 则较专注于 SQL Server 在 UNIX 操作系统上的应用。

Microsoft SQL Server 自推出后，版本也在不断更新。1993 年，Microsoft 发布了 SQL Server 4.2 版本，该版本是一种功能较少的桌面数据库，能满足小部门数据存储和处理的需求。1995 年，发布了 SQL Server 6.0 版本，该版本对核心数据库引擎做了重大的改进，在性能和重要的特性上都得到了增强，具备了处理小型电子商务和内联网应用程序的能力。1996 年，Microsoft 推出了 SQL Server 6.5 版本，该版本具备了市场所需的速度快、功能强、易使用和价格低等优点。1998 年，SQL Server 7.0 版本和用户见面，该版本再一次对核心数据库引擎进行了重大改写，在操作上更简单、易用，因此获得了良好的声誉。

SQL Server 2000 是 Microsoft 公司 2000 年推出的，该版本继承了 SQL Server 7.0 版本的优点，同时在可扩展性和可靠性上有了很大的改进，其卓越的管理工具、开发工具和分析工具得到了市场的认可，其使用可跨越从运行 Windows 98 的膝上型电脑到运行 Windows 2000 的大型多处理器的服务器等多种平台。

2005 年，Microsoft 发布了 SQL Server 2005 版本，这是在 SQL Server 2000 的基础上推出的一个全面的数据库平台，在可靠性、可用性、可编程性和易用性等方面做了重大改进，引入了.NET Framework，允许构建.NET SQL Server 专有对象，使用集成的商业智能（Business Intelligence，BI）工具提供了企业级的数据管理。

2008 年，Microsoft 发布了 SQL Server 2008 版本，这是一个重大的产品版本，它推出了许多新的特性和关键的改进，使得它成为至今为止最强大和最全面的 Microsoft SQL Server 版本。

4.1.2 SQL Server 2008 的新功能

SQL Server 2008 定位于大规模联机事务处理、数据仓库和电子商务应用的数据库和数据分析平台，扩展了 2005 的可靠性、可用性、可编程性和易用性。SQL Server 2008 增加了许多新的特性。

（1）SMSS 增强

SMSS 即 SQL Server Management Studio（对象资源管理器），是数据库进行管理维护、数据查询和更改的管理工具。SQL Server 2008 在 SSMS 中增加了数据库对象信息的显示功能；在查询编辑器中增加了智能感知，并能对 T-SQL（Transact-SQL）语句进行调试。这些功能有效改善了 SQL Server 的可操作性，方便设计人员从事数据库的管理、查询与维护工作。

（2）数据加密

SQL Server 2008 引入了透明数据加密（Transparent Date Encryption，TDE）技术，可以对整个数据库、数据文件和日志文件进行加密，而不需要改动应用程序，从而保护了数据的安全。

（3）强大的审计功能

SQL Server 2008 带来了更强大的审计功能，其中最重要的一个就是变更数据捕获（Change Data Capture，CDC）。使用 CDC，能够捕获和记录发生在数据库中的任意 INSERT、UPDATE 或 DELETE 等操作。当用户对数据表运行 INSERT、UPDATE 或 DELETE 操作时，相关操作事务和相关数据就会被记录下来。因此，通过使用 CDC 功能不仅可以知道对数据进行了何种操作，还可以恢复因误操作或错误的程序所造成的丢失数据。这是 SQL Server 非常强大的一个新增功能，它为数据审计提供了一个非常有用的功能，在此以前，一般要借助于第三方工具来实现这一功能。

（4）策略管理

SQL Server 2008 提供的策略管理用于一个或多个 SQL Server 2008 实例系统。实用策略管理可以检查数据库对象的属性或限制数据库对象的修改。

（5）新增数据类型

SQL Server 2008 增加了日期、时间、层次 ID、地理空间等数据类型，这些类型的增加丰富了 SQL Server 数据的表示形式。

（6）增强的 T-SQL 语法

SQL Server 2008 增强了基础语法的功能。例如，在定义变量的同时进行赋值，在一个 INSERT 语句中插入多条数据，支持累加运算符等新的操作。

（7）改进了数据库镜像

Microsoft SQL Server 2008 提供了更可靠的数据库镜像的平台。页面自动修复可以通过请求获得一个从镜像合作机器上得到的出错页面的重新拷贝，使主要的和镜像的计算机可以透明地修复数据页面上的错误。同时，压缩了输出的日志流，以便使数据库镜像所要求的网络带宽达到最小。

4.2 SQL Server 2008 的安装

4.2.1 SQL Server 2008 的版本

根据数据库应用环境的不同，SQL Server 2008 提供了多种版本以适用特定环境和任务的需要。了解这些版本之间的差异便于根据需要选择最合适的版本。

SQL Server 2008 的版本如表 4-1 所示。

表 4-1 SQL Server 2008 版本

版本	描述
企业版（Enterprise）x86和x64	是一个全面的数据管理和商业管理智能平台，提供企业级的可扩展性、数据库、安全性，以及先进的分析和报表支持，从而运行关键业务应用。可以整合服务器及运行大规模的在线事务处理
标准版（Standard）x86和x64	是一个完整的数据管理和商业智能平台，提供业界最好的易用性和可管理性以运行部门级应用
工作组版（Workgroup）x86	是一个可信赖的数据管理和报表平台，为各分支应用程序提供安全、远程同步和管理功能。此版本包括核心数据库的特点，用于批量导入和导出数据的集成服务向导，但不支持数据转换功能
开发者（Developer）x86	此版本使开发人员能够用SQL Server建立和测试任何类型的应用程序。其功能与SQL Server企业版相同，但只为开发、测试及演示使用颁发许可。在此版本上开发的应用程序和数据库可以很容易升级到SQL Server 2008企业版
移动版（Compact Edition）	是为开发人员设计的免费嵌入式数据库系统，主要用于构建仅有少量连接需求的独立移动设备、桌面或Web客户端应用，该版本可以支持Pocket PC、Smart Phone等移动设备
精简版（Express）x86	是SQL Server的免费版本，提供了核心数据库功能，包括SQL Server 2008所有新的数据类型，但是缺少管理工具、商业智能及可用性功能（如故障转移）

4.2.2 安装 SQL Server 2008 的环境要求

为了正确安装和运行 SQL Server 2008，计算机必须满足以下配置要求。

1. 硬件要求

处理器：需要 Pentium Ⅳ或更高性能的处理器，处理器速度不低于 1GHz，为了获得更好的运行效果，建议为 2GHz 或以上。

内存：512MB 以上，建议为 2GB 或更大。

硬盘：2GB 的安装空间以及必要的数据预留空间。因为在安装过程中，安装程序会在系统驱动器中创建临时文件，实际硬盘空间取决于系统配置和安装的功能。

显示器：SQL Server 2008 图形工具需要分辨率至少为 1024×768 像素。

2. 软件要求

（1）操作系统要求

SQL Server 2008 只能运行在 Windows 操作系统之上。

SQL Server 2008 设计了不同的版本，每个版本对操作系统的要求不尽相同。精简版和开发者版只提供了 32 位的版本，可以运行在 Windows 2000、Windows XP、Windows 2003 及 Vista 和 Windows 7 操作系统之上；工作组版可以运行在除了 Home 版以外的其他操作系统之上；标准版和企业版只能运行在 Server 版的操作系统之上。

（2）安装组件要求

SQL Server 2008 安装时需要的组件如下：

- .NET Framework 3.5；
- SQL Server Native Client；
- SQL Server 安装程序支持文件；
- Microsoft Windows Installer 4.5 或更高版本；
- Microsoft 数据访问组件（MDAC）2.8 SP1 或更高版本。

这些组件在安装 SQL Server 2008 的过程中会自动安装，不需要用户单独安装。

4.2.3 SQL Server 2008 的安装📖

这里以 Windows 7 旗舰版 SP1 为例，简要介绍 SQL Server 2008 中文企业评估版的安装过程，其他版本的安装过程类似。

安装步骤如下。

步骤 1：插入自动运行的安装光盘或双击已经下载的 SQL Server 2008 安装程序，由于 SQL Server 2008 需要.NET Framework 3.5 的支持，安装程序启动后首先会检测系统是否已经安装了.NET Framework 3.5 的支持，如果没有安装，则弹出要求安装的对话框，如图 4-1 所示。

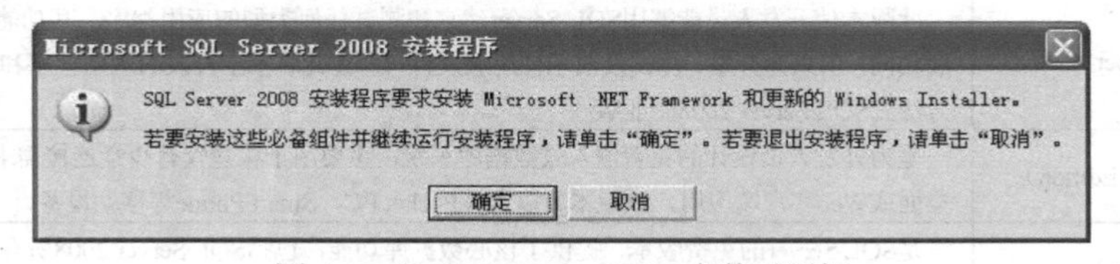

图 4-1 .NET Framework 3.5 安装对话框

步骤 2：单击“确定”按钮，等待一段时间后进入如图 4-2 所示的“.NET Framework 3.5 许可协议”对话框，必须选择“我已经阅读并接受许可协议中的条款”后，才能单击“安装”按钮继续安装。

步骤 3：同意许可条款并单击“安装”按钮开始安装，安装完成后弹出如图 4-3 所示的“安装完成”对话框，单击“退出”按钮即可。

图 4-2　.NET Framework 3.5 许可协议

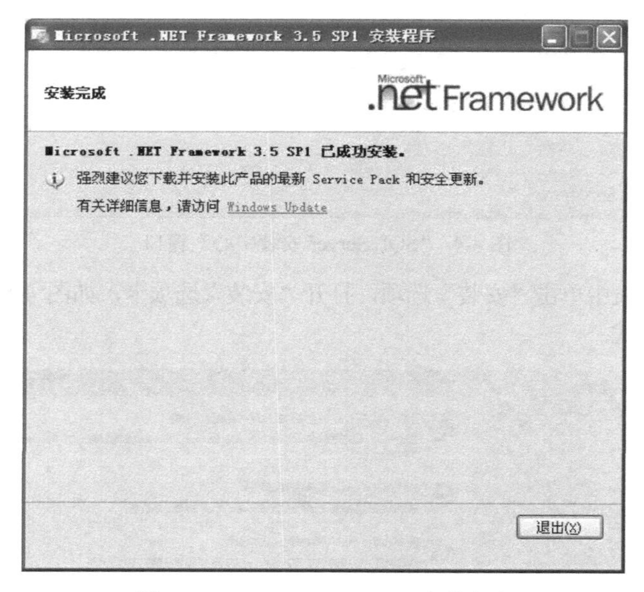

图 4-3　.NET Framework 3.5 安装完成

说明：若是在 Windows XP 操作系统中安装 SQL Server 2008，安装完.NET Framework 3.5 后可能还会弹出需要安装 Windows XP 补丁的对话框，这是安装 SQL Server 2008 必须要安装的补丁。

由于 SQL Server 2008 会使用 Visual Studio 2008 SP1 补丁的某些功能(可以理解为.NET Framework 3.5 SP1 的功能)，所以会发生冲突，即如果机器上已经安装了 Visual Studio 2008 或.NET Framework 3.5，但没有安装 Visual Studio 2008 SP1 或.NET Framework 3.5 SP1，那么在安装 SQL Server 2008 时会导致 SQL Server 2008 安装失败。此时有以下 3 种情况：

- 如果还没有安装过 Visual Studio 2008 或.NET Framework 3.5，那么可以继续安装 SQL Server 2008，不会受影响，因为 SQL Server 2008 安装程序包含所需要的所有组件。

- 如果已经安装过 Visual Studio 2008 或.NET Framework 3.5，那么必须在安装 Visual Studio 2008 SP1 或.NET Framework 3.5 SP1 之后再安装 SQL Server 2008。
- 如果不想安装 Visual Studio 2008 SP1 或.NET Framework 3.5 SP1，那么安装 SQL Server 2008 时需要使用手动安装。不要选择 SQL Server 的 Analysis Services、Integration Services 或 Bussiness Intelligence Development Studio 功能。

安装完补丁后需要重新启动计算机，重启后再重新运行安装程序。

步骤 4：打开“SQL Server 安装中心”窗口，如图 4-4 所示。

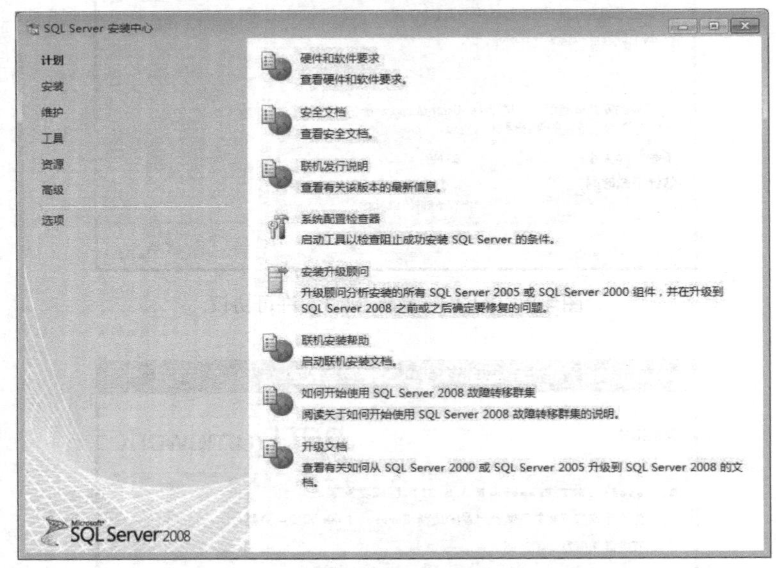

图 4-4 “SQL Server 安装中心”窗口

步骤 5：在左侧列表中单击“安装”选项，打开“安装”选项卡，如图 4-5 所示。在窗口右边将列出可以进行的安装方式。

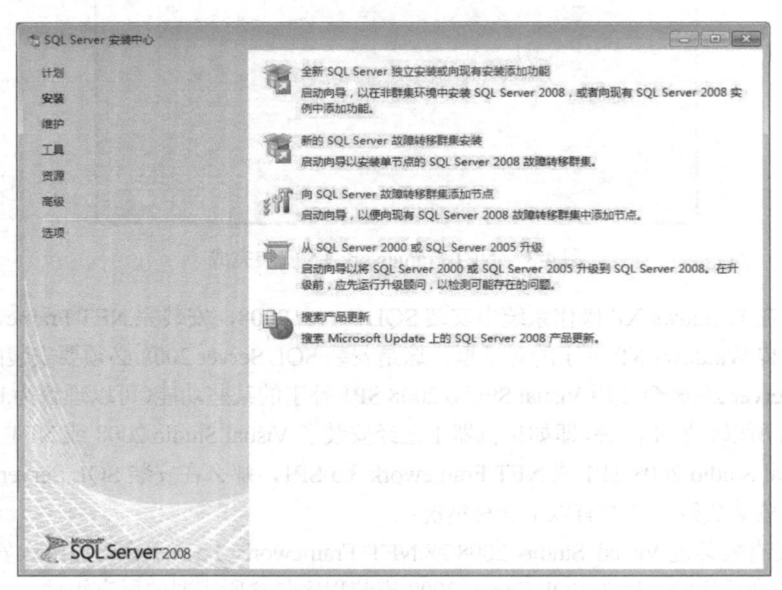

图 4-5 “安装”选项卡

说明：如果需要从旧的 SQL Server 版本升级到 SQL Server 2008，可以单击“从 SQL Server 2000 或 SQL Server 2005 升级”。

步骤 6：单击“全新 SQL Server 独立安装或向现有安装添加功能”，将开始安装全新的 SQL Server 2008。此时系统先检查 SQL Server 安装程序支持文件时可能发生的问题，并将检查信息显示在“安装程序支持规则”对话框中，如图 4-6 所示。

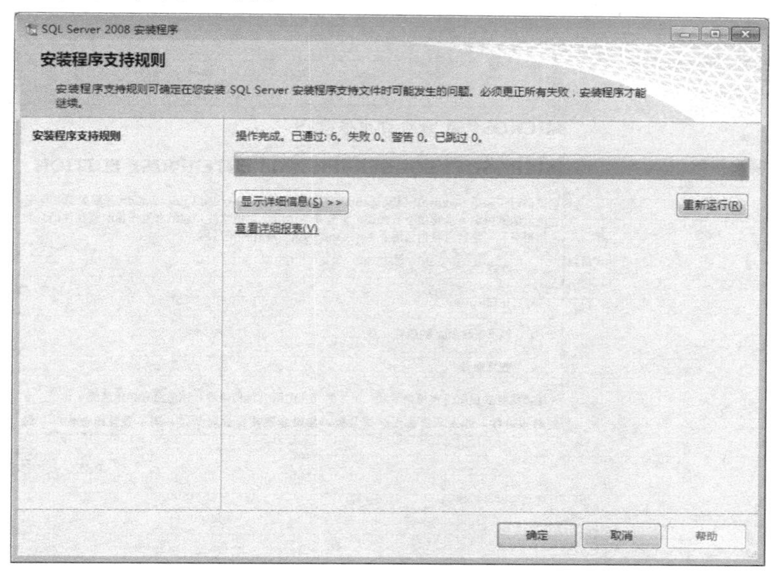

图 4-6　“安装程序支持规则”对话框

说明：单击“显示详细信息”按钮，可以看到检查情况。如果有检查未通过的规则，必须进行更正，否则安装无法继续。

步骤 7：安装程序支持规则全部通过后，单击“确定”按钮，打开“产品密钥”对话框，如图 4-7 所示。

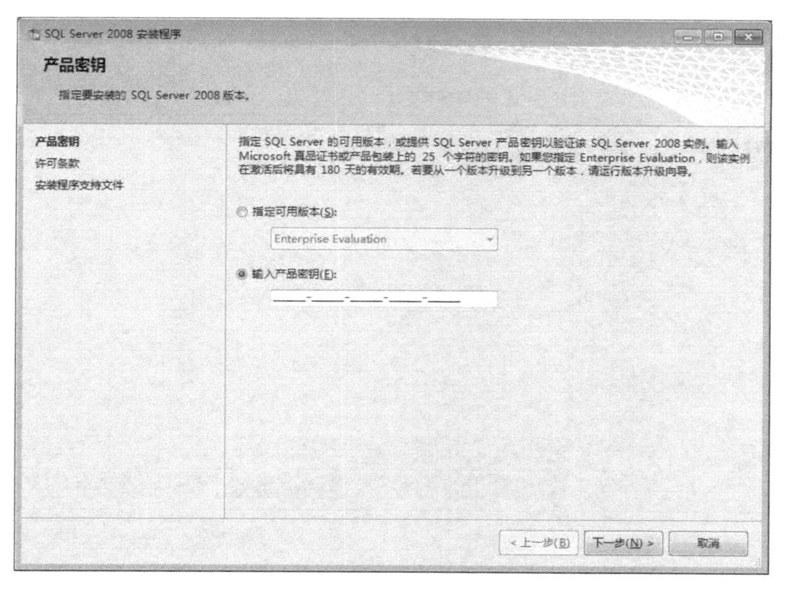

图 4-7　“产品密钥”对话框

在“输入产品密钥”框中输入 25 位的产品密钥，或在“指定可用版本”中选择“Enterprise Evaluation”（这是免费的 SQL Server 版本）。

步骤 8：单击“下一步”按钮，打开“许可条款”对话框，如图 4-8 所示。若要安装 SQL Server 2008，必须接受 Microsoft 软件许可条款。

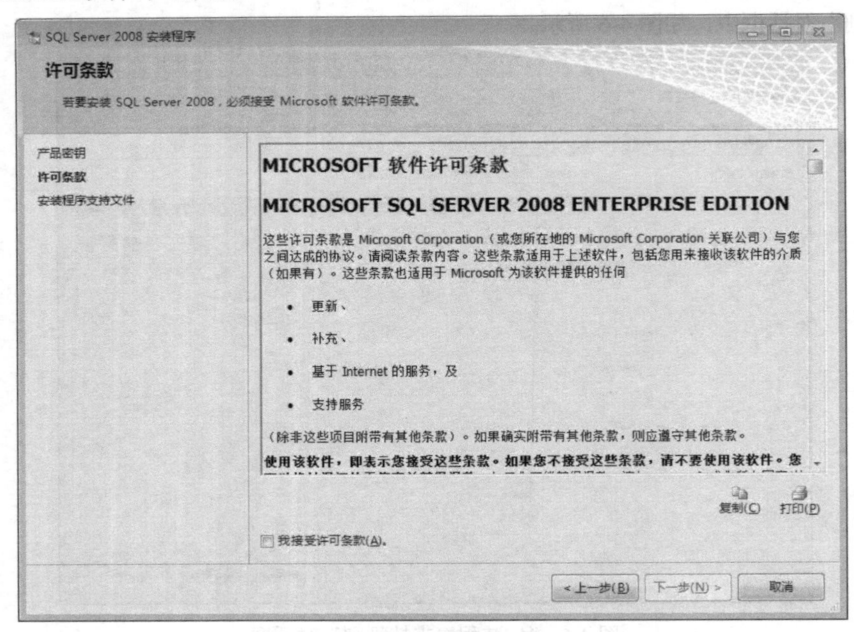

图 4-8 “许可条款”对话框

步骤 9：选择“我接受许可条款”复选框，再单击“下一步”按钮，打开“安装程序支持文件”对话框，如图 4-9 所示。单击“安装”按钮开始安装 SQL Server 的必备安装支持文件。

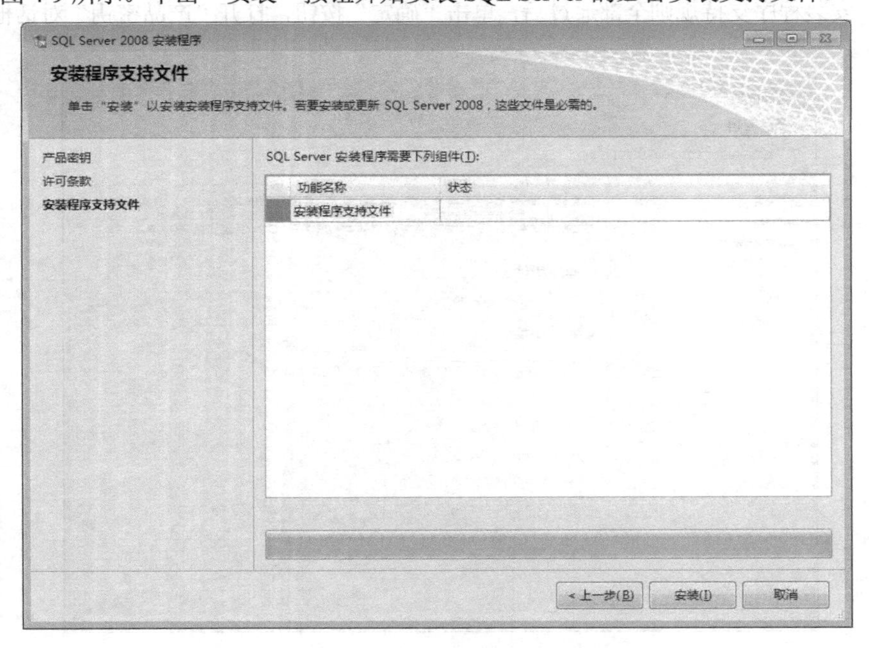

图 4-9 “安装程序支持文件”对话框

步骤 10：安装完成后，打开“安装程序支持规则”对话框，如图 4-10 所示。可以单击“显示详细信息”按钮查看详细信息。

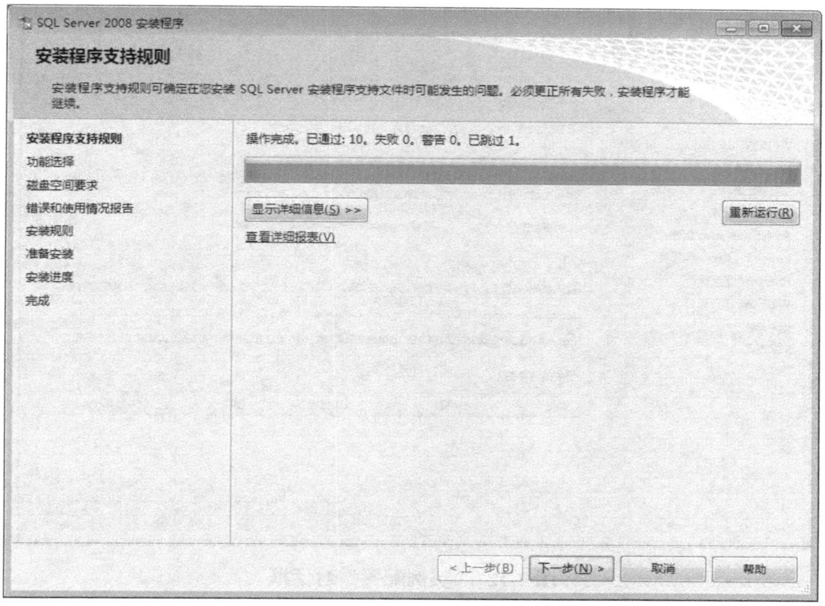

图 4-10　“安装程序支持规则”对话框

步骤 11：如果全部通过，则可以单击“下一步”按钮，打开“功能选择”对话框，如图 4-11 所示。根据需求在“功能”区选择要安装的功能组件，选择功能名称后，右侧“说明”列中会显示该组件的说明；或单击“全选”按钮选择全部组件。同时，可以在对话框下部指定共享组件的安装目录，默认安装路径为“C:\Program Files\Microsoft SQL Server\”。

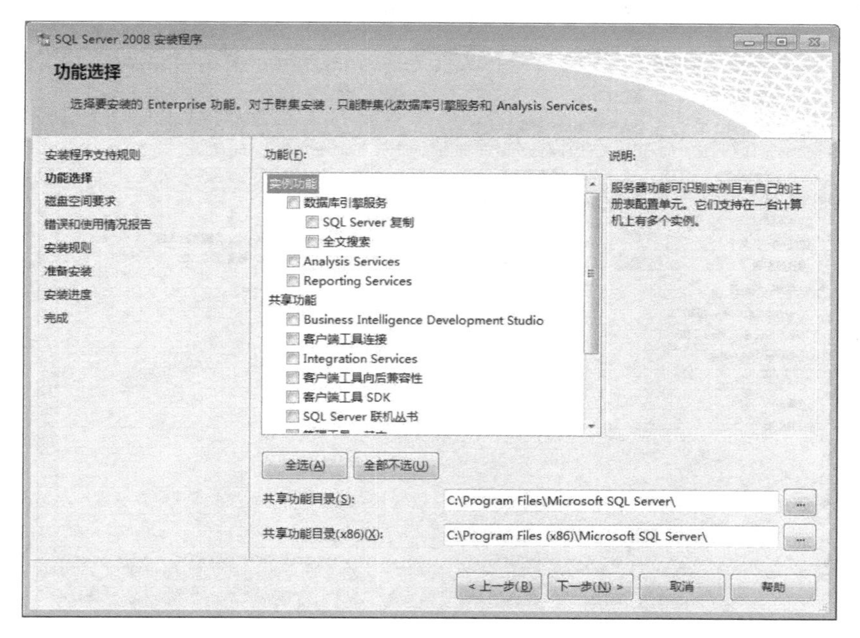

图 4-11　“功能选择”对话框

步骤12：设置完毕后再单击“下一步”按钮，打开“实例配置”对话框，如图4-12所示。

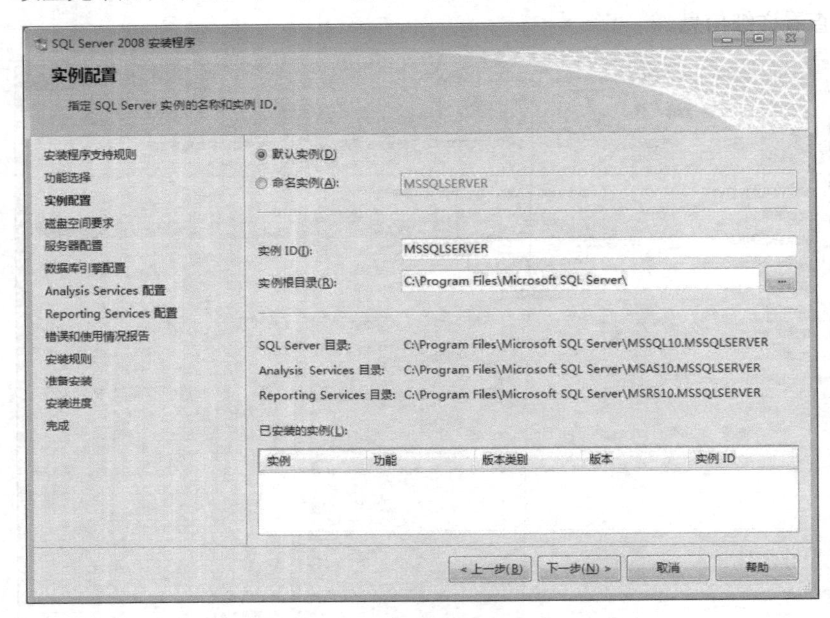

图4-12 “实例配置”对话框

如果是第一次在当前计算机上安装SQL Server产品，则可以使用“默认实例”或“命名实例”，默认实例的名称为“MSSQLSERVER”。如果当前计算机上已经安装了一个默认的实例，则必须指定一个实例名，选择“命名实例”后在右边的编辑框中输入新的实例名称。还可以在下面的“实例根目录”中指定实例安装的目录，一般使用默认值即可。

步骤13：单击“下一步”按钮，打开“磁盘空间要求”对话框，如图4-13所示。对话框中显示了安装SQL Server 2008所需要的磁盘容量以及磁盘可用空间。

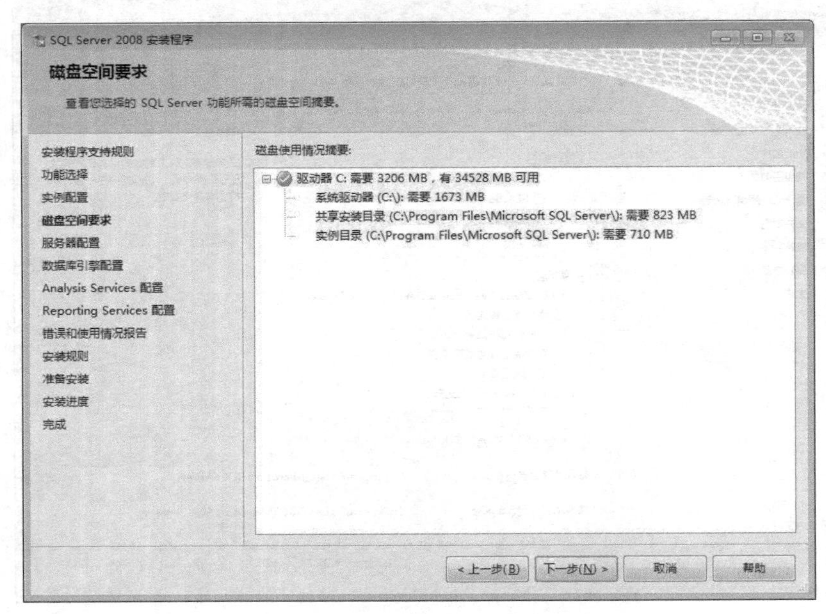

图4-13 “磁盘空间要求”对话框

步骤 14：单击“下一步”按钮，打开“服务器配置”对话框，如图 4-14 所示。在“服务帐户”[①]选项卡中为每个 SQL Server 服务单独配置帐户名、密码及启动类型（自动启动、手动启动和禁用）。“帐户名”可以在下拉列表框中选择，也可以单击“对所有 SQL Server 服务器使用相同的帐户”按钮，为所有的服务分配一个相同的登录帐户。

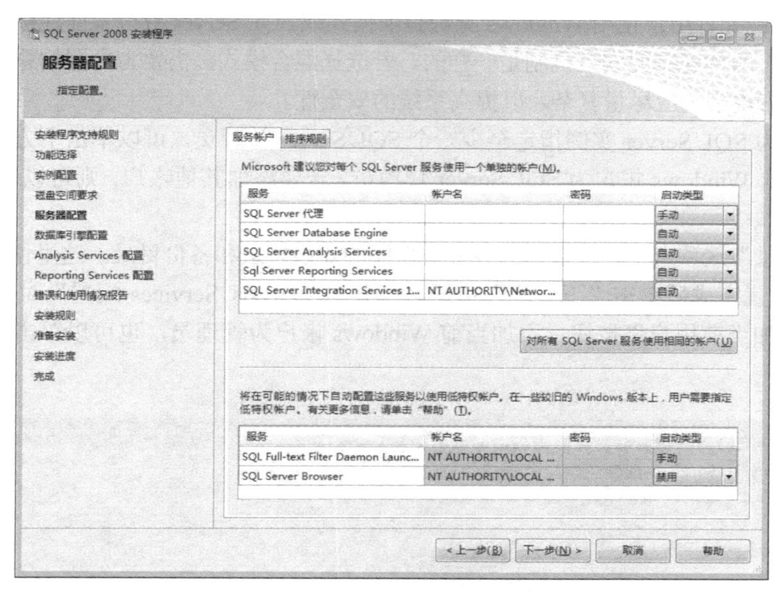

图 4-14 “服务器配置”对话框

说明：SQL Server 代理服务的帐户可以选择下拉列表中的“NT AUTHORITY\SYSTEM”，其他服务帐户可以选择“NT AUTHORITY\NETWORK SERVICE”。

步骤 15：单击“下一步”按钮，打开“数据库引擎配置”对话框，如图 4-15 所示。

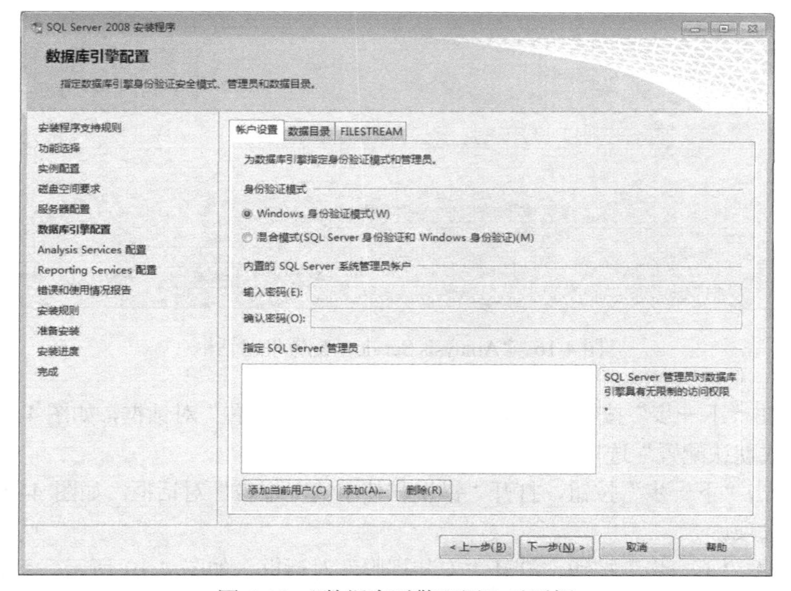

图 4-15 “数据库引擎配置”对话框

① 系统界面中为“帐户”，为与其保持一致，本书均采用“帐户”。——编者注

在“帐户设置”选项卡中选择身份验证模式。身份验证模式是一种安全机制，用于验证客户端与服务器的连接，有两个选项：

- Windows 身份验证模式：用户通过 Windows 帐户连接时，使用 Windows 操作系统中的信息验证帐户名和密码。
- 混合模式：允许用户使用 Windows 身份验证模式或 SQL Server 身份验证连接。

建立连接后，两种连接的安全机制是一样的。若选择混合模式，需要为内置的系统管理员帐户 sa 设置密码。一般来说密码应尽量复杂，以提高系统的安全性。

另外，必须为 SQL Server 实例指定至少一个 SQL Server 管理员。可以单击下方的“添加当前用户”按钮添加当前 Windows 帐户为 SQL Server 管理员。若要添加其他帐户，则可以通过单击“添加”按钮来完成。

在“数据目录”选项卡中，可以修改各种数据库的安装目录和备份目录。这里使用默认值。

步骤 16：设置完成后单击“下一步”按钮，打开“Analysis Services 配置”对话框，如图 4-16 所示。单击“添加当前用户”按钮，添加当前 Windows 帐户为管理员，也可以单击“添加”按钮添加其他帐户。

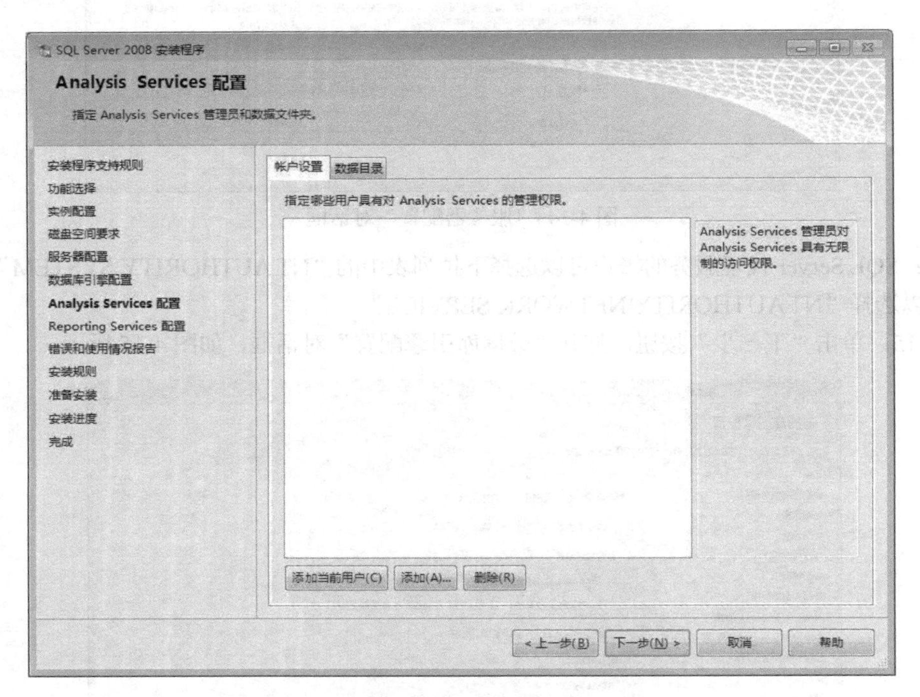

图 4-16 “Analysis Services 配置”对话框

步骤 17：单击“下一步”按钮，打开“Reporting Services 配置”对话框，如图 4-17 所示。这里选择“安装本机模式默认配置”选项。

步骤 18：单击“下一步”按钮，打开“错误和使用情况报告”对话框，如图 4-18 所示。用户可根据需要选择各选项。

步骤 19：单击“下一步”按钮，打开“安装规则”对话框，如图 4-19 所示，系统在自动检测后将显示安装规则的通过情况，可单击“显示详细信息”按钮查看详情。

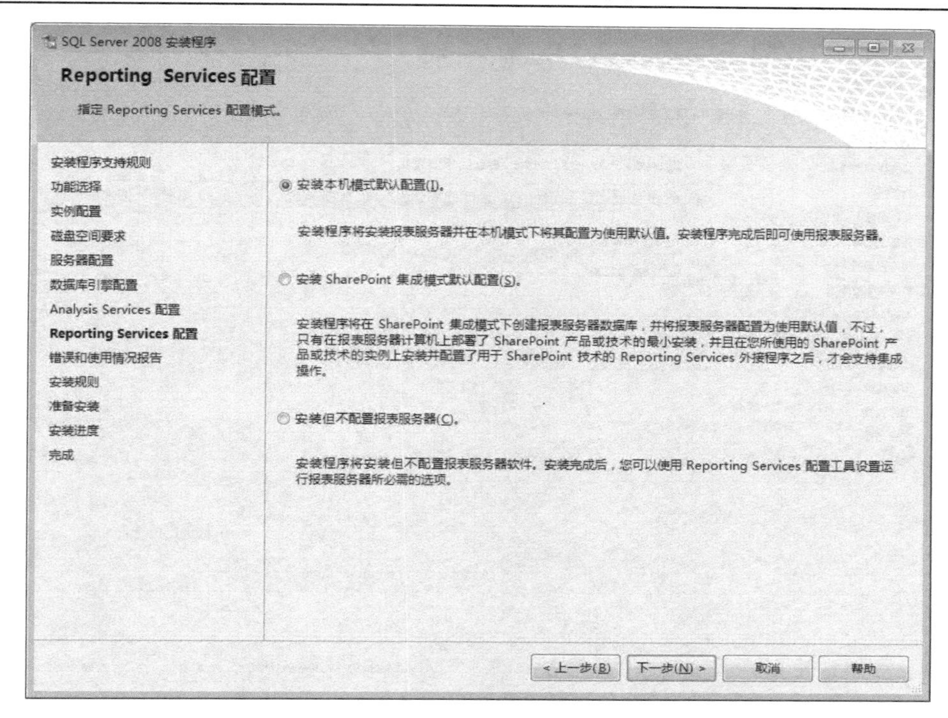

图 4-17 “Reporting Services 配置”对话框

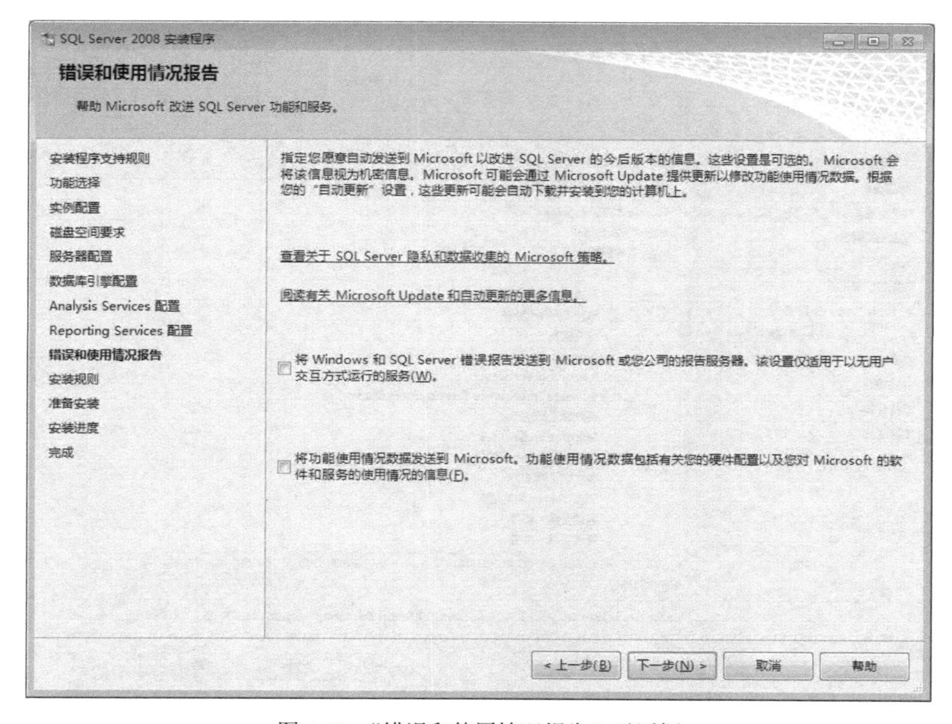

图 4-18 “错误和使用情况报告”对话框

步骤 20：规则检查全部通过后，单击“下一步”按钮，打开“准备安装”对话框，如图 4-20 所示。在该对话框中显示前面指定的安装选项的树形图。

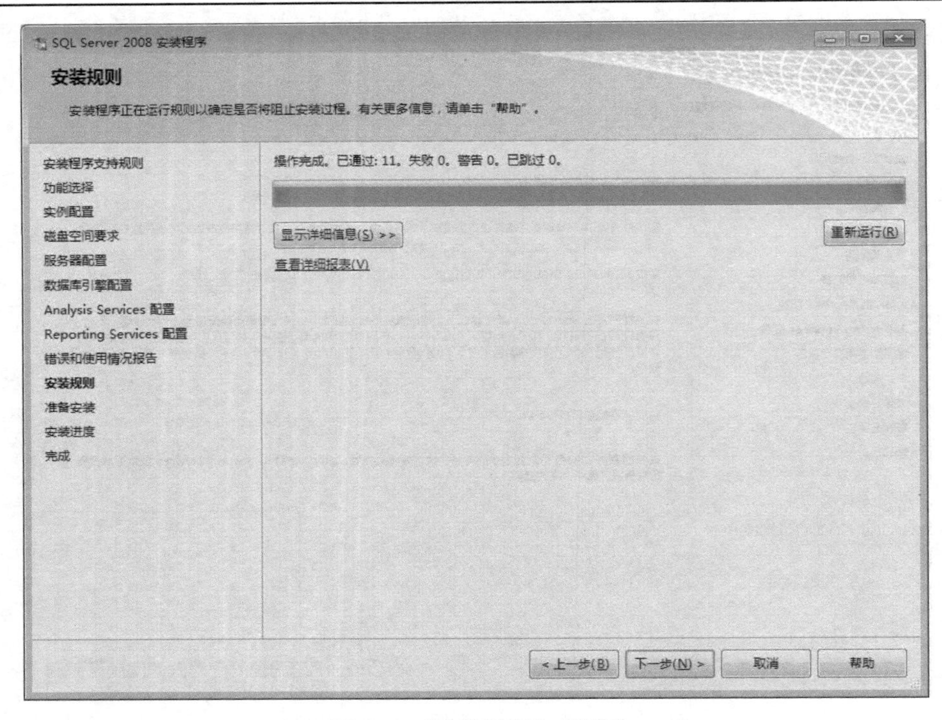

图 4-19 "安装规则"对话框

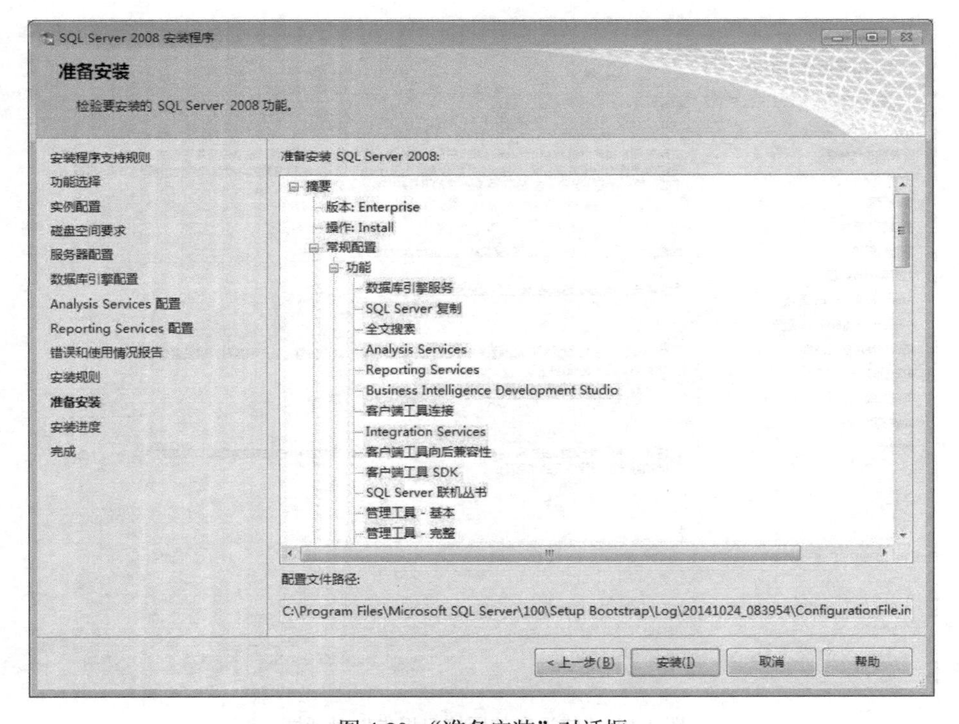

图 4-20 "准备安装"对话框

步骤 21：单击"安装"按钮，系统开始安装 SQL Server 2008，并显示"安装进度"对话框，如图 4-21 所示。在安装过程中，该对话框中会提供相应的状态，以便在安装过程中监视安装进度。

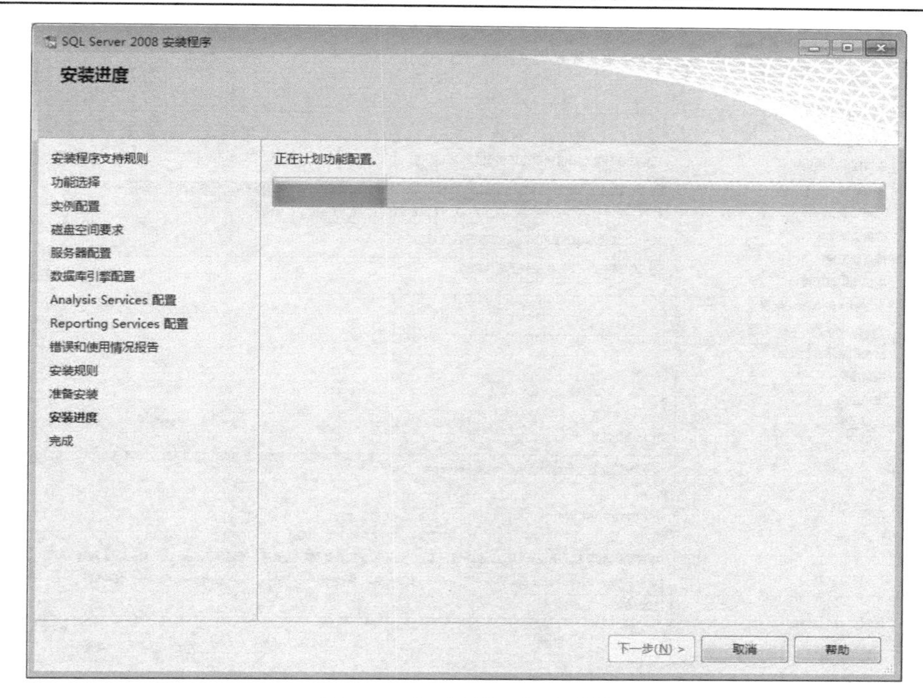

图 4-21　“安装进度”对话框

步骤 22：等待几分钟后，安装完成，对话框中显示已经成功安装的功能组件，如图 4-22 所示。

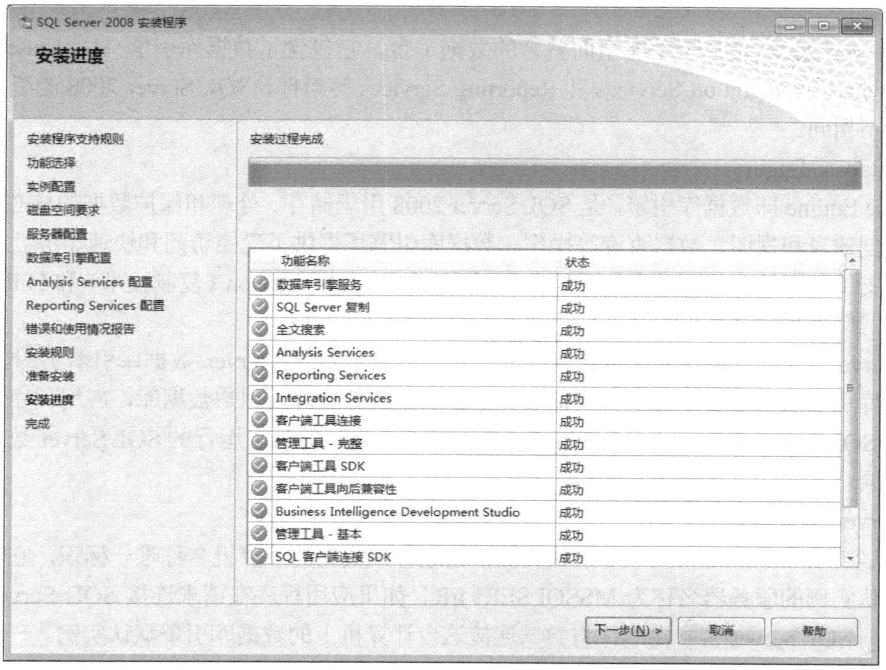

图 4-22　“安装进度”完成对话框

步骤 23：安装完成后，单击“下一步”按钮，打开“完成”对话框，如图 4-23 所示。

步骤 24：单击“关闭”按钮，安装结束。

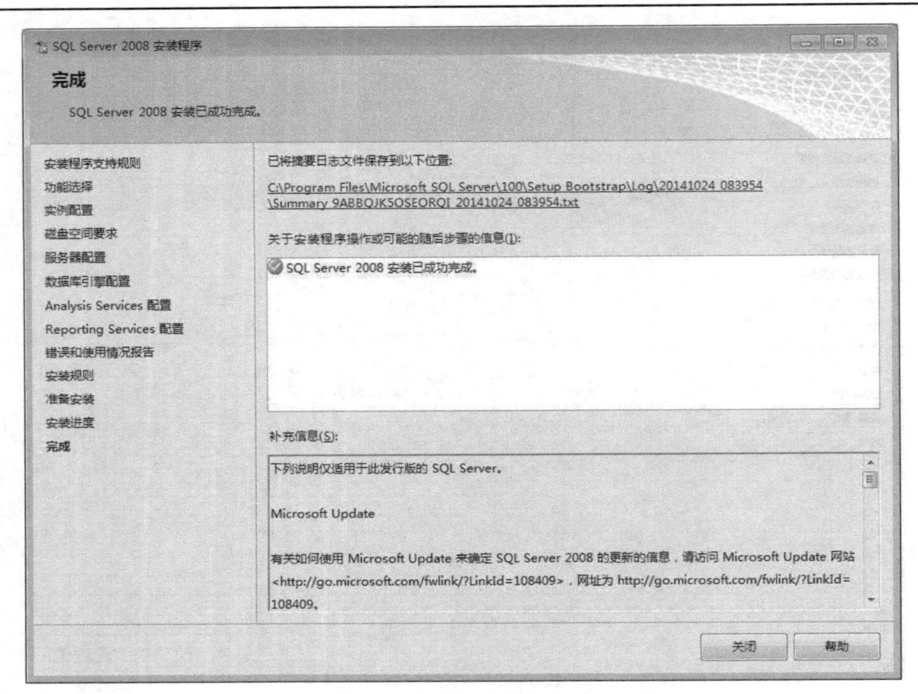

图4-23 “完成”对话框

4.2.4 SQL Server 2008的服务器组件

SQL Server 2008是一个功能全面整合的数据平台，它包含了数据库引擎（Database Engine）、Analysis Services、Integration Services和Reporting Services等组件。SQL Server 2008的版本不同，提供的组件也不相同。

（1）Database Engine

Database Engine即数据库引擎，是SQL Server 2008用于储存、处理和保护数据的核心服务，如创建数据库、创建表和视图、数据查询等操作。数据库引擎还提供了受控访问和快速事务处理功能，并提供了大量支持以保持可用性。Service Broker（服务代理）、Replication（复制技术）和Full Text Search（全文搜索）都是数据库引擎的一部分。

SQL Server 2008支持在同一台计算机上同时运行多个SQL Server数据库引擎实例。每个SQL Server数据库引擎实例各有一套不为其他实例分享的系统数据库及用户数据库，应用程序连接同一台计算机上的SQL Server数据库引擎实例的方式，与连接其他计算机上运行的SQL Server数据库引擎的方式基本相同。

SQL Server 2008实例有两种类型：

① 默认实例。SQL Server 2008默认实例仅由运行该实例的计算机名称唯一标识，它没有单独的实例名，默认实例的服务器名称为MSSQLSERVER。如果应用程序在请求连接SQL Server时指定了计算机名，则SQL Server客户端组件将尝试连接这台计算机上的数据库引擎默认实例。一台计算机上只能有一个默认实例，而默认实例可以是SQL Server的任何版本。

② 命名实例。除默认实例外，所有数据库引擎实例都可以由安装该实例的过程中指定的实例名标识。应用程序必须提供要连接的计算机名和命名实例的实例名。指定计算机名和实例名的格式为“计算机名\实例名”，命名实例的服务名称即为指定的实例名。

（2）Analysis Services

SQL Server Analysis Services（分析服务，简称 SSAS）为商业智能应用程序提供联机分析处理（Online Analytical Processing，OLAP）和数据挖掘功能。

（3）Integration Services

SQL Server Integration Services（集成服务，简称 SSIS）主要用于清理、聚合、合并、复制数据的转换以及管理 SSIS 包。除此之外，它还可以提供生产并调试 SSIS 包的图形向导工具，以及用于执行 FTP 操作、电子邮件消息传递等工作流功能的任务。

（4）Reporting Services

SQL Server Reporting Services（报表服务，简称 SSRS）是基于服务器的报表平台，可以用来创建和管理包含关系数据源和多维数据源中的数据的表格、矩阵、图形和自由格式的报表。

4.3　SQL Server 2008 的管理和使用

4.3.1　SQL Server 2008 常用工具

Microsoft SQL Server 2008 安装后，可在“开始”菜单中查看安装了哪些工具。另外，要对数据库进行正确有效的操作，还需要使用 SQL Server Management Studio 等图形化工具和命令行实用工具等对 SQL Server 2008 进行配置和管理。

管理和配置 SQL Server 2008 实例的常用工具包括：

- SQL Server Management Studio：用于编辑和执行查询，以及启动标准向导任务。它提供了 SQL Server 2008 最为常用的数据库管理任务。
- SQL Server 配置管理器：用于管理服务、网络配置和客户端配置。尽管其中许多任务可以使用 Microsoft Windows 服务对话框来完成，但“SQL Server 配置管理器”还可以对其管理的服务执行更多的操作，如在服务帐户更改后应用正确的权限。
- SQL Server Profiler：提供用于监视 SQL Server 数据库引擎实例或 Analysis Services 实例的图形用户界面。
- 数据库引擎优化顾问：可以协助创建索引、索引视图和分区的最佳组合。
- SQL Server Business Intelligence Development Studio：用于包括 Analysis Services、Integration Services 和 Reporting Services 项目在内的商业解决方案的集成开发环境。
- Reporting Services 配置管理器：提供报表服务器配置的统一的查看、设置和管理方式。
- SQL Server 安装中心：安装、升级到或更改 SQL Server 2008 实例中的组件。
- 导入和导出数据：Integration Services 提供了一套用于移动、复制及转换数据的图形化工具和可编程对象。
- 命令行实用工具：通过命令提示符管理 SQL Server 对象。

4.3.2　使用配置管理器

SQL Server 配置管理器是 SQL Server 2008 重要的系统配置工具之一，主要用于管理 SQL Server 的服务、网络配置和客户端配置。

依次选择“开始”→“所有程序”→“Microsoft SQL Server 2008”→“配置工具”→“SQL Server 配置管理器”，打开“Sql Server Configuration Manager”窗口。在窗口的左边窗格中选择“SQL Server 服务”，即可在右边窗格中出现的服务列表中对各服务进行操作，如图 4-24 所示。

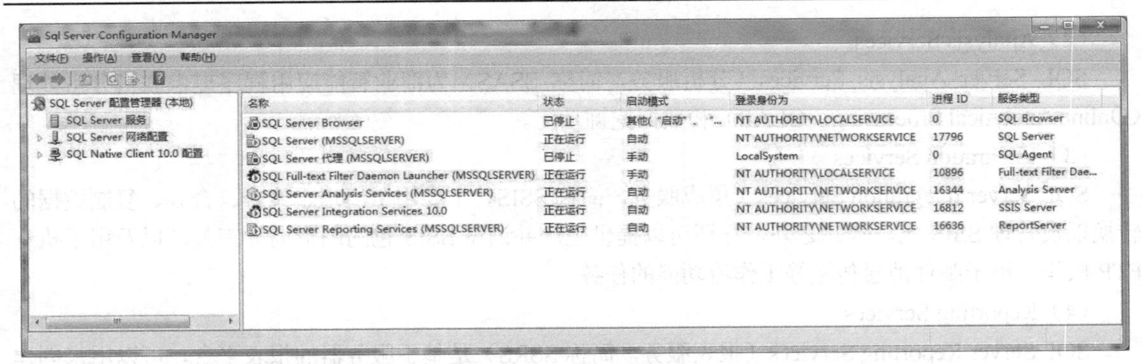

图 4-24 SQL Server 配置管理器

从对话框中可以看出，配置管理器提供了以下服务。

- SQL Server：数据库服务提供基本的数据库运行支持。
- SQL Full-text Filter Daemon Launcher：全文检索服务，用于快速构建结构化或半结构化数据的内容和属性的全文索引，以允许对数据进行快速的语言搜索。
- SQL Server Browser：SQL Server 浏览器主要用于多实例的网络支持，将命名管道和 TCP 端口信息返回给客户端应用程序。
- SQL Server Integration Services：主要用于数据收集转换和数据仓库的建立，是商务智能中的一部分。
- SQL Server 代理：主要用于执行作业、监视 SQL Server、激发警报，以及允许自动执行某些管理任务。

使用 SQL Server 配置管理器可以完成下列服务任务：

- 启动、停止和暂停服务，双击服务列表中的某个服务即可在打开的对话框中进行设置。
- 将服务配置为自动启动或手动启动、禁用服务或者更改其他服务设置。
- 更改 SQL Server 服务所使用的帐户的密码。
- 查看服务的属性。
- 启用或禁用 SQL Server 网络协议。
- 配置 SQL Server 网络协议。

4.3.3 使用 SSMS

SSMS 即 SQL Server Management Studio，是一个图形界面管理集成环境，在 SQL Server 2005 版本中就已经开始使用了，用于访问、配置、控制、管理和开发 SQL Server 的所有工作。

实际上，SSMS 组合了大量的图形工具和丰富的脚本编辑器，大大方便了技术人员和数据库管理员对 SQL Server 系统的各种访问，它是 SQL Server 2008 中最重要的管理工具组件。SSMS 将 SQL Server 2000 的查询分析器和企业管理器的各种功能组合到一个单一环境中。此外，SSMS 还提供了一种新环境，用于管理分析服务（Analysis Services）、集成服务（Integration Services）、报表服务（Reporting Services）和 XQuery。此环境为开发者提供了一个熟悉的体验环境，为数据库管理人员提供了一个单一的实用工具，使用户能够通过易用的图形工具和丰富的脚本完成任务。

SQL Server 管理平台不仅能够配置系统环境和管理 SQL Server，而且由于它能够以树形结构来显示所有的 SQL Server 对象，因而，所有 SQL Server 对象的建立与管理工作都可以通过它来完成。通过 SSMS 可以完成的操作有：管理 SQL Server 服务器；建立与管理数据库；建立与管理表、视图、存储过程、触发程序、角色、规则、默认值等数据库对象以及用户定义的数据类型；备份数据库和事务日志、恢复数据库；复制数据库；设置任务调度；设置报警；提供跨服务器的拖放控制操作；管理用户帐户；建立 T-SQL 命令语句。

1．启动 SSMS

要启动 SSMS，依次选择“开始”→“所有程序”→“Microsoft SQL Server 2008”→“SQL Server Management Studio”，打开“连接到服务器”对话框，如图 4-25 所示。

图 4-25　“连接到服务器”对话框

要使用 SSMS，首先必须在对话框中注册。在“服务器类型”、“服务器名称”、“身份验证”选项中分别输入或选择正确的信息（默认情况下不用选择，因为在安装时已经设置完毕），然后单击“连接”按钮即可登录到 SQL Server Management Studio，SSMS 的主界面如图 4-26 所示。

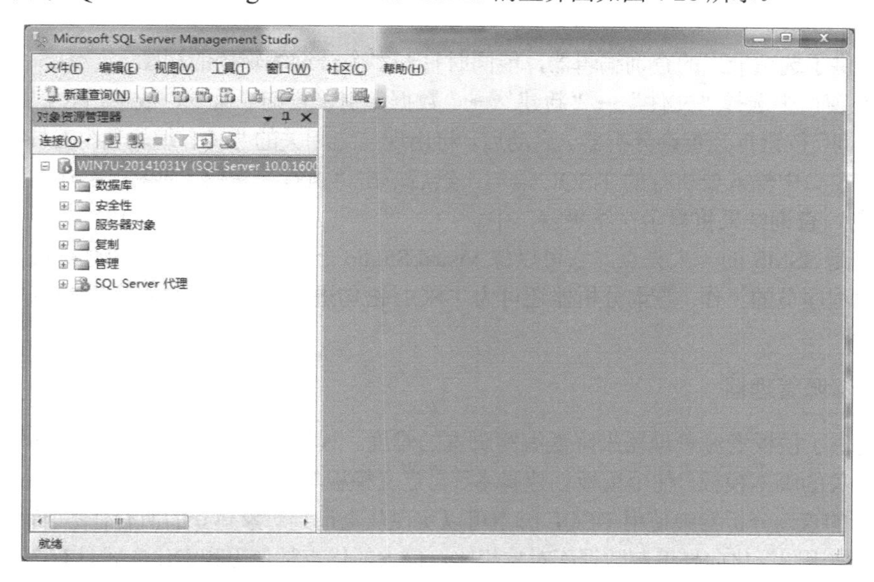

图 4-26　SSMS 主界面

SSMS 的工具组件包括：已注册的服务器、对象资源管理器、查询编辑器、模板资源管理器、数据库对象生成 T-SQL 脚本等。如果要显示某个工具，则选择“视图”菜单中相应的工具名称即可。

2．对象资源管理器

在SSMS中，把SQL Server 2000的Enterprise Manager（企业管理器）和Query Analyzer（查询分析器）两个工具集成在一个窗口中，使得在对服务器进行图形化管理的同时编写Transact-SQL（简称T-SQL）脚本。

图4-26的SSMS左侧窗格即是对象资源管理器窗口。对象资源管理器窗口以树形结构显示已连接的数据库服务器及其对象，可以通过单击某资源对象节点前的加号“+”或减号“–”，展开或折叠该资源的下级节点列表，层次化管理资源对象。

展开数据库引擎服务器对象下的资源节点，有以下对象：

- 数据库：显示连接到SQL Server服务器的系统数据库和用户数据库。
- 安全性：显示连接到SQL Server服务器的登录名、服务器角色、凭据和审核。
- 服务器对象：显示连接到SQL Server服务器的备份设备、端点、链接服务器和触发器。用来实现远程数据库的连接、数据库镜像等。
- 复制：显示数据库复制的策略。数据可以从当前服务器的数据库复制到本地或远程的服务器。
- 管理：实现系统策略管理、数据收集、维护计划和SQL Server日志管理，控制是否启用策略管理，显示各类信息或错误，维护日志文件等。
- SQL Server代理：通过作业、警报、操作员、错误日志对象的管理，实现系统自动管理和运行SQL Server的任务，以提高数据库的管理效率。

可以继续展开下层节点，可看到数据库中包含的所有对象，如表、视图、存储过程等。

3．查询分析器

“查询分析器”是SQL Server 2000及以前版本中Query Analyzer工具的替代物，用来编辑、调试和执行T-SQL语句，并且可以迅速查看这些语句的执行结果，以便分析和处理数据库中的数据。查询分析器还支持彩色代码关键字、可视化地显示语法错误、允许开发人员运行和诊断代码等功能。这是一个非常实用的工具。

SSMS提供了选项卡式的查询编辑器，能同时打开多个查询编辑器的视图。

在SSMS窗口中选择“文件”→“新建”→“数据库引擎查询”命令，或单击SSMS工具栏中左侧的“新建查询”按钮打开查询分析器。启动后，将出现与之相关的“SQL编辑器”工具栏，如图4-27所示。可以在窗口中输入要执行的T-SQL语句，然后单击“执行”按钮，或按“Ctrl+E”组合键执行此T-SQL语句，查询结果将显示在结果窗口中。

智能感知是SSMS的一大亮点。它可以像Visual Studio一样自动列出对象和进行拼写检查，大大简化了数据库程序员的工作。查询分析器还可为T-SQL语句进行调试，调试方法与VS（Visual Studio）基本相同。

4．模板资源管理器

SSMS提供了模板资源管理器来降低编写脚本的难度。模板资源管理器提供了大量与SQL Server和分析服务相关的脚本模板。使用模板创建脚本、自定义模板等功能可以大大地提高脚本编写的效率。

在SSMS的查询分析器中使用T-SQL脚本可以实现从查询到对象建立的所有任务。而使用脚本编制数据库对象与使用图形化向导编制数据库对象相比，最大的优点是使用脚本化方式具有图形化向导方式所无法比拟的灵活性。但是，高度的灵活性也就意味着使用它的时候有着比图形化向导方式更高的难度。

在SSMS窗口中选择“视图”→“模板资源管理器”命令，打开模板资源管理器。单击“Database”节点前的加号“+”展开，再双击“Create Database”对象模板，查询编辑器将会打开创建数据库的相应代码模板，如图4-28所示。

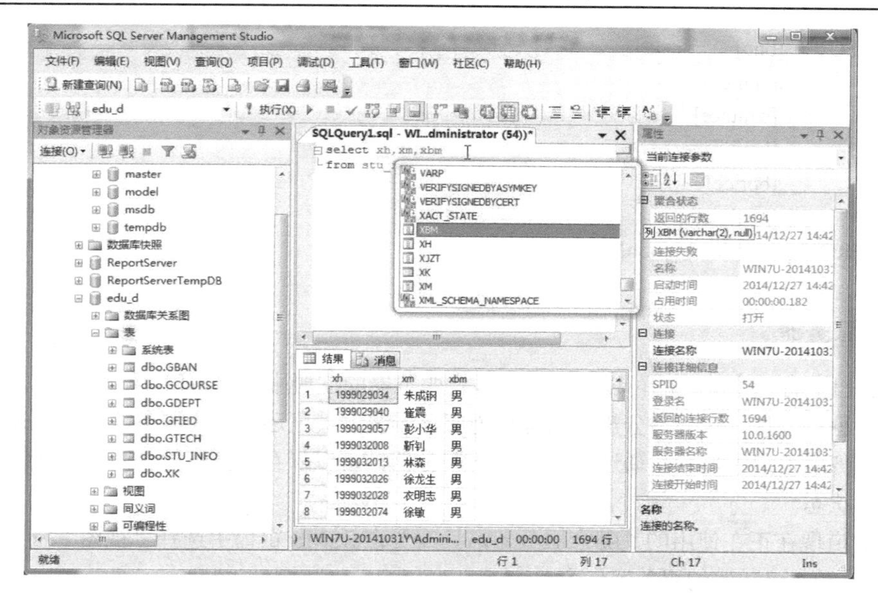

图 4-27　查询分析器窗口

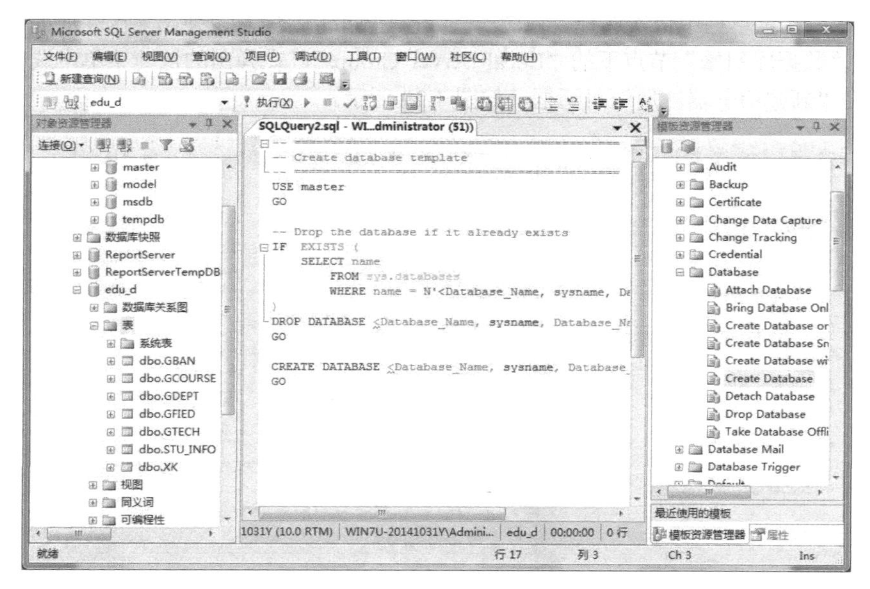

图 4-28　模板资源管理器

在模板资源管理中除了可以找到超过 100 个对象以及 T-SQL 任务的模板之外，还包括备份和恢复数据库等管理任务。

5．数据库对象生成 T-SQL 脚本

除提供模板资源管理器外，SSMS 还支持对大多数数据库对象生成 SQL 语句的操作，以简化开发人员反复编写 SQL 语句的工作，大大提高了开发人员的工作效率。

例如，要生成查询 readerbook 数据库中 book 表的 SQL 语句，只需要在对象资源管理器中右击该表，选择“编写表脚本为”→“SELECT 到”→“新查询编辑器窗口”命令，将生成如下代码（然后可以运行该代码，以表格方式显示结果）：

```
SELECT    [bno]
          ,[bname]
          ,[bauthor]
          ,[bpublisher]
          ,[bprice]
          ,[bpubdate]
  FROM [readerbook].[dbo].[book]
GO
```

6. 注册服务器

SSMS 窗口中有一个单独的可以同时处理多台服务器的注册服务器窗口。可以用 IP 地址来注册数据库服务器，也可以将比较容易分辨的名称作为服务器名，甚至还可以为服务器添加描述。名称和描述会在注册服务器窗口中显示。通过 SSMS 注册服务器，可以保存实例连接信息、连接和分组实例，查看实例运行状态。

如果要知道现在正在使用的是哪台服务器，只需要在 SSMS 窗口中选择“视图”→“已注册的服务器”，即可打开“已注册的服务器”窗口。

在对象资源管理器中注册服务器的主要步骤如下：

启动 SSMS，在菜单栏中依次选择“视图”→“已注册的服务器”，弹出“已注册的服务器”对话框，然后右击“数据库引擎”节点下的“Local Server Groups”，在弹出的快捷菜单中选择“新建服务器注册”，打开“新建服务器注册”对话框，如图 4-29 所示。

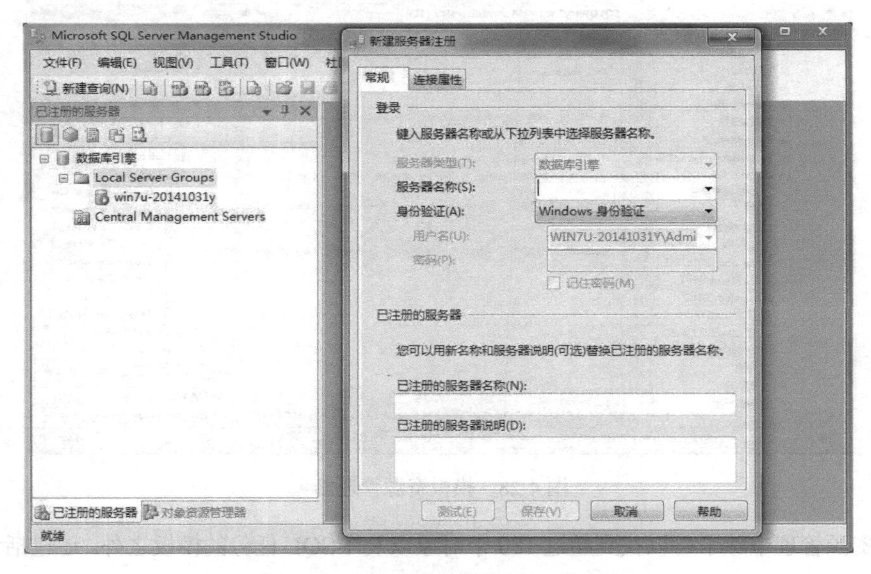

图 4-29 “新建服务器注册”对话框

在“常规”选项卡中，在“服务器名称”文本框中输入要注册的服务器名称，填写要注册的 SQL Server 服务器实例名，如“win7u-20141031y\sql2008”；在“身份验证”下拉列表中选择身份验证模式，如“Windows 身份验证”或“SQL Server 身份验证”并输入“用户名”和“密码”。在“连接属性”选项卡中，可以指定要连接到的数据库名称和使用的网络协议等其他信息。

设置完成后单击“测试”按钮，测试连接若成功，则单击“保存”按钮，完成新建服务器注册的设置。此时，在“已注册的服务器”窗口中就可以看到刚才所注册的服务器的图标了。

4.3.4　系统数据库和数据库对象

1．数据库的组成

SQL 数据库是存储数据的容器，是一个由存放数据的表和支持这些数据的存储、检索、安全性和完整性的逻辑成分所组成的集合。从物理存储来看，SQL Server 数据库的物理表现形式是数据文件，即一个数据库由一个或多个磁盘文件组成；从数据管理来看，SQL Server 数据库是存放数据的表和对这些数据进行各种操作的逻辑对象的集合，这一集合称为数据库对象。

SQL Server 的数据库包含以下 3 种文件：

① 主数据文件。主数据文件简称主文件，正如其名字所示，该文件是数据库的关键文件，包含了数据库的启动信息，并且存储数据，以及数据库对象和其他文件的位置信息等。每个数据库必须有且只能有一个主文件，其默认扩展名为.mdf。

② 辅助数据文件。辅助数据文件简称辅（助）文件，用于存储未包括在主文件内的其他数据和对象。辅助文件的默认扩展名为.ndf。辅助文件是可选的，根据具体情况，可以创建多个辅助文件，也可以不使用辅助文件。一般来说，当数据库很大时，有可能需要创建多个辅助文件。而当数据库较小时，则只需要创建主文件而不需要创建辅助文件。

③ 日志文件。日志文件用于记录对数据库的所有修改操作和执行每次修改的事务，保存用于恢复数据库所需的事务日志信息。每个数据库至少有一个日志文件，也可以有多个，日志文件的扩展名为.ldf。日志文件的存储与数据文件不同，它由一系列记录组成。

2．系统数据库

SQL Server 的数据库包括系统数据库和用户数据库。系统数据库是在安装 SQL Server 2008 时由安装程序自动创建的数据库，存储有关 SQL Server 的系统信息，它们是 SQL Server 2008 管理数据库的依据。如果系统数据库遭到破坏，那么 SQL Server 将不能正常启动。

在安装 SQL Server 2008 时，系统将创建 4 个可见的系统数据库：master、model、msdb 和 tempdb，以及一个不可见的系统数据库 resource。

① master 数据库

master 数据库负责跟踪整个数据库系统安装和创建其他的数据库，包含了 SQL Server 2008 的登录账号、系统配置、数据库位置及数据库错误信息等，控制用户数据库和 SQL Server 的运行。

② model 数据库

model 数据库为新创建的数据库提供模板。当创建一个新数据库时，model 数据库的内容会自动复制到新数据库中，因此对 model 数据库进行的修改都将应用到新建的数据库中。

③ msdb 数据库

msdb 数据库用于存储作业、报警和操作员的相关信息，为“SQL Server 代理”调度信息和作业记录提供存储空间。SQL Server 代理服务通过这些信息调度作业，监视数据库系统的错误并出发报警，同时将作业和报警通知操作员。

④ tempdb 数据库

tempdb 数据库主要用来提供临时表和其他临时工作存储量所需的存储空间，所有与系统连接的用户的临时表和临时存储过程都存储于该数据库中。tempdb 数据库在 SQL Server 每次启动时都会被重新创建，而其中包含的对象是依据 model 数据库里定义的对象创建的。

⑤ resource 数据库

resource 数据库是一个隐藏的数据库，并且是只读的，它包含了 SQL Server 中的所有系统对象。

可执行的系统对象（如 sys.objects）在物理上保留在 resource 数据库中，但在逻辑上显示在每个数据库的 sys 架构中。

系统数据库都包含主数据文件和日志文件，扩展名分别为.mdf 和.ldf，例如 master 数据库的两个文件分别为 master.mdf 和 master.ldf。

3. 用户数据库

用户数据库是用户根据自己的管理需求进行创建的数据库，便于自己管理相应的数据。例如，图书馆可以创建图书管理数据库，大型超市可以创建超市管理数据库等，学校教务部门可以创建学生信息管理数据库等。

4. 示例数据库

示例数据库是系统为了让用户学习和理解 SQL Server 而设计的。Northwind 和 pubs 示例数据库是 SQL Server 2000 中的示例数据库；Adventure Works 示例数据库是 SQL Server 2005 中的示例数据库。可以在安装 SQL Server 的时候安装它们，或者在 SSMS 窗口中找到它们的数据文件和日志文件来附加它们。

默认情况下，SQL Server 2008 不会再安装示例数据库，用户可根据需要附加这些示例数据库。

5. 数据库对象

数据库对象是 SQL Server 服务器存储、管理和使用数据的不同结构形式，主要包括表、视图、存储过程、触发器、索引等。可以在 SSMS 窗口中点击某个数据库前面的加号“+”，就可看到该数据库中的数据库对象，如图 4-30 所示。

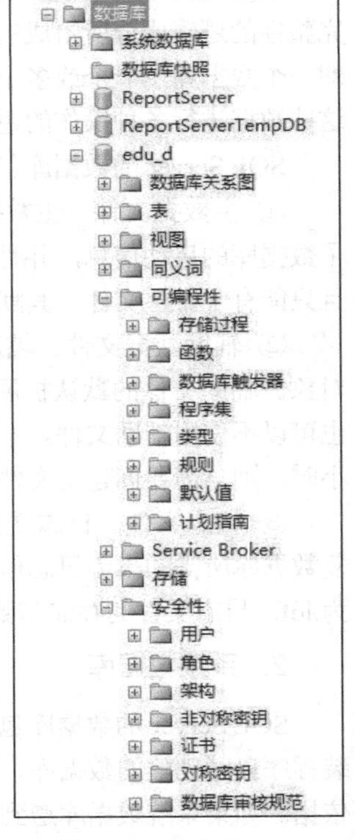

图 4-30 数据库对象

常见数据库对象的含义如下。

- 表：即二维表，由行和列组成，它是 SQL Server 中最主要的数据库对象，是用来存储和操作数据的一种逻辑结构。
- 视图：视图是从一个或多个基本表中导出的表。数据库中只存放视图的定义而不存放视图对应的数据，这些数据仍存放在导出视图的基本表中。由于视图本身并不存储实际数据，因此也可以称之为虚表。
- 索引：索引提供一种不用扫描整个数据表就可以对表中的数据实现快速访问的途径，它是对数据表中的一列或者多列数据进行排序的一种结构。
- 约束：约束机制是用来保障 SQL Server 2008 中数据的一致性与完整性的，具有代表性的约束就是主键和外键。主键约束当前表记录的唯一性，外键约束当前表记录与其他表的关系。
- 存储过程：存储过程是一组为了完成特定功能的 SQL 语句集合。这个语句集合经过编译后存储在数据库中，存储过程具有接受参数、输出参数、返回单个或多个结果以及返回值的功能。存储过程独立于表存在。存储过程有与函数类似的地方，但它又不同于函数。例如，它不返回取代其名称的值，也不能直接在表达式中使用。
- 触发器：触发器与表紧密关联。它可以实现更加复杂的数据操作，更加有效地保障数据库系统中数据的完整性和一致性。触发器基于一个表创建，但可以对多个表进行操作。
- 默认值：默认值是在用户没有给出具体数据时系统所自动生成的数值。它是 SQL Server 2008 系统确保数据一致性和完整性的方法。

- 用户和角色：用户是指对数据库有存取权限的使用者；角色是指一组数据库用户的集合。这两个概念类似于 Windows XP 的本地用户和组的概念。
- 规则：规则用来限制表字段的数据范围。
- 类型：定义列或变量时允许的数据类型，除系统定义的类型外，用户也可以根据需要在给定的系统类型之上定义自己的数据类型。
- 函数：用户可根据需要在 SQL Server 2008 上定义自己的函数。

4.4　数据库的创建和维护

4.4.1　创建数据库

创建数据库的过程实际上就是定义数据库文件和设置数据库选项，包括确定数据库名称、规划数据库文件大小、指定文件的增长方式，以及设定数据库文件的存放位置。在一个服务器中，最多只能创建 32 767 个数据库。

创建 SQL Server 数据库一般采用以下两种方法：

① 使用 SSMS 通过图形化工具创建数据库；

② 使用 T-SQL 语言的 CREATE DATABASE 语句创建数据库。

下面介绍使用 SSMS 图形化工具创建数据库的方法，使用 T-SQL 语句 CREATE DATABASE 创建数据库的方法可查阅相关资料。

能创建数据库的用户必须是系统管理员，或是被授权使用 CREATE DATABASE 语句的用户。

创建数据库的过程如下。

步骤 1：以系统管理员身份登录计算机，在桌面上单击“开始”→“所有程序”→“Microsoft SQL Server 2008”，选择并启动 SSMS。使用默认的系统配置连接到数据库服务器。

步骤 2：选择“对象资源管理器”中的“数据库”节点，右击鼠标，在弹出的快捷菜单中选择“新建数据库”命令，打开“新建数据库”对话框，如图 4-31 所示。

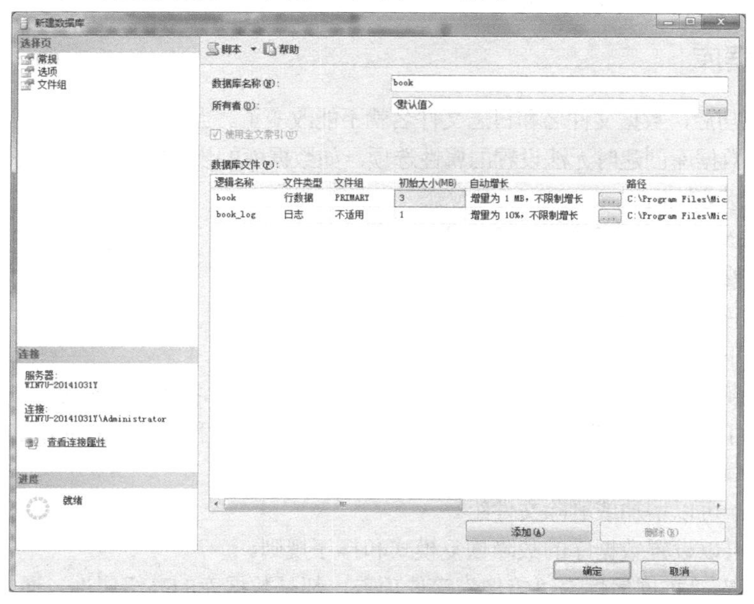

图 4-31　“新建数据库”对话框

步骤 3：“新建数据库”对话框的左上角共有 3 个选项卡——“常规”、“选项”和“文件组”，默认打开的是“常规”选项卡。可以只配置“常规”选项卡，其他选项卡使用系统默认设置。

“常规”选项卡的选项包括：

- 数据库名称：在该文本框中输入要新建的数据库的名称，如 book。系统根据输入的数据库名称，自动生成数据库的主数据文件名 book.mdf 和日志文件名 book_log.ldf。
- 所有者：指定数据库的所有者，默认为“<默认值>”，即数据库的拥有者为当前登录 SQL Server 的用户。
- 数据库文件：有两行数据，第一行是数据文件，第二行是日志文件。各字段值的含义为：分别设置数据文件和日志文件初始的大小、是否允许自动增长及增长方式（按百分比或按 MB，最大文件大小等）。
  - ✧ 逻辑名称：指定文件的文件名，默认主数据文件名为“数据库名.mdf”，日志文件名为“数据库名_log.ldf”。
  - ✧ 文件类型：用于区别当前文件是数据文件还是日志文件。
  - ✧ 文件组：当前文件所属的文件组。一个文件只能属于一个文件组。
  - ✧ 初始大小：指定该文件的初始容量。在 SQL Server 2008 中，数据文件的默认大小为 3MB，日志文件的默认大小为 1MB。
  - ✧ 自动增长：用于设置在文件容量不够时，文件根据何种方式自动增长，以及大小是否受限。对于数据文件，系统默认最大大小不限制（仅受硬盘空间限制）；允许数据库自动增长，增量为 1MB。对于日志文件，系统默认最大大小不限制（仅受硬盘空间限制）；允许数据库自动增长，增长方式为按 10%比例增长。
  - ✧ 路径：指定存放该文件的位置。SQL Server 2008 中，数据文件和日志文件的默认路径均为 C:\Program Files\Microsoft SQL Server\MSSQL10.MSSQLSERVER\MSSQL\DATA，此处使用默认值，也可以修改为其他路径。

设置完成后，单击“确定”按钮完成新数据库的创建。此时，就可以在对象资源管理器的“数据库”目录下找到该数据库所对应的图标了。

4.4.2 修改数据库

数据库创建成功后，数据文件名和日志文件名就不能改变了。当应用需求发生改变时，也可以通过修改数据库来更改数据库创建时无法设置的属性选项，如数据库的恢复模式、兼容级别、访问限制等。

修改数据库的步骤如下。

步骤 1：在 SSMS 的“对象资源管理器”中，展开“数据库”节点。

步骤 2：在要修改的数据库名称（如 book）上单击鼠标右键，在弹出的快捷菜单中选择“属性”命令，打开“数据库属性- book”对话框，如图 4-32 所示。

步骤 3：在以下几个选项卡中分别查看和设置：

- “常规”：查看数据库的基本信息：数据库上次备份日期、名称、状态等。
- “文件”：可以增加或删除数据文件、改变数据文件的大小和增长方式、增加或删除日志文件、修改数据库的所有者。
- “文件组”：可以增加或删除文件组。
- “选项”：可以设置数据库的故障恢复模式和排序规则。

而对于“权限”、“扩展属性”、“镜像”等选项卡，都是数据库的高级属性，通常情况下保持默认值即可。如果要进行设置或定义，可参考 SQL Server 2008 联机手册。

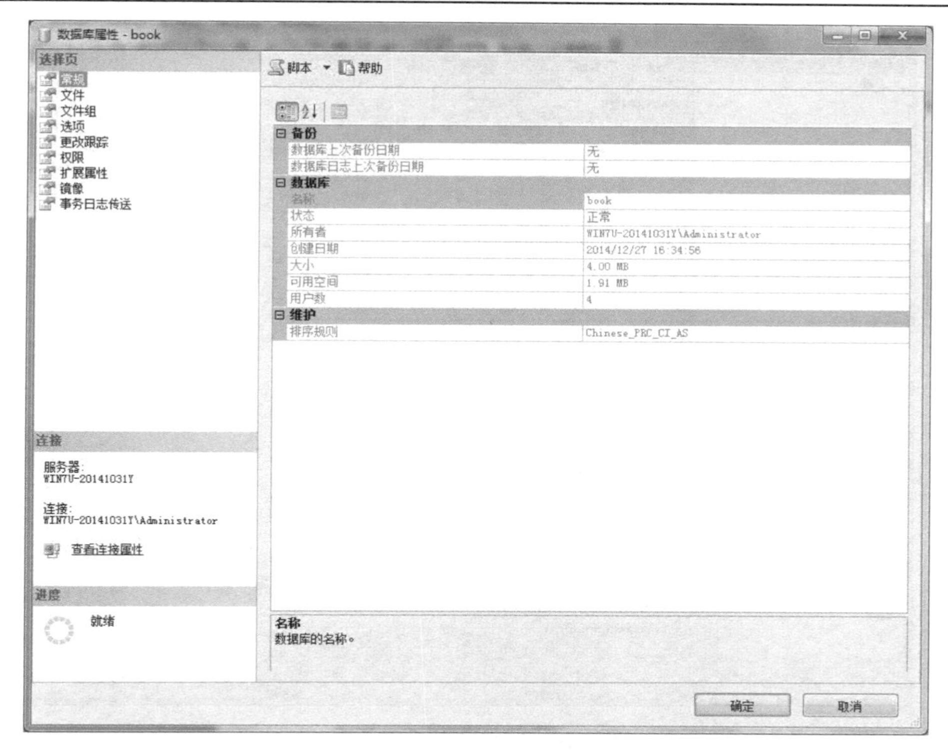

图 4-32 “数据库属性– book”对话框

步骤 4：单击“确定”按钮，完成属性修改。

如果要重命名数据库，应该在要修改的数据库名称（如 book）上单击鼠标右键，在弹出的快捷菜单中选择“重命名”命令，此时“对象资源管理器”中的数据库名称进入编辑状态，如图 4-33 所示。此时，只要输入新的数据库名称后回车即可。

一般情况下，不建议更改已经创建好的数据库名称，因为可能有很多应用程序已经使用了该名称，更改数据库名称后，还需要修改相应的应用程序。

图 4-33 重命名数据库

4.4.3 删除数据库

数据库系统在长时间的使用后，系统的资源消耗会增加很多，导致运行效率下降。因此，通常的做法是把一些不需要的数据库删除，以释放被其占用的系统空间和资源消耗。可以在 SSMS 中利用图形向导来完成数据库的删除。

在 SSMS 中删除数据库的步骤如下。

步骤 1：启动 SSMS，在“对象资源管理器”中展开“数据库”节点。

步骤 2：右击要删除的数据库名称（如 book），在弹出的快捷菜单中选择“删除”命令，打开“删除对象”对话框，如图 4-34 所示。

步骤 3：单击“确定”按钮，确认删除。

说明：删除数据库后，该数据库的所有对象均被删除，此后将不能再对该数据库做任何操作，因此删除数据库时要慎重。

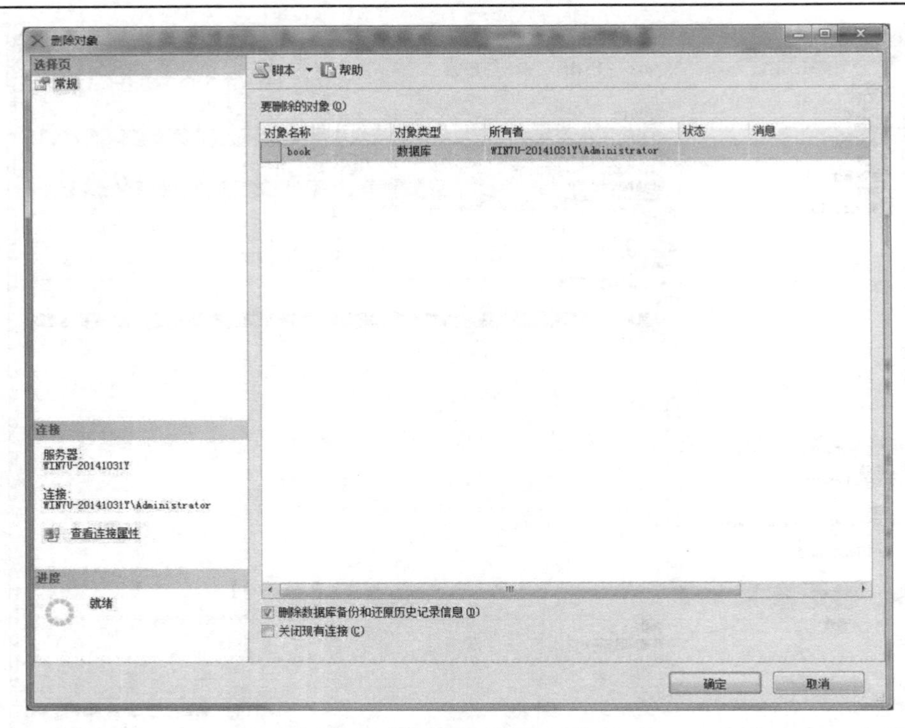

图 4-34 “删除对象”对话框

4.5 表的创建和维护

创建数据库之后，下一步就要创建数据表。每个数据库往往包含若干个表。表是 SQL Server 中最主要的数据库对象，它是用来存储数据的一种逻辑结构。表由行和列组成，也称为二维表。

4.5.1 SQL Server 2008 数据类型

在创建表时，必须指定每列的数据类型，列的数据类型决定了数据的取值、范围和存储格式。

列的数据类型可以是 SQL Server 2008 提供的系统数据类型，也可以是用户定义的数据类型。SQL Server 2008 提供了丰富的系统数据类型，见表 4-2。

表 4-2 SQL Server 系统数据类型

数据类型		类型标识符
数字	整数型	bigint, int, smallint, tinyint
	精确数值型	decimal, numeric
	浮点型	float, real
	货币型	money, smallmoney
字符	字符型	char, varchar, varchar(MAX)
	Unicode字符型	nchar, nvarchar, nvarchar(MAX)
二进制型		binary, varbinary, varbinary(MAX)
日期时间类型		datetime, smalldatetime, date, time, datetime2
时间戳型		timestamp
图像型		image
其他		cursor, sql_variant, table, uniqueidentifier, xml, hierarchyid

在讨论数据类型时，使用了精度、小数位数和长度 3 个概念，前两个概念是针对数值型数据的，它们的含义如下：

- 精度：指数值型数据中所存储的十进制数据的总位数。
- 小数位数：指数值型数据中小数点右边可以有的数字位数的最大值。如数值数据 3890.587 的精度是 7，小数位数是 3。
- 长度：指存储数据所使用的字节数。

每种数据类型的具体含义如下。

1．整数型

整数型包括 bigint、int、smallint 和 tinyint，从标识符的含义就可以看出，它们表示数值的范围逐渐缩小。

① bigint：大整数，表示数的范围为 -2^{63}～$2^{63}-1$，其精度为 19，长度为 8 字节。

② int：整数，表示数的范围为 -2^{31}～$2^{31}-1$，其精度为 10，长度为 4 字节。

③ smallint：短整数，表示数的范围为 -2^{15}～$2^{15}-1$，其精度为 5，长度为 2 字节。

④ tinyint：微短整数，表示数的范围为 0～255，其精度为 3，长度为 1 字节。

2．精确数值型

精确数值型数据由整数部分和小数部分构成，其所有的数字都是有效位，能够以完整的精度存储十进制数。精确数值型包括 decimal 和 numeric 两类。在 SOL Server 2008 中，这两种数据类型在功能上完全等价。

声明精确数值型数据的格式是 numeric | decimal(p[,s])，其中 p 为精度，s 为小数位数，s 的默认值为 0。例如，指定某列为精确数值型，精度为 6，小数位数为 3，即 decimal(6,3)。

decimal 和 numeric 可存储 $-10^{38}+1$～$10^{38}-1$ 的固定精度和小数位的数字数据，它们的存储长度随精度变化而变化，最少为 5 字节，最多为 17 字节。

3．浮点型

浮点型也称近似数值型，这种类型不能提供精确表示数据的精度，使用这种类型来存储某些数值时，有可能会损失一些精度，所以它可用于处理取值范围非常大且对精确度要求不太高的数值量，如一些统计量。

有两种近似数值数据类型：float[(n)]和 real，两者通常都使用科学记数法表示数据，即形为：尾数 E 阶数，如 5.6E-9。

① real：长度为 4 字节，表示数的范围为–3.40E+38～3.40E+38，精度为 7 位有效数字。

② float：表示数据的范围为–1.79E+308～1.79E+308。n 的取值范围是 1～53，用于表示精度和存储大小。当 n 在 1～24 时，等价于 real 型，存储长度为 4 字节，精度为 7 位有效数字。当 n 在 25～53 时，存储长度为 8 字节，精度为 15 位有效数字。当默认 n 时，代表 n 在 25～53 之间。

4．货币型

SQL Server 2008 提供了两个专门用于处理货币的数据类型：money 和 smallmoney，它们用十进制数表示货币值。

① money：表示数据的范围为 -2^{63}～$2^{63}-1$，精度为 19，小数位数为 4，长度为 8 字节。money 表示数的范围与 bigint 相同，不同的是 money 有 4 位小数，实际上，money 就是按照整数进行运算的，只是将小数点固定在末 4 位。

② smallmoney：表示数据的范围为-2^{31}～$2^{31}-1$，精度为10，小数位数为4，长度为4字节。

当向表中插入货币型数值时，必须在数据前面加上货币表示符号（$），如$3200.32，$-1200.908。

5. 位型

SQL Server 2008中的位（bit）型数据相当于其他语言中的逻辑型数据，它只存储0和1，长度为1字节。但要注意，SQL Server对表中bit类型列的存储做了优化：如果一个表中的bit列不多于8个，则这些列将作为1字节存储；同理，如果有9～16个bit列，则将作为2字节存储，依此类推。

当为bit类型数据赋0时，其值为0；而赋非0（如100）时，其值为1。字符串值TRUE和FALSE可以转换为bit值：TURE转换为1，FALSE转换为0。

6. 字符型

字符型数据用于存储字符串，字符串中可包括字母、数字和其他特殊符号（如+、@、%等）。在输入字符串时，需将串中的符号用英文单引号或双引号括起来，如'rst12'、"Xyz<Woop23"。

SQL Server 2008的字符型包括两类：固定长度（char）或可变长度（varchar）字符数据类型。

① char[(n)]：定长字符数据类型，其中n定义字符型数据的长度，默认长度为10。若实际存储的长度不足n，则在串的末尾添加空格以达到长度n；若字符个数多于n，则多于的字符将被截断。

② varchar[(n)]：变长字符数据类型，其中 1≤n≤8000，表示字符串可达到的最大长度，默认长度为50。若实际字符个数不足n，则按实际字符个数存储。因此，varchar比char节省存储空间，适合存放字符个数不同的字符串。

7. Unicode字符型

Unicode 是“统一字符编码标准”，用于支持国际上非英语语种的字符数据的存储和处理。SQL Server的Unicode字符型可以存储Unicode标准字符集定义的各种字符。

Unicode字符型包括nchar[(n)]和nvarchar[(n)]两类。nchar是固定长度Unicode数据的数据类型，nvarchar是可变长度Unicode数据的数据类型，二者均使用UNICODE UCS-2字符集。

① nchar[(n)]：nchar[(n)]为包含n个字符的固定长度Unicode字符型数据，1≤n≤4000，默认长度为10，所占字节数为2n字节。若输入的字符串长度不足n，将以空格补足。

② nvarchar[(n)]：nvarchar[(n)]为最多包含n个字符的可变长度Unicode字符型数据，1≤n≤4000，默认长度为50。

实际上，nchar、nvarchar与char、varchar的使用非常相似，只是字符集不同（前者使用Unicode字符集，后者使用ASCII字符集）。

8. 文本型

当需要存储大量的字符数据时，如较长的备注、日志信息等，字符型数据的最长 8000 个字符的限制可能使它们不能满足这种应用需求，此时可使用文本型数据。

文本型包括text和ntext两类，分别对应ASCII字符和Unicode字符。

① text：可以表示最大长度为$2^{31}-1$个的字符，其数据的存储长度为实际字符数。

② ntext：可表示最大长度为$2^{30}-1$个的Unicode字符，其数据的存储长度是实际字符个数的两倍（以字节为单位）。

9. 二进制型

二进制数据类型表示的是位数据流，包括binary（固定长度）和varbinary（可变长度）两种。

① binary[(n)]：固定长度为 n 个字节的二进制数据。1≤n≤8000，默认值为 50。存储长度为 n+4 字节。若数据长度小于 n，则用 0 填充；若数据长度大于 n，则多余部分被截断。

② varbinary[(n)]：n 个字节变长二进制数据。1≤n≤8000，默认为值 50。存储长度为实际输入数据长度+4 字节。

10. 日期时间类型

日期时间类型数据用于存储日期和时间信息，在 SQL Server 2008 以前的版本中，日期时间数据类型只有 datetime 和 smalldatetime 两类。而在 SQL Server 2008 中新增了 4 种新的日期时间数据类型，分别为 date、time、datetime2 和 datetimeoffset。

① datetime：表示的日期范围从 1753 年 1 月 1 日到 9999 年 12 月 31 日，精确度为 0.03 秒（3.33ms 或 0.00333s），例如，1～3ms 的值都表示为 0ms，4～6ms 的值都表示为 4ms。

datetime 类型数据长度为 8 字节，日期和时间分别使用 4 字节存储。前 4 个字节用于存储距 1900 年 1 月 1 日的天数，为正数表示日期在 1900 年 1 月 1 日之后，为负数则表示日期在 1900 年 1 月 1 日之前。后 4 个字节用于存储距 12:00（24 小时制）的毫秒数。

用户以字符串形式输入 datetime 类型数据，系统也以字符串形式输出 datetime 类型数据，将用户输入到系统以及系统输出的 datetime 类型数据的字符串形式称为 datetime 类型数据的“外部形式”，而将 datetime 在系统内的存储形式称为“内部形式”，SQL Server 负责 datetime 类型数据的两种表现形式之间的转换，包括合法性检查。

用户给出 datetime 类型的数据值时，日期部分和时间部分分别给出。

日期部分的表示形式常用的格式如下：

- 年 月 日，如 2014 Jan 15、2014 January 15
- 年 日 月，如 2014 15 Jan
- 月 日[,]年，如 Jan 15 2014、Jan 15,2014、Jan 20,01
- 月 年 日，如 Jan 2014 15
- 日 月[,]年，如 15 Jan 2014、15 Jan,2014
- 日 年 月，如 15 2014 Jan
- 年（4 位数），如 2014 表示 2014 年 1 月 1 日
- 年月日，如 20140115、010115
- 月/日/年，如 01/15/14、1/15/14、01/15/2014、1/15/2014
- 月-日-年，如 01-15-14、1-15-14、01-15-2014、1-15-2014
- 月.日.年，如 01.15.14、1.15.14、01.15.2014、1.15.2014

说明：年可用 4 位或 2 位表示，月和日可用 1 位或 2 位表示。

时间部分常用的表示格式如下：

- 时:分，如 10:30、09:15
- 时:分:秒，如 22:30:18、21:15:18.2
- 时:分:秒:毫秒，如 22:30:18:200
- 时:分 AM|PM，如 10:30AM、10:30PM

② smalldatetime：表示的日期范围从 1900 年 1 月 1 日到 2079 年 6 月 6 日，数据精确到分钟，即 29.998s 或更小的值向下舍入到分钟，29.999s 或更大的值向上舍入到分钟。

smalldatetime 类型的数据长度为 4 字节，前两个字节用来存储日期部分距 1900 年 1 月 1 日之后的天数，后两个字节用来存储时间部分距中午 12:00 的分钟数。

smalldatetime 类型数据的格式与 datetime 类型数据完全相同，只是它们的内部存储不同。

③ date：表示从公元元年 1 月 1 日到 9999 年 12 月 31 日，date 类型只存储日期，不存储时间，存储长度为 3 字节，表示形式与 datetime 数据类型的日期部分相同。

④ time：只存储时间，表示格式为“hh:mm:ss[.nnnnnnn]”。hh 表示小时，范围为 0～23。mm 表示分钟，范围为 0～59。ss 表示秒数，范围为 0～59。n 是 0～7 位数字，范围为 0～999 9999，表示秒的小数部分，即微秒数。所以 time 数据类型的取值范围为 00:00:00.0000000～23:59:59.999 9999。time 类型的存储大小为 5 字节。还可以自定义 time 类型微秒数的位数，如 time(1)表示小数位数为 1，默认为 7。

⑤ datetime2：新的 datetime2 数据类型和 datetime 类型一样，也用于存储日期和时间。但 datetime2 类型取值范围更广，日期部分取值范围从公元元年 1 月 1 日到 9999 年 12 月 31 日，时间部分的取值范围为 00:00:00.0000000～23:59:59.999 999。用户也可以自定义 datetime2 数据类型中微秒数的位数，如 datetime(2)表示小数位数为 2。datetime2 类型的存储大小随着微秒数的位数（精度）而改变，精度小于 3 时为 6 字节，精度为 4～5 时为 7 字节，其他精度则需要 8 字节。

⑥ datetimeoffset：用于存储日期和时间，取值范围与 datetime2 类型相同。但 datetimeoffset 类型具有时区偏移量，此偏移量指定时间相对于协调世界时（UTC）偏移的小时和分钟数。

datetimeoffset 的格式为“YYYY-MM-DD hh:mm:ss[.nnnnnnn][{+|-}hh:mm]”。其中，hh 为时区偏移量中的小时数，范围为 00～14；mm 为时区偏移量中的额外分钟数，范围为 00～59。时区偏移量中必须包含“+”（加）或“–”（减）号。这两个符号表示是在 UTC 时间的基础上加上还是减去时区偏移量以得出本地时间。时区偏移量的有效范围为–14:00～+14:00。

11．时间戳型

若创建表时定义一个列的数据类型为时间戳类型（timestamp），那么每当对该表插入新行或修改已有行时，都由系统自动将一个计数器值加到该列，即将原来的时间戳值加上一个增量。

记录 timestamp 列的值实际上反映了系统对该记录修改的相对（相对于其他记录）顺序。一个表只能有一个 timestamp 列。timestamp 类型数据的值实际上是二进制格式数据，长度为 8 字节。

12．图像型

图像型（image）用于存储图片、照片等。实际存储的是可变长度的二进制数据，介于 0 与 $2^{31}-1$（2 147 483 647）字节之间。

13．其他数据类型

除了上面介绍的常用数据类型外，SQL Server 2008 还提供了其他几种数据类型：cursor、sql_variant、table、uniqueidentifier、xml 和 hierarchyid。

① cursor：游标数据类型，用于创建游标变量或定义存储过程的输出参数。

② sql_variant：可以存储 SQL Server 支持的各种数据类型值，但除 text、ntext、image、timestamp 和 sql_variant 外。最大长度可达 8016 字节。

③ table：用于存储结果集的数据类型，结果集可以供后续处理。

④ uniqueidentifier：唯一标识符类型。由系统产生唯一标识值，是 16 字节长的二进制数据。

⑤ xml：用来在数据库中保存 xml 文档和片段的一种类型，但文件大小不能超过 2GB。

⑥ hierarchyid：SQL Server 2008 新增加的一种长度可变的系统数据类型。可用于表示层次结构中的位置。

varchar、nvarchar、varbinary 这三种数据类型可以使用 MAX 关键字，如 varchar(MAX)、 nvarchar(MAX)、varbinary(MAX)，加入了 MAX 关键字的这几种数据类型最多可存放 $2^{31}-1$ 个字节的数据，分别可以用来替换 text、ntext 和 image 数据类型。

4.5.2 表设计

创建表的实质就是定义表结构，包括设置表名，表由哪些列组成，各列的名称及数据类型，设置表和列的属性等。这些统称为表结构。

创建表之前首先就要设计表，在设计表时，目标是使用最少的表、每个表中包含最少的列来达到设计要求。合理的表结构可以提高整个数据库的数据查询效率。为了设计出高质量的存储数据的表，在设计表时，应考虑如下几点因素。

（1）设计表名

表的名称就是该关系的名称。一般来说，一个表表示了一个实体或一种联系，因此一般使用实体名或联系名作为表名。表名要简洁，要能正确表达出表的含义。表名可以用中文，也可以用相同含义的英文单词或单词缩写等。

（2）由哪些属性列组成

表是由若干属性列组成的，每个列对应了所表示实体或联系的一个属性，每列有一个列名，通常列名就是该关系各个属性的名称。设计表中各个列的分布、列的数据类型、列的特性等。其中，最主要的部分是定义各列的数据类型。数据类型的确定非常重要，既要考虑到该列的值的性质，又要考虑尽量少占用存储空间，减少网络传输的数据量，增强数据信息的通用性。

关于列名的命名，根据不同的习惯人们采用了不同的方法。通用的命名方法是：列名的首字母采用表名的首字母并大写，后几位字母为该列名的英文语义。例如：

学生表：Student(Sno,Sname,Ssex,Sage,Sdept)，各属性分别表示学号、姓名、性别、年龄、学院。

课程表：Course(Cno,Cname,Cpno,Ccredit)，各属性分别表示课程号、课程名、先修课程号、学分。

清华大学开发的学籍管理系统，以及目前全国所有高校都使用的学历证书电子注册管理系统（云南大学开发）都采用了汉语拼音首字母的命名方法，增加了应用程序的可读性。例如：

学生表：Student(xh,xm,xb,nl,xy)，各属性分别表示学号、姓名、性别、年龄、学院。

（3）每一列的数据类型和精度

每一列都有一个数据类型，数字类型的列还需要确定列的精度，字符数据类型的列需要确定字符的最大个数，这要根据实际应用进行分析确定。

（4）是否允许空值

列允许空值，表示该列可以不包含任何数据。如果允许列包含空值，表示可以不为该列输入具体的数据；反之，必须为该列提供具体数据。空值表示不确定性，因此空值列应尽可能少。

（5）是否设置主键

主键是唯一确定每一行数据的方式，是一种数据完整性对象。主键通常是一个列或多个列的组合。一个表中最多只能有一个主键。一般情况下，应该为每个表都指定主键，借此可以确定行数据的唯一性。

（6）是否设置约束、默认值等

约束、默认值等都是数据完整性对象，用来确保表中数据的完整性。对表中数据的更新操作，只能在满足定义的约束、默认值、规则等条件下，才能执行成功。

（7）是否设置外键

实体之间的参照关系需要借助主键-外键对来实现，外键列参考自哪个表、哪一列（哪个属性）等。外键和对应的主键列名称可以不一致，但数据类型和精度（或长度）必须完全一致，否则无法设置外键。

（8）是否设置索引，设置什么样的索引。

索引同表一样，也是一种数据库对象，是加快对表中数据检索速度的一种手段，是提高数据库使用效率的重要途径。在哪些列上设置或不设置索引，是设置聚集索引、非聚集索引，还是全文索引等。

本书用到的图书管理系统包括以下 3 个表。

- 图书表：表名 book，包括书号、书名、作者、出版社、价格、出版时间。
- 读者表：表名 reader，包括读者号、读者名、读者班级、出生日期。
- 借阅表：表名 borrow，包括读者号、书号、借阅时间、借阅天数。

设计的表结构如表 4-3～表 4-5 所示。

表 4-3　book 表的结构

列名	数据类型	含义	说明
bno	varchar(20)	书号	主键
bname	nvarchar(50)	书名	非空
bauthor	nvarchar(20)	作者	
bpublisher	nvarchar(50)	出版社	
bprice	real	价格	
bpubdate	date	出版时间	

表 4-4　reader 表的结构

列名	数据类型	含义	说明
rno	varchar(20)	读者号	主键
rname	nvarchar(50)	读者名	非空
rgrade	nvarchar(12)	读者班级	
rbirthday	date	出生日期	

表 4-5　borrow 表的结构

列名	数据类型	含义	说明
rno	varchar(20)	读者号	主键，外键
bno	varchar(20)	书号	主键，外键
borrowdate	date	借阅日期	非空
borrowdays	int	借阅天数	非空

4.5.3　创建表

表结构设计完之后就该创建表了，本书用到的表都在图书管理系统数据库 readerbook 中创建，创建 readerbook 数据库可以按照 4.4 节介绍的方法，这里不再赘述。

创建表可以有两种方法来实现：

① 使用 SSMS 通过图形界面的方法创建。

② 通过 T-SQL 语句创建。这种方法将在第 5 章介绍。

使用 SSMS 图形界面创建表的步骤如下。

步骤 1：打开 SSMS，在“对象资源管理器”窗格中，展开“数据库”节点，然后再展开要创建表的数据库 readerbook。

步骤 2：右击“表”节点，在弹出的快捷菜单中选择“新建表”命令，打开“表设计器”窗口，如图 4-35 所示。

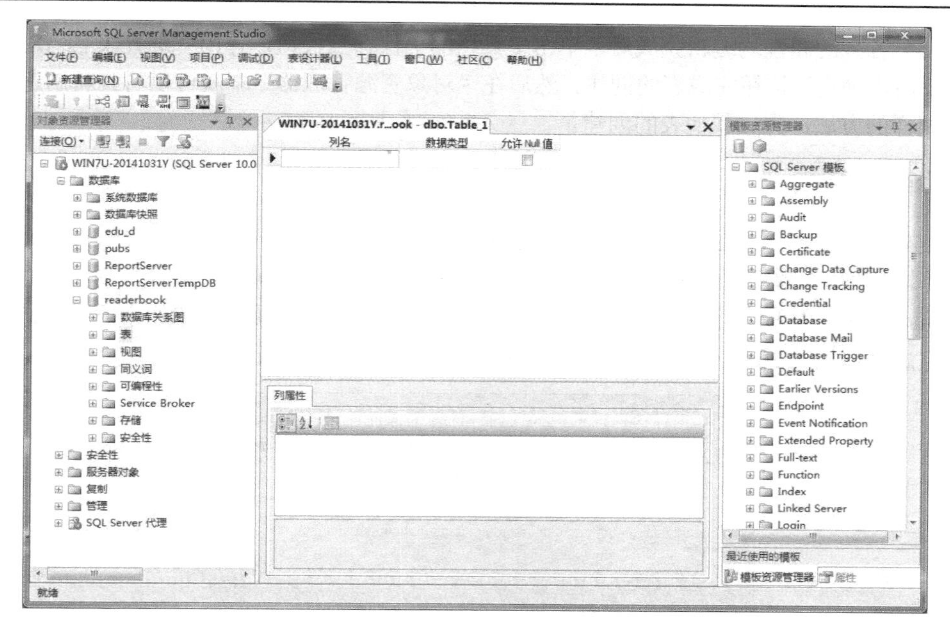

图 4-35 “表设计器”窗口

步骤 3：在“表设计器”窗口中，根据已经设计好的表结构，输入各列的名称，选择各列的数据类型。

步骤 4：根据需要，设置列属性。包括：

- 设置主键：在要设主键的列上单击鼠标右键，选择“设置主键”命令即可。如果主键由两个或两个以上的列组成，则按住 Ctrl 键，再选择这些列，然后右击选择“设置主键”命令。
- 允许空值：即是否允许该字段的值为 NULL，允许空表示添加新记录时该列可不输入值。定义表结构时，在所选列的最后，选中“允许 Null 值”复选框表示允许空值，去掉对勾表示不允许空值，即该列必须输入值。主键列自动不允许空值。
- 设置默认值：默认值约束是指用户在插入新记录时，若没有为该列提供数据，那么系统将把默认值赋给该列。默认值可以为常量、函数、系统函数、空值等，表中的每一列只能定义一个默认约束，对于具有 IDENTITY 属性和 timestamp 数据类型的列，不能使用默认约束。设置方法为：选择要设置的列后，在窗口下方的“列属性”选项卡中的“默认值和绑定”项填写所选列的默认值。
- 标识列：用于给表中插入新记录时，由系统自动生成一个唯一的序号值，该值可作为主键。每个表只能有一列设置为标识列，该列的数据类型只能是 decimal、numeric、int、smallint、bigint 和 tinyint。设置为标识属性的列称为标识列或 identity 列。定义标识列时，可指定种子值（即起始值）、增量值，二者均默认为 1，系统自动从种子值开始，依次按增量值递增。设置时，在窗口下方的“列属性”选项卡中展开“标识规范”属性，将“是标识”选项设置为“是”，再设置“标识种子”和“标识增量”。
- 外键：在 borrow 的设计窗口中，在要设置外键的列（bno 和 rno）上单击鼠标右键，从快捷菜单中选择“关系”，打开“外键”关系对话框进行设置。
- 计算列：即该列的值自动由公式计算得到，如“总价”列的值等于“单价”列的值乘以“数量”列的值，则在“总价”列的“列属性”选项卡中展开“计算列规范”属性，在“公式”项中填上“=单价*数量”，或“=[单价]*[数量]”。注意，“单价”列和“数量”列必须是数值类型，且不允许为空。

步骤 5：各列的属性均编辑完成后，单击工具栏的“保存”按钮，弹出“选择表名”对话框，输入表名后单击“确定”按钮完成表的创建。然后在“对象资源管理器”中就可以看到新创建的表了。

使用同样的方法，完成其他表的创建。

4.5.4 修改表结构

表创建好后，有时可能还需要对表的结构进行修改。对一个已经存在的表可以进行的修改操作有：更改表名、增加列、删除列、修改已有列的属性（列名、数据类型、是否空值等）。

在 SQL Server 2008 中，使用 SSMS 界面方式修改表结构时，必须先删除原来的表，再重新创建新表才能完成表结构的更改。如果强行修改会弹出如图 4-36 所示的对话框。

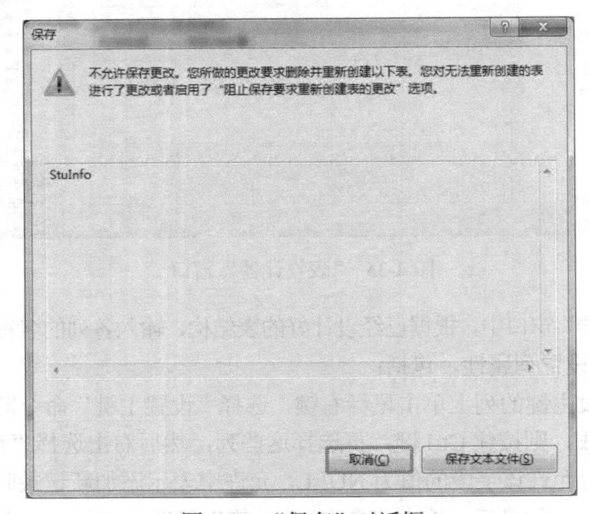

图 4-36 “保存”对话框

如果要在修改时不出现此对话框，可以按以下的方式操作：

在 SSMS 窗口中，依次选择“工具”→“选项”，在弹出的“选项”对话框中选择“Designers”选项卡下的“表设计器和数据库设计器”，然后把“阻止保存要求重新创建表的更改”前复选框的对勾去掉，如图 4-37 所示，单击“确定”按钮即可。

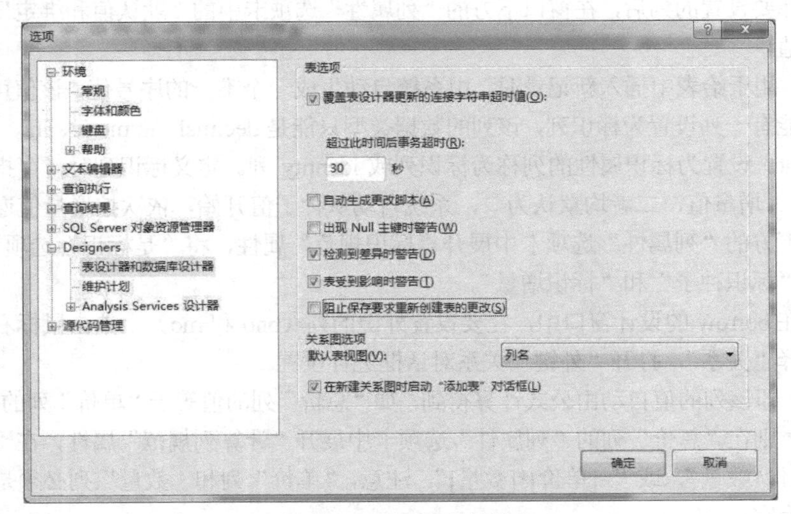

图 4-37 “选项”对话框

1．更改表名

SQL Sever 2008 中允许修改表名，但表名修改后，与该表相关的对象（如视图）和存储过程都将无效。因此，建议一般不要更改表名，特别是当在其上定义了视图或建立了相关的表时。

修改表名的方法为：

在“对象资源管理器”中选择需要更改的表名，如 book，单击鼠标右键，在弹出的快捷菜单上选择“重命名”命令，如图 4-38 所示，此时表名将进入编辑状态，输入新的表名，按下回车键即可。

说明：如果系统弹出“重命名”对话框，提示用户若更改了表名，将导致引用该表的存储过程、视图或触发器无效，要求用户对更名的操作予以确认，单击“是”按钮可以确认该操作。

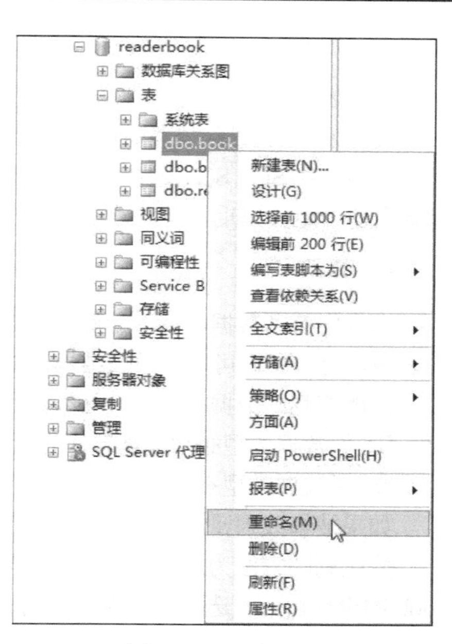

图 4-38　重命名表

2．增加列

当需要在已创建的表中增加属性时，就要向表中增加列。例如，若在表 book 中需要登记其状态、版次等，就要用到增加列的操作。同样，已经存在的列可能需要修改或删除。

【例 4-1】 向表 book 中添加一个图书状态列，列名为“bstatus”，数据类型为 nvarchar(10)，默认值为“正常”。

步骤 1：启动 SSMS，在对象资源管理器中展开“数据库”节点，选择数据库“readerbook”中的表“dbo.book”，单击鼠标右键，在弹出的快捷菜单上选择“设计”命令，打开“表设计器”窗口。

步骤 2：若要把新列添加到表的最后，则在“表设计器”窗口中选择第一个空白行，输入列名“bstatus”，选择数据类型“nvarchar(10)”，如图 4-39 所示，并根据需要设置其他属性。如果要在某列之前加入新列，则可以右击该列，选择“插入列”，然后在添加的空白行中填写列信息即可。

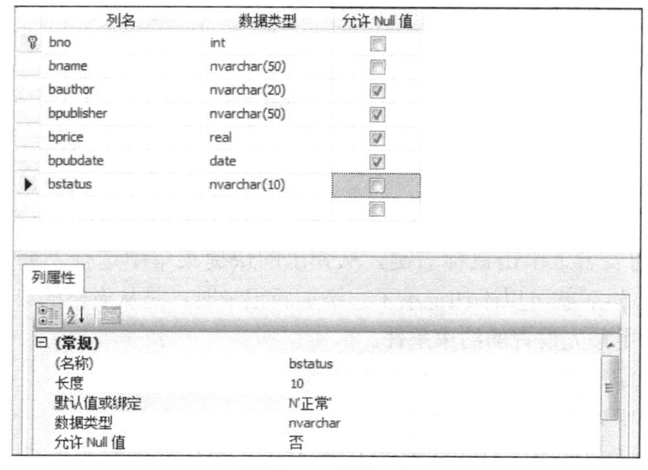

图 4-39　增加列

步骤 3：新列添加完毕后，关闭该窗口，将弹出一个“保存更改”对话框，单击“是”按钮，保存修改后的表（或单击工具栏中的“保存”按钮）。

3．删除列

在“表 dbo.book 设计器”窗口中选择需删除的列（如删除“bstatus”列），单击鼠标右键，在弹出的快捷菜单上选择“删除列”命令，该列即被删除。

注意：在 SQL Server 中，删除列时该列的所有数据也将被删除，且被删除后不能恢复，所以在删除列之前一定要慎重考虑。另外，在删除一个列之前，必须保证基于该列的所有索引和约束都已删除。

4．修改列

当表中有了数据以后，一般不要轻易改变表的结构，特别是不要改变数据类型，以免产生错误。若表中没有数据，可以修改表结构，如更改列名、列的数据类型、长度和是否允许空值等属性。

当改变列的数据类型时，必须满足下列条件：

① 原数据类型必须能够转换为新数据类型。

② 新数据类型不能为 timestamp 类型。

如果被修改列属性中有“标识规范”属性，则新数据类型必须是有效的“标识规范”数据类型。

修改列的方法为：在要修改列的表名（如 book）上单击鼠标右键，选择“设计”命令，打开表 book 的设计窗口，选择需要修改的列，修改列名、数据类型或相应的属性，修改方法同创建表的方法一样，这里不再赘述，修改完单击“保存”按钮保存。

说明：在操作列的数据类型时，如果列中存在列值，可能会弹出警告框，若要确认修改则单击“是”按钮，但是此操作可能会导致一些数据永久丢失，因此要慎重。

注意：具有以下特性的列不能修改：

- 数据类型为 timestamp 的列。
- 计算列。
- 全局标识符列。
- 有索引的列（但当用于索引的列为 varchar、nvarchar 或 varbinary 数据类型时，可以增加列的长度）。
- 由 CREATE STATISTICS 生成统计的列，若需修改这样的列，则必须先用 DROP STATISTICS 语句删除统计。
- 有主键或外键约束的列。
- 有 CHECK 或 UNIQUE 约束的列。
- 有默认值的列。

4.5.5 向表中添加数据

表是用来存放数据的，在创建和修改完表后，就可以向表中添加数据了。添加数据的方法为：

在需要添加数据的表名上单击鼠标右键，从弹出的快捷菜单中选择“编辑前 200 行”，弹出如图 4-40 所示的对话框，然后就可以添加记录了。添加新记录时，是从表格的第一个空白行开始输入，注意所输的数据必须满足预先设置的约束条件。

插入记录将新记录添加在表尾，可以向表中插入多条记录。

插入记录的操作方法如下：

将光标定位到当前表尾的下一行（即第一个空白行），然后逐列输入各列的值。每输入完一列的值，按回车键，光标自动跳到下一列，便可编辑该列了。若当前列是表的最后一列，则该列编辑完后按回车键，光标将自动跳到下一行的第一列，此时上一行输入的数据已经保存，可以增加下一行。

	bno	bname	bauthor	bpublisher	bprice	bpubdate
▶	B001	数据库技术及应用	王大力	电子工业出版社	29.8	2014-02-05
	B002	C程序设计	谭浩强	清华大学出版社	32.5	2012-05-08
	B003	高等数学	张强壮	高等教育出版社	22.9	2000-10-28
	B004	算法与数据结构	刘卫国	机械工业出版社	35.6	2013-07-19
	B005	数据库技术及应用	赵萌萌	机械工业出版社	42.9	2011-06-30
	B006	计算机操作系统	张莹莹	清华大学出版社	32	2014-02-15
	B007	数据结构	严蔚敏	清华大学出版社	28.8	2012-08-01
	B008	计算机网络原理	温美萍	电子工业出版社	38.2	2011-09-25
	B009	计算机组成原理	王强健	清华大学出版社	41.5	2012-01-20
	B010	Flash_6开发实例	赵钱	机械工业出版社	52.8	2014-04-28
*	NULL	NULL	NULL	NULL	NULL	NULL

图 4-40　添加数据

若表的某列不允许为空值，则必须为该列输入值，如表 book 的书号、书名等。若列允许为空值，那么，不输入该列的值，在表格中将显示“*NULL*”字样，表示该列还没有值。

注意：在界面中插入 bit 类型数据的值时不可以直接输入 1 或 0，而是用 True 或 False 来代替，True 表示 1，False 表示 0，否则会出错。

SQL Server 2008 中，默认只能打开前 200 行数据，用户也可以根据需要查看更多的记录。

4.5.6　删除表

当一个表不再使用时，可以将其删除。删除一个表时，表的定义、表中所有的数据以及表的索引、触发器、约束等均被删除。注意，不能删除系统表和外键约束所参照的表。

删除表的方法为：

启动 SSMS，在对象资源管理器中依次展开“数据库”→“readerbook”→“表”，选择要删除的表 book，单击鼠标右键，在弹出的快捷菜单上选择“删除”命令。系统弹出“删除对象”对话框，如图 4-41 所示，单击“确定”按钮，即可删除 book 表。

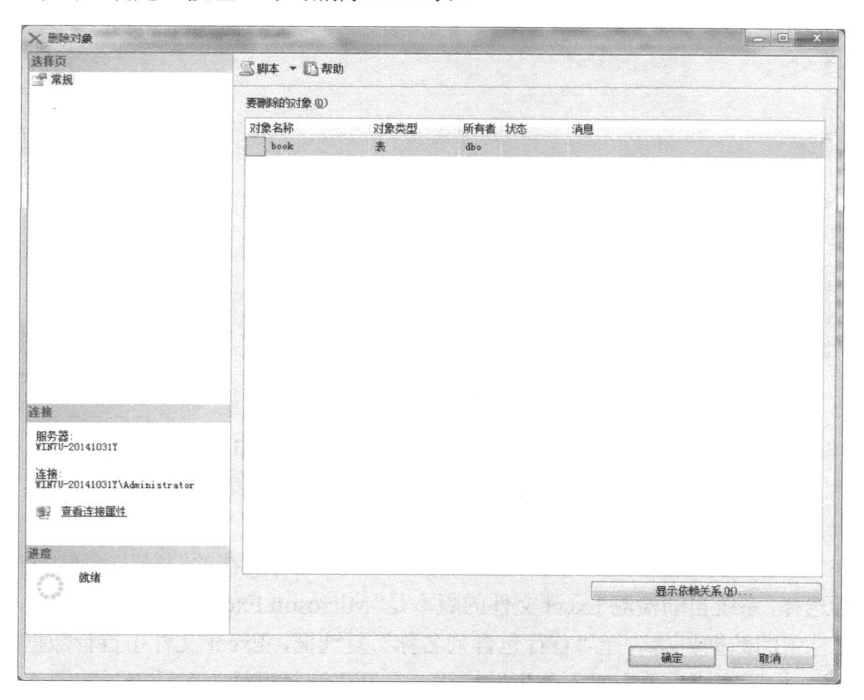

图 4-41　“删除对象”对话框

4.6 数据库的维护🕮

4.6.1 数据的导入与导出

通过导入/导出操作可以在 SQL Server 2008 和其他数据源（如文本文件、Excel 文件或 Oracle 数据库）之间轻松地移动数据。例如，可以将 Excel 中的数据导入到 SQL Server 表中，或将 SQL Server 表中的数据导出到 Excel 文件中。

1. 数据的导入

下面以从 Excel 文件导入数据到 readerbook 数据库为例，介绍导入的过程。

步骤 1：打开 SSMS，在数据库名 readerbook 上单击鼠标右键，从弹出的快捷菜单中依次选择“任务”→“导入数据”命令，弹出“SQL Server 导入和导出向导”对话框，如图 4-42 所示。

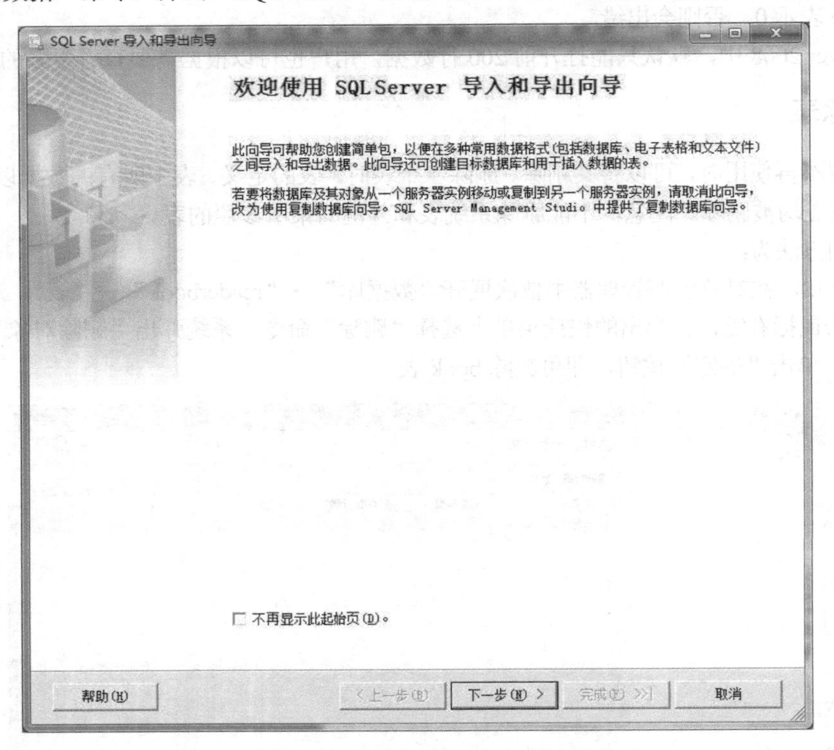

图 4-42 “SQL Server 导入和导出向导”对话框

步骤 2：单击“下一步”按钮，打开“选择数据源”对话框，如图 4-43 所示。

步骤 3：因要从 Excel 文件中导入数据，因此在“数据源”列表中选择数据源类型“Microsoft Excel”，然后该对话框中的选项将发生改变，如图 4-44 所示。

步骤 4：在“Excel 文件路径”文本框中输入本机上 Excel 文件所在的路径，或通过点击右侧的“浏览”按钮来进行选择，系统自动检测 Excel 文件的版本是“Microsoft Excel 97-2003”还是“Microsoft Excel 2007”，根据文件中的数据自动选择“首行包含列名称”复选框，Excel 文件中首行数据插入数据库后即将其作为列名。设置完成后单击“下一步”按钮，打开“选择目标”对话框，如图 4-45 所示。

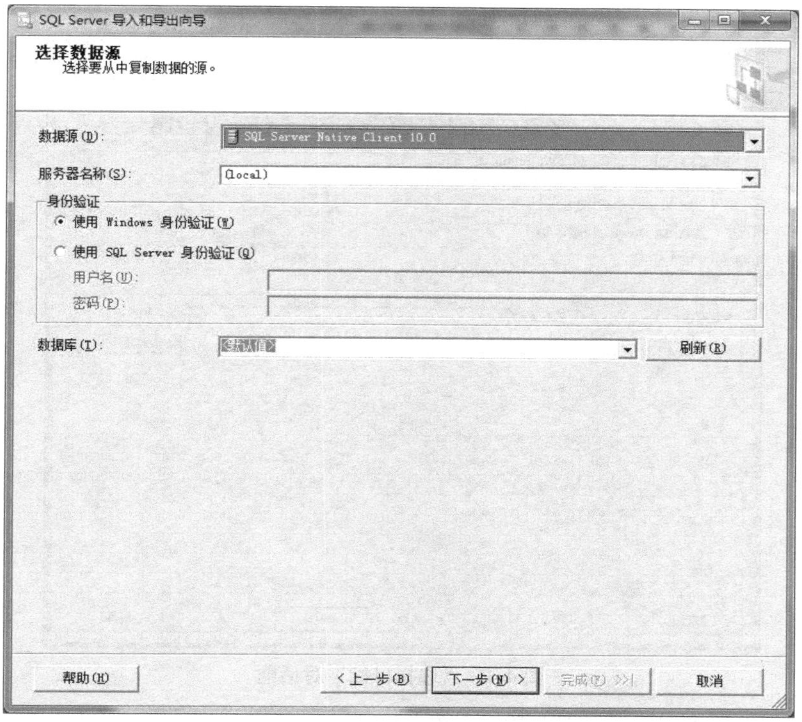

图 4-43　“选择数据源”对话框

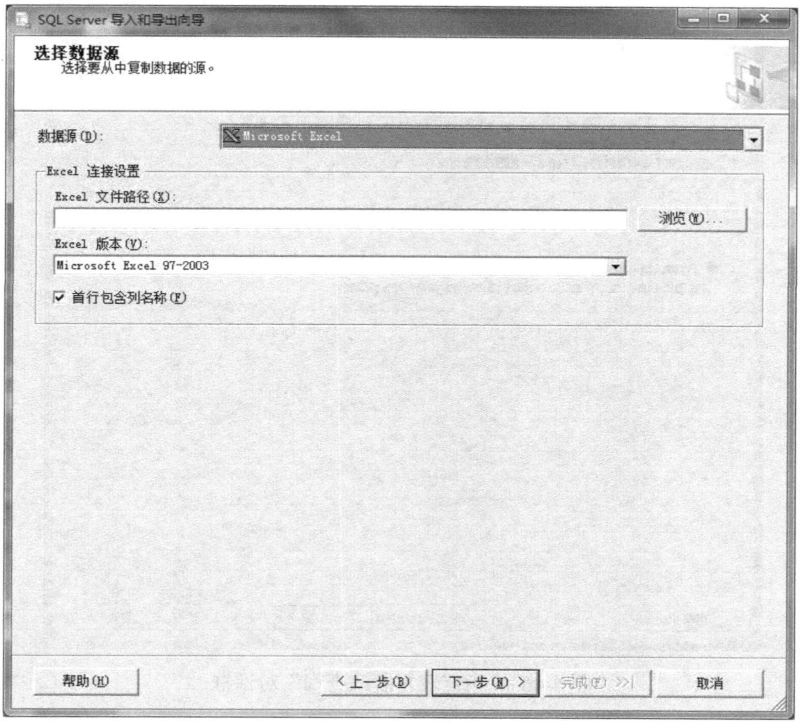

图 4-44　设置 Excel 数据源

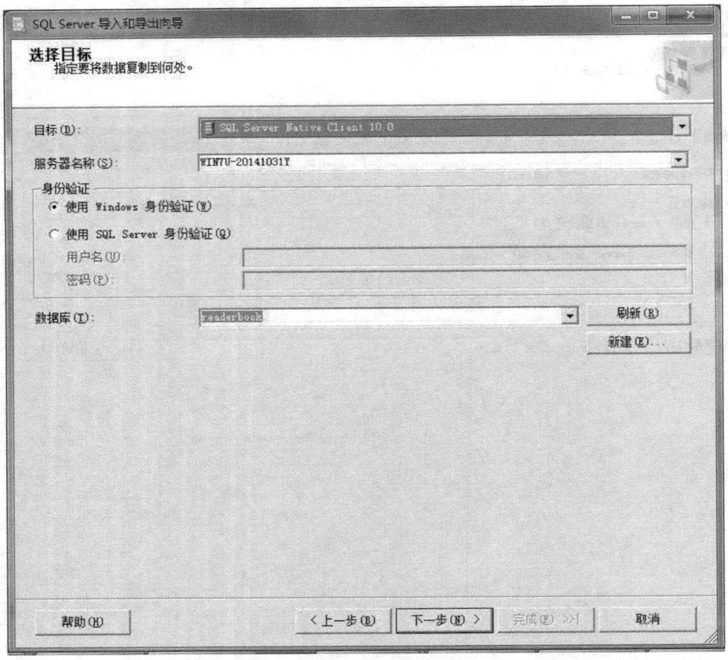

图 4-45 “选择目标”对话框

步骤 5：设置目标类型、服务器名称、身份验证方式、数据导入的数据库名称等。这里使用默认设置即可，然后单击“下一步”按钮，打开“指定表复制或查询”对话框，如图 4-46 所示。

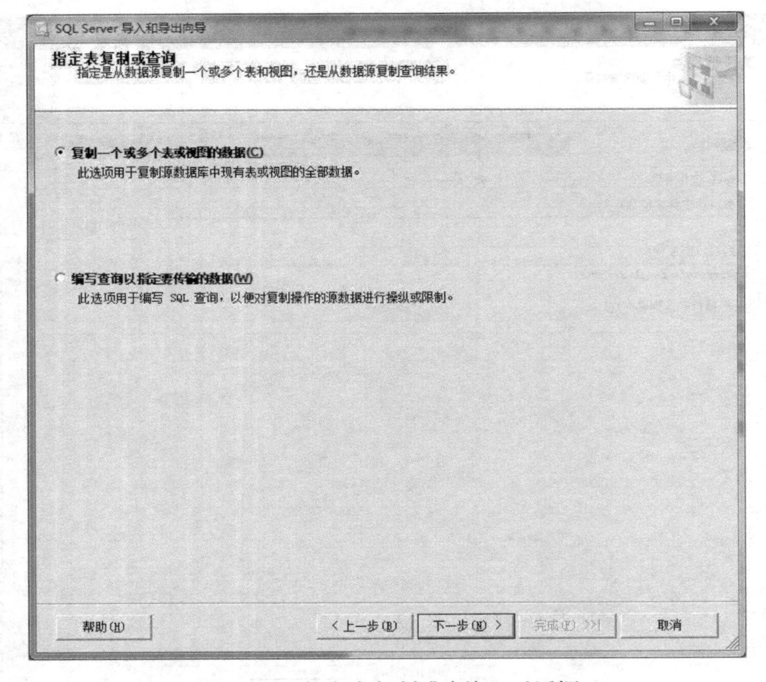

图 4-46 “指定表复制或查询”对话框

步骤 6：“复制一个或多个表或视图的数据”表示要复制 Excel 工作表中的全部数据到一个新建的表中；“编写查询以指定要传输的数据”表示从 Excel 工作表中选择满足条件的一部分数据插入到已存

在的一张表中。这里选择“复制一个或多个表或视图的全部数据”。然后单击“下一步”按钮，打开“选择源表和源视图”对话框，如图 4-47 所示。

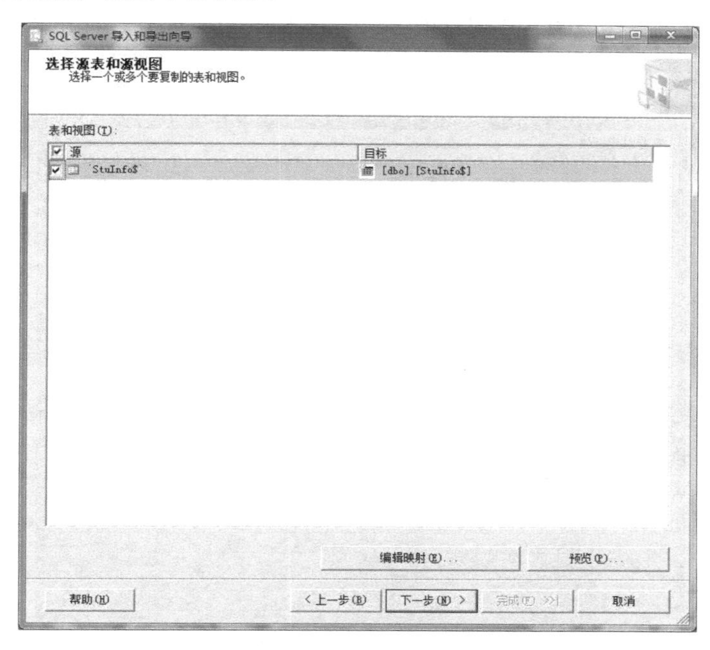

图 4-47　“选择源表和源视图”对话框

步骤 7：“表和视图”列表中的“源”显示 Excel 文件中所有的工作表；“目标”显示导入数据库后的表名，dbo 是指架构名，StuInfo$是新建的表名，如果要修改表名，可以双击进入编辑状态，这里修改为 StuInfo。然后可以点击下面的“编辑映射”按钮，打开“列映射”对话框，如图 4-48 所示。

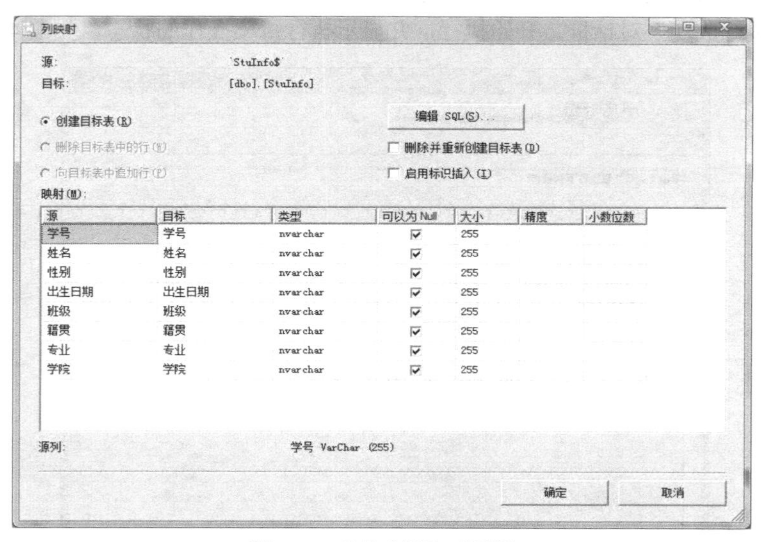

图 4-48　“列映射”对话框

步骤 8：在“映射”列表中可以看到“源”数据的列名，然后根据需要可以分别设置“目标”列的列名、数据类型、是否允许为空、大小（长度）、精度及小数位数等，或者点击“编辑 SQL”按钮直接编辑 T-SQL 语句。如果不想修改也可点击“取消”按钮。

说明：在“选择源表和源视图”对话框中，也可以单击“预览”按钮打开“预览数据”对话框，预览导入后的表格数据。

步骤 9：在“选择源表和源视图”对话框中，单击“下一步”按钮，打开“保存并运行包”对话框，如图 4-49 所示。

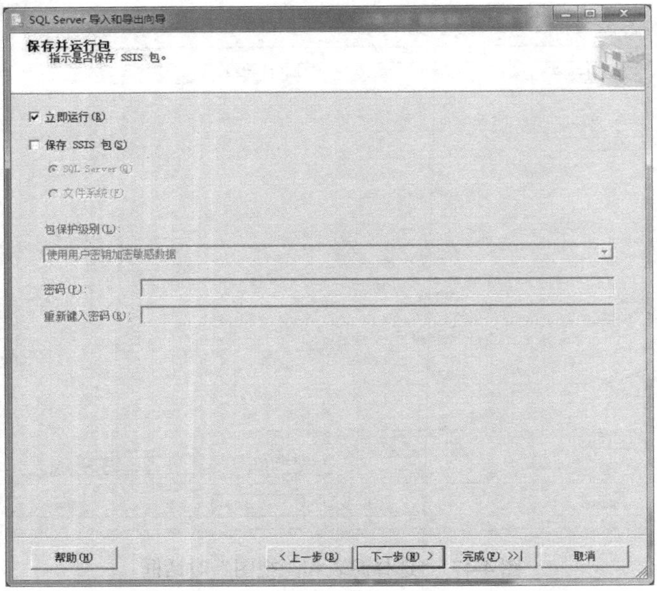

图 4-49　“保存并运行包”对话框

步骤 10：选择“立即运行”复选框后，单击“下一步”按钮，打开“完成该向导”对话框，如图 4-50 所示。“完成该向导”对话框就是一些提示信息，直接单击“完成”按钮，系统开始执行导入操作，打开“执行成功”对话框，开始执行，并显示执行每项操作的状态，如图 4-51 所示。

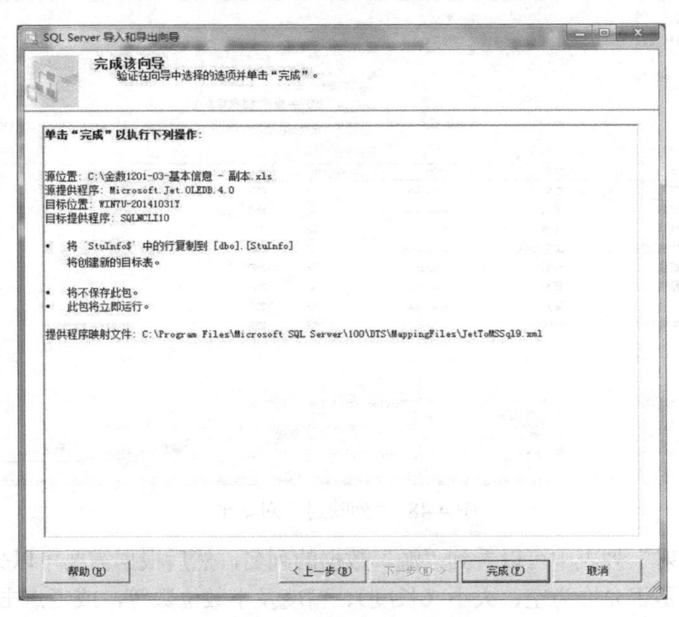

图 4-50　“完成该向导”对话框

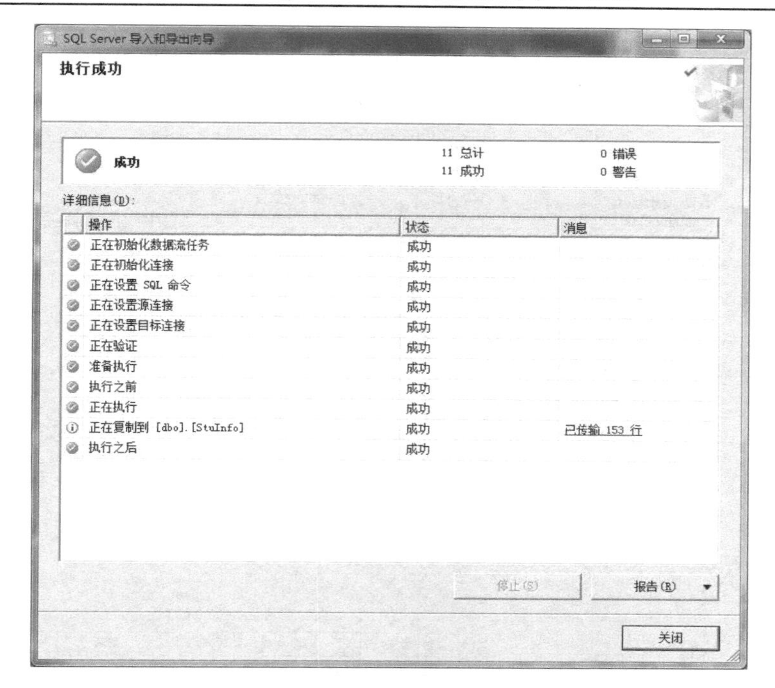

图 4-51　“执行成功”对话框

步骤 12：执行完毕后，在对话框上方显示状态为“成功”，并显示统计信息“11 总计　0 错误；11 成功　0 警告”，至此，数据导入成功，点击“关闭”按钮，关闭该对话框即可。然后可以打开 readerbook 数据库，查看已经导入的数据。

2．数据的导出

SQL Server 2008 中，也可以将数据从数据库中导出。导出过程与导入过程类似，下面只对关键步骤截图，简单操作略过。

操作步骤如下：

步骤 1：打开 SSMS，在数据库名 readerbook 上单击鼠标右键，从弹出的快捷菜单中依次选择“任务”→“导出数据”命令，弹出“SQL Server 导入和导出向导”对话框。

步骤 2：单击“下一步”按钮，打开“选择数据源”对话框，这里是从 SQL Server 数据库中导出数据，使用默认设置即可。

步骤 3：单击“下一步”按钮，弹出“选择目标”对话框，这里要把 book 表的数据导出到 Excel 文件中，因此要进行如下设置：

- 目标：选择“Microsoft Excel”，表示导出为 Excel 文件。也可以导出为其他数据格式。
- Excel 文件路径：设置导出文件的存放位置及文件名。这里设置为“C:\StuInfo.xls”。
- Excel 版本：若导出为 Excel 97-2003 版本，则选择“Microsoft Excel 97-2003”；若导出为 Excel 2007 格式，则选择“Microsoft Excel 2007”。
- 首行包含列名称：若同时要导出 StuInfo 表的列名，则选中该复选框，否则不选。默认是选中的。

设置完成后，结果如图 4-52 所示。

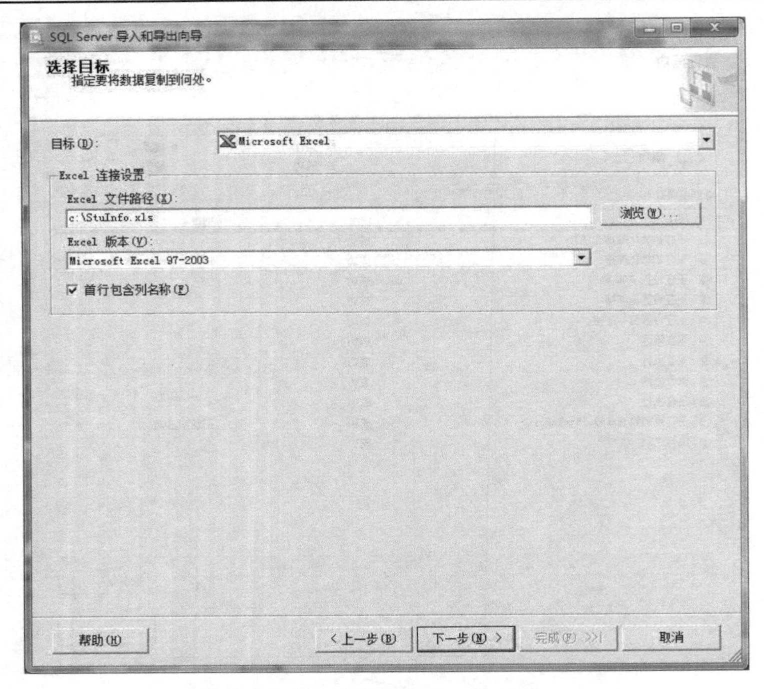

图4-52 “选择目标”对话框

步骤4：完成设置后单击“下一步”按钮，打开“指定表复制或查询”对话框，这里要把StuInfo表中的数据全部复制到Excel文件中，所以选择“复制一个或多个表或视图的全部数据”。

步骤5：单击“下一步”按钮，打开“选择源表和源视图”对话框，这里只复制StuInfo表中的数据，因此选中StuInfo表前的复选框，如图4-53所示。

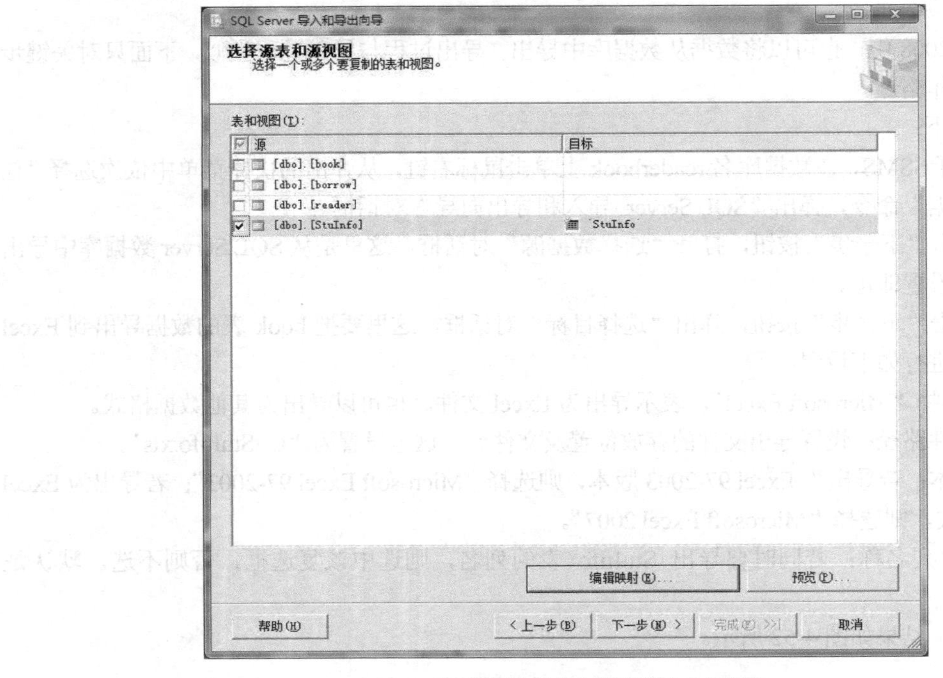

图4-53 “选择源表和源视图”对话框

步骤 6：单击“编辑映射”按钮，打开“列映射”对话框，可以在“目标”列中修改工作表中目标列的列名，设置目标列的类型及各种属性等，设置完的结果如图 4-54 所示。

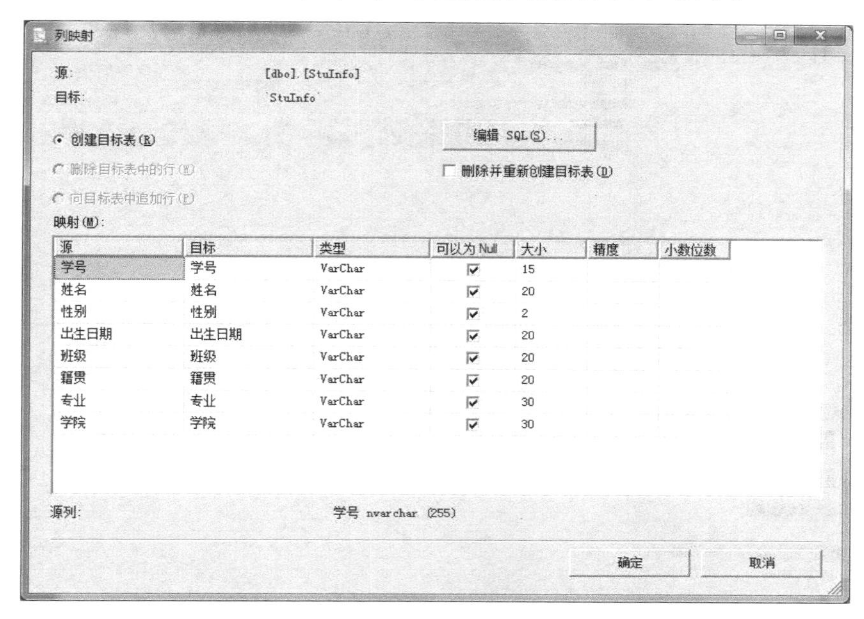

图 4-54 “列映射”对话框

步骤 7：设置完后单击“确定”按钮，返回“选择源表和源视图”对话框，或单击“预览”按钮预览导出后的数据，然后直接单击“下一步”按钮，打开“保存并运行包”对话框。

注意：如果数据类型映射出错，单击“下一步”按钮将显示数据类型映射到目标中的数据类型方式及映射中出现的问题，需要先处理错误，或返回重新选择映射的数据类型。

步骤 8：选择“立即运行”，并单击“下一步”按钮，打开“完成该向导”对话框，显示汇总信息。

步骤 9：单击“完成”按钮，系统开始执行导出操作，执行完后显示执行状态及执行情况，单击“关闭”按钮即可。

至此，导出数据完成。

4.6.2　数据库的分离与附加

有时需要把数据库从一台计算机迁移到另一台计算机上，或者迁移到另一个磁盘驱动器或服务器，此时可以使用数据库分离和附加操作来完成。

在执行分离和附加数据库操作时，需注意以下几点：

① 执行操作时不能进行更新数据库，不能运行任务，用户也不能连接到数据库上。

② 在分离数据库之前，尽量先为数据库备份。

③ 分离数据库并没有真正将其从磁盘上删除，如果需要删除，可以直接删除数据库。

1. 数据库的分离

分离数据库之前首先要确保没有任何用户登录到数据库，如果用户登录了数据库，也需要确保对数据库没有任何更新。

分离数据库的步骤为：

步骤1：打开SSMS，展开“数据库”节点，在数据库readerbook上单击鼠标右键，从弹出的快捷菜单中依次选择“任务”→“分离”命令，打开“分离数据库”对话框，如图4-55所示。

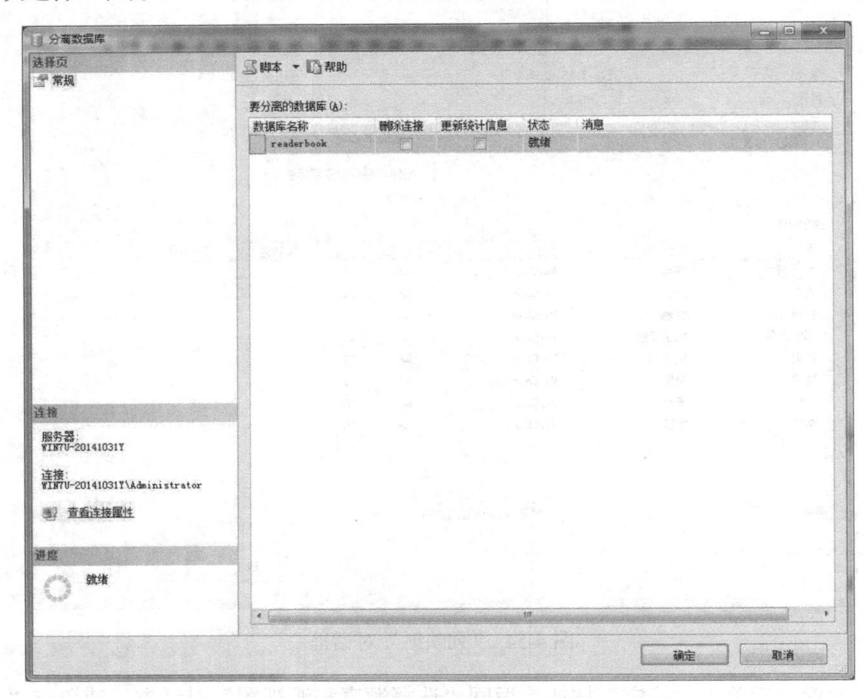

图4-55 “分离数据库”对话框

步骤2：在该对话框中，有以下几个选项：

- 删除连接：用于删除当前数据库上的所有连接。
- 更新统计信息：在分离数据库之前，更新SQL Server的状态，如索引等。

步骤3：单击“确定”按钮，完成数据库的分离。

这时数据库已经成功分离，不再属于SQL Server系统。此时可找到数据文件readerbook.mdf和日志文件readerbook_log.ldf，把它们移动或复制到其他计算机上，实现数据库的备份，当数据库发生异常、数据库中的数据丢失时，就可以使用这两个文件来恢复数据库。也可以用这两个文件执行附加数据库操作，从而实现数据库的迁移。

2. 数据库的附加

下面以被分离出的readerbook数据库为例，介绍附加数据库的方法。

步骤1：打开SSMS，在“对象资源管理器”的“数据库”节点上单击鼠标右键，从弹出的快捷菜单中选择“附加”命令，打开“附加数据库”对话框，如图4-56所示。

步骤2：单击“添加”按钮，打开“定位数据库文件”对话框，然后打开数据库文件所在的文件夹，选择数据库文件readerbook.mdf（扩展名为.mdf），如图4-57所示。

步骤3：选中数据库文件后，单击“确定”按钮，返回“附加数据库”对话框。此时，在“要附加的数据库”文件列表中列出了数据库的信息，可在“附加为”选项中修改附加后的数据库名称，在“所有者”选项中修改数据库的所有者。在“readerbook数据库详细信息”列表中列出了数据文件和日志文件的信息，如图4-58所示。

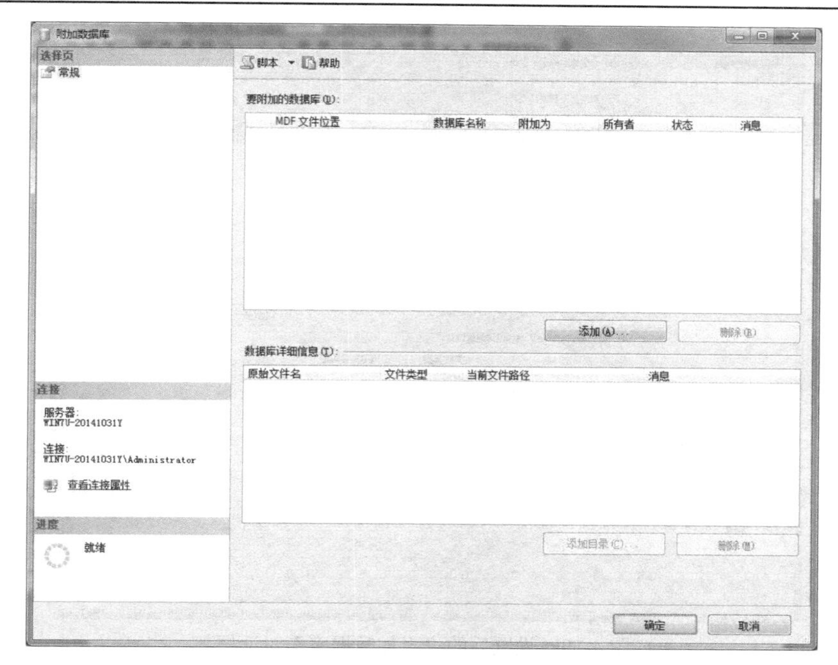

图 4-56 “附加数据库”对话框

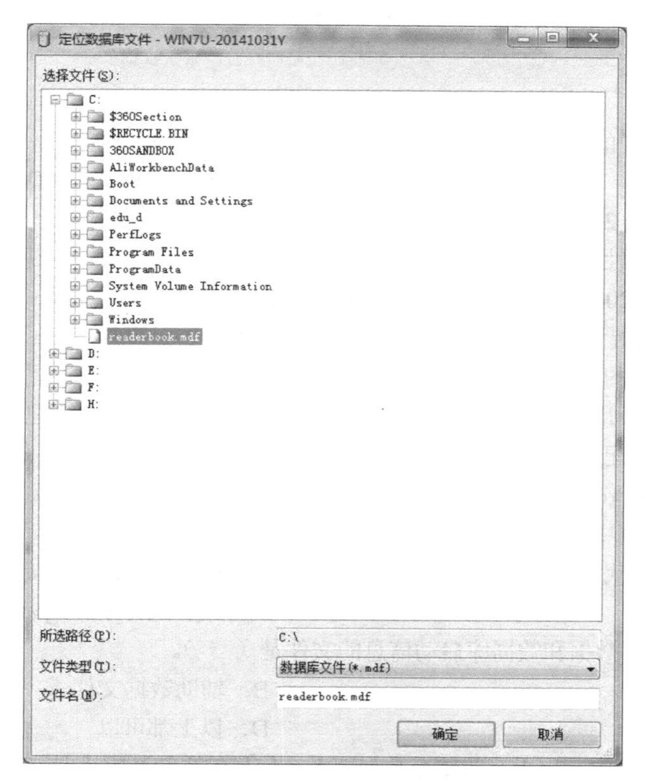

图 4-57 “定位数据库文件”对话框

步骤 4：这里保持默认设置，不修改，直接单击“确定”按钮。数据库附加成功，在 SSMS 的“数据库”列表中可以看到刚附加的 readerbook 数据库。

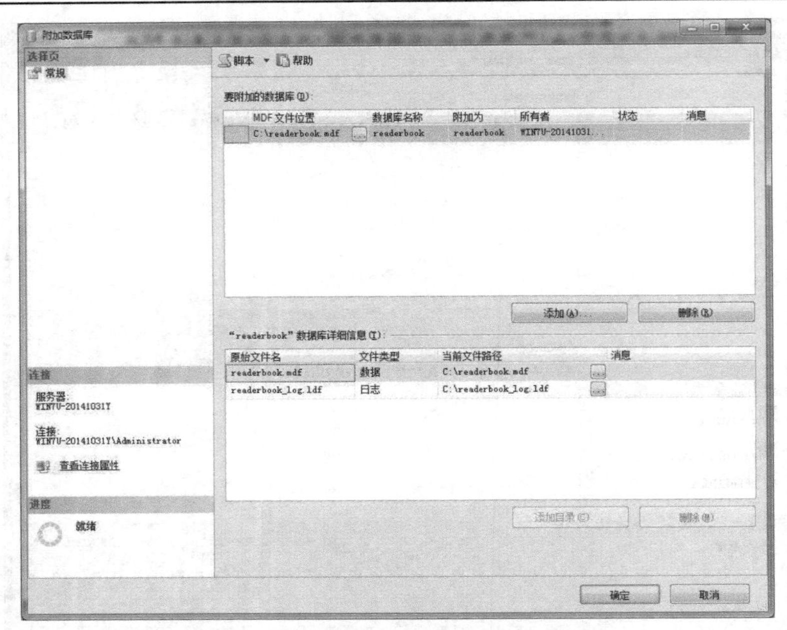

图4-58　设置后的“附加数据库”对话框

习　题　4

4.1　选择题

1．SQL Server 2008 的版本不包括（　　）。

A．Enterprise　　B．Standard　　C．Developer　　D．Unix

2．关于 SQL Server 2008 的安装说法错误的是（　　）。

A．机器的硬件性能越高越好

B．SQL Server 2008 的运行需要.NET Framework 3.5 的支持

C．安装程序支持规则必须全部通过才能继续安装

D．安装过程中的“许可条款”可以不接受

3．SQL Server 2008 用于完成数据库和数据表等常用操作的图形界面管理工具是（　　）。

A．SQL Server 配置管理器　　B．SQL Server Management Studio

C．SQL Server Profiler　　D．导入和导出数据

4．SQL Server 2008 中，提供基本的数据库运行支持的数据库服务是（　　）。

A．SQL Server 代理　　B．SQL Server Browser

C．SQL Server　　D．SQL Server Integration Services

5．用于存放数据库数据和数据库启动信息的文件是（　　）。

A．日志文件　　B．辅助数据文件

C．主数据文件　　D．以上都可以

6．SQL Server 2008 中，用于存放整个数据库系统信息的系统数据库是（　　）。

A．model　　B．master　　C．msdb　　D．tempdb

7．一个数据库中，它的对象不包括（　　）。

A．视图　　B．表　　C．复制　　D．安全性

8．创建数据库时，不能设置的是（　　）。

A．数据库名称　　B．数据文件的初始大小

C．日志文件的增长方式　　D．数据文件的扩展名

9．设计数据表时，已知考试成绩是 0～100 之间的整数（包括 0 和 100），则存放该列数值最省空间的数据类型是（　　）。

A．smallint　　B．int　　C．tinyint　　D．decimal

10．设计表时，不需要考虑的是（　　）。

A．表由哪些列组成　　B．列名的命名规范和数据类型

C．主键、非空、默认值等约束　　D．存放在硬盘的哪个分区中

11．SQL Server 2008 中，数据导入/导出时不支持的数据格式是（　　）。

A．txt 文件　　B．Access 文件　　C．Word 文档　　D．Excel 文件

4.2　填空题

1．SQL Server 2008 是一种基于__________模型的数据库管理系统，它是运行在__________系列操作系统上的，而__________则是运行在 UNIX 系列操作系统上的。

2．SQL Server 2008 的默认实例名称是__________。

3．SQL Server 2008 的身份验证模式有__________和__________两种。

4．用于执行作业、监视 SQL Server、激发警报等的数据库服务是__________。

5．SQL Server 2008 中，主数据文件的扩展名是__________，辅助数据文件的扩展名是__________，日志文件的扩展名是__________。

6．用于表示外模式的数据库对象是__________。

7．用 T-SQL 语言创建数据库的语句是__________。

8．设计表时，表示学生“学号”的列最适合的数据类型是__________，表示学生“姓名”的列最适合的数据类型是__________，表示学生“出生日期”的列最适合的数据类型是__________，表示学生“照片”的列最适合的数据类型是__________。

9．SQL Server 2008 中，表示游标的数据类型是__________，用于存储结果集的数据类型是__________。

10．SQL Server 2008 中，若要把一台计算机上建立的数据库复制到另一台计算机上，需要用到的功能是__________。

4.3　简答题

1．SQL Server 2008 的服务有哪几种？

2．SQL Server 2008 有哪几种身份验证方式？

3．SSMS 是什么？具有哪些功能？

4．服务器注册的含义是什么？

5．在同一台服务器上能否安装多个实例？如果能，怎样安装？

6．SQL Server 2008 有哪些数据类型？各自的含义是什么？

7．SQL Sever 2008 中，如何给列设置各种约束？

8．SQL Server 2008 中怎样修改数据表的结构？

9．数据完整性与数据库约束的关系是什么？

10．试述 SQL Server 2008 将某个数据库复制到另一个服务器的方法有哪些，各自怎样操作。

11．SQL Server 2008 怎样将其他数据库的某个数据库表复制到当前数据库中？

第 5 章　关系数据库标准语言 SQL

本章结合实例介绍 SQL 语言的数据操纵和数据定义操作。其中，最基本的是 SQL 查询，这是本章的学习重点和基础。

读者通过本章的学习，能够熟练地掌握和应用 SQL 查询语句，学会 SQL 数据更新语句、定义语句的用法。

本章导读：

- SQL 数据查询语句的用法
- SQL 数据更新语句的用法
- SQL 数据定义语句的用法
- 视图与索引

5.1 SQL 简介

第2章介绍的关系代数提供了一种表示查询的简洁而形式化的记法。然而，商品化的数据库系统需要一种对用户更加友好的查询语言。本章将介绍商业应用中使用最广泛的一种关系型数据库查询语言——SQL。

SQL（Structured Query Language）语言是一种结构化查询语言，最初它被称为SEQUEL（Structured English QUEry Language），是由IBM的研究人员在20世纪70年代作为实验性关系数据库系统SYSTEM R项目的一部分开发实现的。随着SQL语言的发展，各数据库厂商都在他们的产品中引入并支持SQL语言。现在，SQL语言已经成为关系数据库的标准语言。

虽然SQL语言叫结构化查询语言，而且查询操作也确实是数据库中的主要操作，但SQL绝不仅仅是一个查询工具，它可以独立完成数据库的全部操作，如数据定义、数据操纵及数据控制等与数据库有关的各种操作。下面将详细介绍SQL语言的各种功能。

5.1.1 SQL 语言的发展

SQL语言提出以后，由于它具有功能丰富、语言简洁、使用灵活等优点，因此备受用户及计算机工业界的欢迎，被众多计算机公司和软件公司所采用。1986年美国国家标准协会（ANSI）的数据库委员会批准了SQL作为关系数据库语言的美国标准。1987年国际标准化组织（ISO）将其采纳为国际标准。这个标准也称为SQL-86。SQL标准的出台使SQL作为关系数据库标准语言的地位得到了加强。此后，ANSI不断修改和完善SQL标准，并于1989年发布了SQL-89标准，1992年又发布了SQL-92标准，1999年又发布了SQL-99标准。目前最新的标准是2011年底发布的SQL:2011，随着数据库技术的发展，将来还会推出更新的标准。在每一次标准更新中，ANSI都在SQL中添加了新特性。

需要指出的是，虽然SQL被作为关系数据库的标准语言，但SQL标准只是一个建议标准，不同厂商的SQL产品或关系数据库管理系统的实现大部分是与标准兼容的，但没有任何一种实现完全遵循这些标准。

目前流行的关系数据库管理系统，如Oracle、SQL Server、DB2、Sybase等都采用了SQL语言标准，并且每一个具体的数据库管理系统都对标准SQL语言做出了功能上的扩展，语句格式也有不同，从而形成了各自不完全相同的SQL版本。其中，Transact-SQL（简记为T-SQL）就是Microsoft公司在数据库管理系统SQL Server中使用的SQL版本。本章主要以Transact-SQL语言在SQL Server 2008环境下的使用来介绍SQL语言。

5.1.2 SQL 语言的功能

SQL语言按其实现的功能可以分为如下几部分：

① 数据定义语言（Data Definition Language，DDL）：用于定义、删除和修改数据库中的对象。

② 数据查询语言（Data Query Language，DQL）：按一定的查询条件从数据库对象中检索符合条件的数据。

③ 数据操纵语言（Data Manipulation Language，DML）：用于更改数据库，包括增加新数据、删除旧数据、修改已有数据等。

④ 数据控制语言（Data Control Language，DCL）：用于控制用户对数据库的操作权限，包括基本表和视图等对象的授权、完整性规则的描述、事务开始和结束控制语句等。

表5-1列出了实现这4部分功能的动词。

表 5-1　SQL 语言的动词

SQL 功能	动词
数据定义	CREATE、DROP、ALTER
数据查询	SELECT
数据操纵	INSERT、UPDATE、DELETE
数据控制	GRANT、REVOKE

5.1.3　SQL 语言的特点

SQL 语言集数据定义、数据查询、数据操纵和数据控制功能于一体，充分体现了关系数据库语言的特点和优点。其主要特点如下。

1．一体化

SQL 语言集数据定义语言、数据查询语言、数据操纵语言、数据控制语言的功能于一体，语言风格统一，可以独立完成数据库生命周期中的全部活动，包括定义关系模式、录入数据以建立数据库、查询、更新、维护、数据库重构、数据库安全性控制等一系列操作要求。

2．高度非过程化

在使用 SQL 语言访问数据库时，用户只需提出“做什么”，而不必指明“怎么做”，SQL 语言就可以将要求提交给系统，然后由系统自动完成全部工作。

3．面向集合的操作方式

SQL 语言采用集合操作方式，不仅查找结果可以是元组的集合，而且一次插入、删除、更新操作的对象也可以是元组的集合。

4．以同一种语法结构提供两种使用方式

SQL 语言既是自含式语言，又是嵌入式语言。

作为自含式语言，它能够独立地用于联机交互的使用方式，用户可以在终端键盘上直接键入 SQL 命令对数据库进行操作。

作为嵌入式语言，SQL 语句能够嵌入到高级语言（例如 C、Java、VB、C#、JSP 等）程序中，供程序员设计程序时使用。

而在两种不同的使用方式下，SQL 语言的语法结构基本上是一致的。这种以统一的语法结构提供两种不同的使用方式的做法，为用户提供了极大的灵活性与方便性。

5．语言简洁，易学易用

虽然 SQL 语言功能很强，但它只有为数不多的几条指令，另外 SQL 语言也比较简单，它很接近自然语言（英语），因此容易学习和掌握。

5.2　数 据 查 询

数据库存在的主要目的是将数据组织在一起，以便在需要时进行查询等操作。SQL 语言中最主要、最核心的部分就是数据的查询功能，查询语句是对已经存在于数据库中的数据按指定条件进行检索，它也是数据库中使用得最多的操作。

通过前面的学习可以知道，关系数据库是关系的集合，每个关系都有一个唯一的名称，每个关系的结构由元组和属性构成。而在 SQL 中是使用术语表、行、列来分别表示关系、元组和属性。这些术语可以相互替换。

在数据库中，数据查询是通过 SELECT 语句完成的，该语句代表了 SQL 里的数据查询语言（DQL）。简单的 SELECT 语句一般由 SELECT、FROM 和 WHERE 3 个子句组成，其基本形式如下：

```
SELECT    <字段列表>
FROM      <表名列表>
WHERE     <查询限定条件>
```

其中，关键字 SELECT 后面要书写字段名列表（即列名列表）或表达式，表示期望查询得到的数据信息；关键字 FROM 后面要书写表名或视图名列表，表示查询的数据来源，即从哪些表里可以获取到 SELECT 子句想要的数据，它可以指定一个或多个表，但必须至少指定一个表，它总是与 SELECT 子句联合使用；而关键字 WHERE 后面要书写条件表达式，用来设定查询的限制条件，从而去除不需要的数据，WHERE 子句可有可无，视查询需要而定。

在详细介绍 SQL 相关语句之前，先来了解一下后续示例中所使用的数据库。本章继续使用前面章节描述中所涉及的 readerbook 数据库。该数据库中包括如下几个数据表：

```
book(bno, bname, bauthor, bpublisher, bprice, bpubdate);
reader(rno, rname, rgrade, rbirthday);
borrow(rno, bno, borrowdate, borrowdays);
```

其中，book 表用于存放书籍基本信息，字段名分别表示图书编号、书名、作者、出版社、价格、出版日期；reader 表用于存放读者基本信息，字段名分别表示读者编号、姓名、班级、出生日期；borrow 表用于存放读者借阅信息，字段名分别表示读者编号、图书编号、借阅日期、借阅天数。

从这几个表中可以看出，borrow 表通过 rno 和 bno 字段与 reader 和 book 表建立起联系。

下面将展示这几个表中所包含的数据，注意观察并了解数据之间和表之间的关系。

book 表中的数据如表 5-2 所示。

表 5-2 book 表中的数据

bno	bname	bauthor	bpublisher	bprice	bputdate
B001	数据库技术及应用	王大力	电子工业出版社	29.8	2014/2/5
B002	C 程序设计	谭浩强	清华大学出版社	32.5	2012/5/8
B003	高等数学	张强壮	高等教育出版社	22.9	2000/10/28
B004	算法与数据结构	刘卫国	机械工业出版社	35.6	2013/7/19
B005	数据库技术及应用	赵萌萌	机械工业出版社	42.9	2011/6/30
B006	计算机操作系统	张莹莹	清华大学出版社	32	2014/2/15
B007	数据结构	严蔚敏	清华大学出版社	28.8	2012/8/1
B008	计算机网络原理	温美萍	电子工业出版社	38.2	2011/9/25
B009	计算机组成原理	王强健	清华大学出版社	41.5	2012/1/20
B010	Flash_6 开发实例	赵钱	机械工业出版社	52.8	2014/4/28

reader 表中的数据如表 5-3 所示。

表 5-3　reader 表中的数据

rno	rname	rgrade	rbirthday
R001	张建国	计科 1401	1995/9/25
R002	马卫东	电子 1401	1994/5/8
R003	刘美丽	网络 1302	1994/2/16
R004	马力强	电子 1401	1995/12/18
R005	顾盼盼	NULL	NULL
R006	张庆奎	电子 1401	1994/5/8
R007	王海天	网络 1302	1994/2/16

borrow 表中的数据如表 5-4 所示。

表 5-4　borrow 表中的数据

rno	bno	borrowdate	borrowdays
R001	B002	2014/9/20	90
R001	B008	2014/9/20	90
R002	B002	2014/12/26	60
R002	B005	2014/10/18	30
R002	B007	2014/12/3	90
R003	B002	2014/11/30	60
R003	B003	2014/11/15	60
R004	B002	2014/10/9	30
R005	B002	2014/9/27	30
R006	B002	2014/11/22	50
R007	B002	2013/12/12	60

5.2.1　简单查询

1．查询表中的若干列

查询表中的全部或部分列就是表的投影运算。该操作是通过在 SELECT 子句中指定字段列表来实现的，字段列表中的列可以是表中的列，也可以是和列相关的表达式。其基本语法如下：

```
SELECT 列名 1, 列名 2, …
FROM   表名
```

注意：在 SQL 的列表里，需要使用逗号分隔各个参数。常见的参数列表包括 SELECT 关键字后的字段列表（即列名列表）、FROM 关键字后的表名列表等。

下面通过示例展示 SELECT 语句的基本功能。

【例 5-1】　查询 book 表中所有记录的全部字段，语句如下：

```
SELECT   bno, bname, bauthor, bpublisher, bprice, bpubdate
FROM     book
```

结果如图 5-1 所示。

该查询显示出 book 表中所有记录的全部字段，字段显示的顺序可以根据需要来指定。如果确实想查询表中的全部字段，也可以在 SELECT 后面直接写星号（*），星号就表示表里的全部字段，且字段在输出结果中显示的次序与其在表里的次序相同。如下所示：

```
SELECT  *
FROM    book
```

该查询显示结果同上。虽然用星号可以替代全部字段名，但在实际操作时，还是建议明确指定要查询的字段名称。

除了可以查询指定表中的全部字段外，还可以根据实际查询需要指定部分字段。

【例5-2】 查询book表中的所有记录的图书编号和书名，语句如下：

```
SELECT  bno, bname
FROM    book
```

查询结果如图5-2所示，该查询只显示出book表中的两列数据。

SQLQuery3.sql - M...d-PC\mygod (52))*

```
SELECT  bno, bname, bauthor, bpublisher, bprice, bpubdate
FROM    book
```

结果　消息

	bno	bname	bauthor	bpublisher	bprice	bpubdate
1	B001	数据库技术及应用	王大力	电子工业出版社	29.8	2014-02-05
2	B002	C程序设计	谭浩强	清华大学出版社	32.5	2012-05-08
3	B003	高等数学	张强壮	高等教育出版社	22.9	2000-10-28
4	B004	算法与数据结构	刘卫国	机械工业出版社	35.6	2013-07-19
5	B005	数据库技术及应用	赵萌萌	机械工业出版社	42.9	2011-06-30
6	B006	计算机操作系统	张莹莹	清华大学出版社	32	2014-02-15
7	B007	数据结构	严蔚敏	清华大学出版社	28.8	2012-08-01
8	B008	计算机网络原理	温美萍	电子工业出版社	38.2	2011-09-25
9	B009	计算机组成原理	王强健	清华大学出版社	41.5	2012-01-20
10	B010	Flash_6开发实例	赵钱	机械工业出版社	52.8	2014-04-28

图5-1　查询全部字段

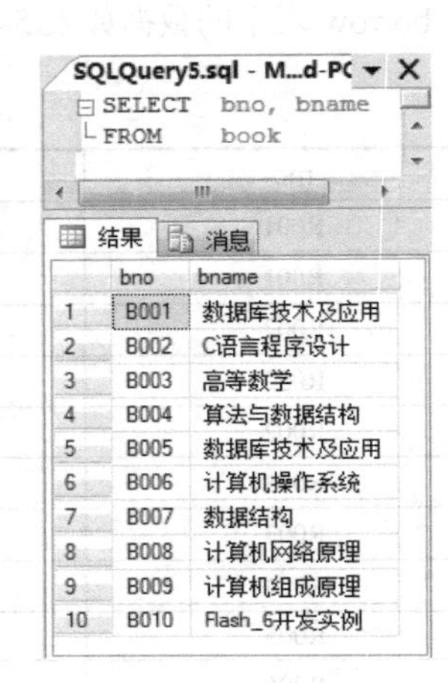

SQLQuery5.sql - M...d-PC

```
SELECT  bno, bname
FROM    book
```

结果　消息

	bno	bname
1	B001	数据库技术及应用
2	B002	C语言程序设计
3	B003	高等数学
4	B004	算法与数据结构
5	B005	数据库技术及应用
6	B006	计算机操作系统
7	B007	数据结构
8	B008	计算机网络原理
9	B009	计算机组成原理
10	B010	Flash_6开发实例

图5-2　查询部分字段

2．使用列表达式

有时查询的数据并不显式地存储在表中，而是需要通过一列或多列计算出来，这时在SELECT子句后面可以指定列表达式。列表达式可以是算术表达式、函数、字符串常量等。

【例5-3】 查询reader表中读者的姓名和年龄，语句如下：

```
SELECT  rname, YEAR(GETDATE( )) – YEAR(rbirthday)
FROM    reader
```

查询结果如图5-3所示。

由于reader表中并没有存储读者年龄，但可以通过出生日期计算求出。该查询语句中“YEAR (GETDATE()) - YEAR(rbirthday)”是表达式，其中GETDATE()函数是取得系统当前日期，YEAR()函数是取得指定日期的年份，这样通过当前年份减去rbirthday字段中的年份，就是读者的当前年龄。

3．为查询结果的列指定别名

通过上例查询可知，如果查询的列是由表达式计算得出的，则显示结果无列名，或者有时想让查询结果显示的列名和表中的列名不同，这时可以为查询结果的列指定别名，语法如下：

```
SELECT 列名 AS 列别名, 表达式 AS 列别名, …
FROM   表名
```

修改例5-3如下：

```
SELECT   rname   AS 姓名,  YEAR(GETDATE( )) – YEAR(rbirthday)   AS   年龄
FROM     reader
```

查询结果如图 5-4 所示。

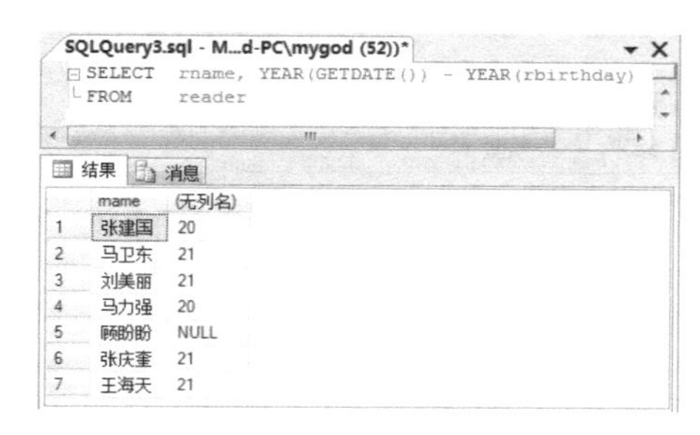

图 5-3　使用列表达式查询

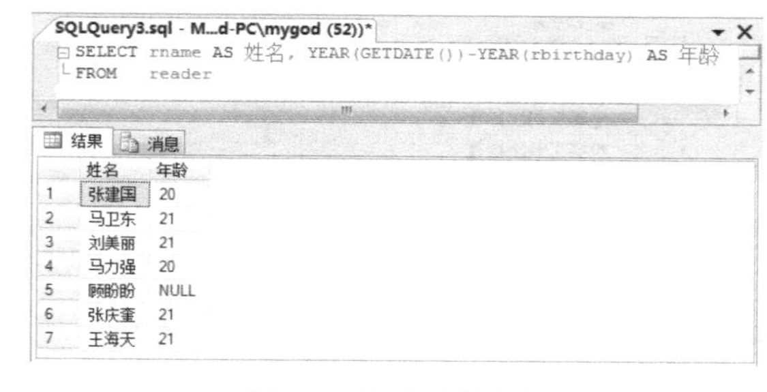

图 5-4　为列指定别名

当列的别名中含有空格或是以数字开头时，必须用引号将标题括起来。如上例改为：

```
SELECT   rname AS '姓  名',   YEAR(GETDATE()) – YEAR(rbirthday) AS '年  龄'
FROM     reader
```

当为列表达式起别名且列表达式较长时，也可以把别名前置并用“=”与列表达式连接，如下所示：

```
SELECT   rname   AS 姓名,   年龄 = YEAR(GETDATE()) – YEAR(rbirthday)
FROM     reader
```

注意：给列起的别名只是更改了查询结果显示的列标题，并没有更改该表中实际的列标题。

5.2.2　查询表中的若干行

查询表中的若干行就是表的选择运算。该操作一般是通过在查询语句中增加 WHERE 子句来实现。

1．去除查询结果中重复的行

正常情况下，表中不会存在完全相同的两条记录，但当查询部分字段时，有可能在查询结果中出现重复的记录，如例 5-4。

【例 5-4】 查询 book 表中的所有出版社，语句如下：

```
SELECT   bpublisher
FROM     book
```

查询结果如图 5-5 所示。

很显然出现了重复记录。这是因为在关键字 SELECT 和指定的字段之间有个默认的选项 ALL，用于显示指定列的全部值，包含重复值。该选项是默认的操作方式，不需要明确指定。如果想去掉查询结果里的重复行，需要在字段列表前明确指定选项 DISTINCT，如下所示：

```
SELECT   DISTINCT   bpublisher
FROM     book
```

结果如图 5-6 所示。需要注意的是，在一个 SELECT 语句中，DISTINCT 只能出现一次，并且必须写在所有列名之前。

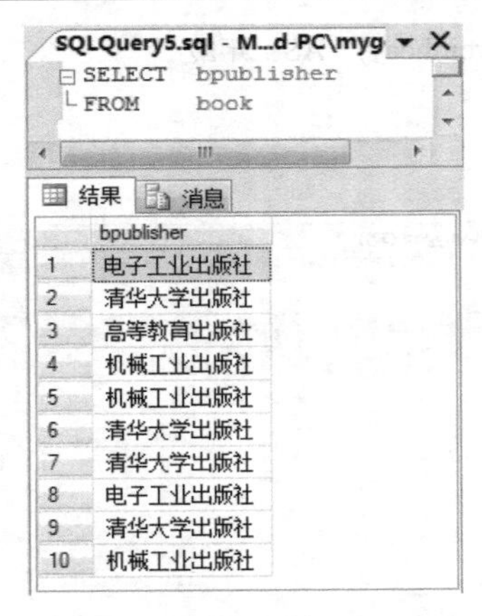

	bpublisher
1	电子工业出版社
2	清华大学出版社
3	高等教育出版社
4	机械工业出版社
5	机械工业出版社
6	清华大学出版社
7	清华大学出版社
8	电子工业出版社
9	清华大学出版社
10	机械工业出版社

图 5-5　带有重复记录的查询

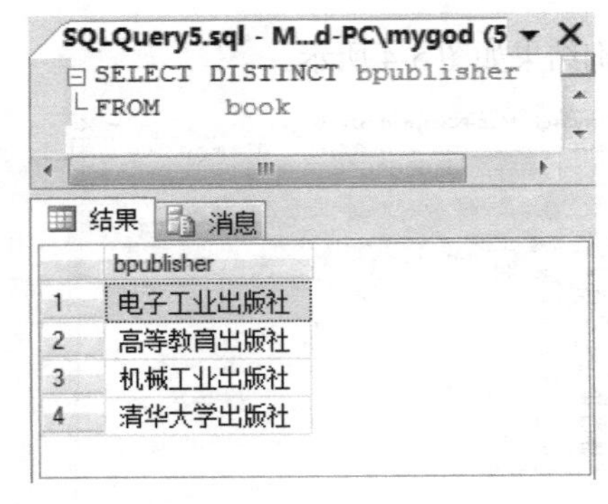

	bpublisher
1	电子工业出版社
2	高等教育出版社
3	机械工业出版社
4	清华大学出版社

图 5-6　去掉重复记录的查询

2．限制查询返回的行数

有时表中数据量非常庞大，而用户只想查看该表中记录的样式和内容，因此没有必要显示全部的记录。如果要限制查询返回的行数，可以在字段列表之前使用 TOP *n* 关键字，这样查询结果只显示表中前面的 *n* 条记录；如果在字段列表之前使用 TOP *n* PERCENT 关键字，则查询结果只显示前面 *n*%条记录。

【例 5-5】　查询 book 表中的前 5 条记录的全部信息。语句如下：

```
SELECT TOP 5 *
FROM   book
```

结果如图 5-7 所示。

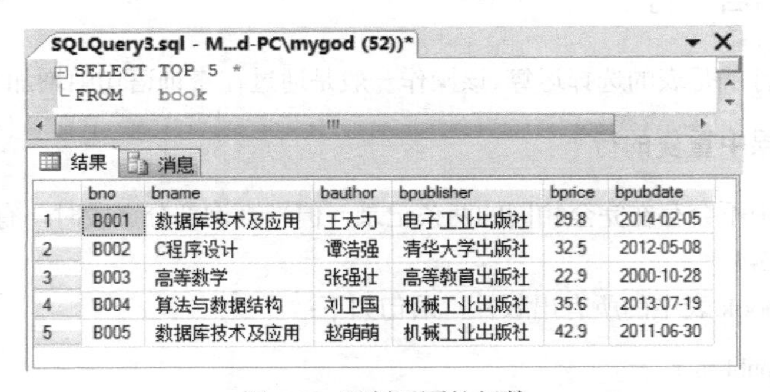

	bno	bname	bauthor	bpublisher	bprice	bpubdate
1	B001	数据库技术及应用	王大力	电子工业出版社	29.8	2014-02-05
2	B002	C程序设计	谭浩强	清华大学出版社	32.5	2012-05-08
3	B003	高等数学	张强壮	高等教育出版社	22.9	2000-10-28
4	B004	算法与数据结构	刘卫国	机械工业出版社	35.6	2013-07-19
5	B005	数据库技术及应用	赵萌萌	机械工业出版社	42.9	2011-06-30

图 5-7　限制返回的行数

3．查询满足条件的记录

如果想让查询语句返回满足一定条件的记录，则需要在查询语句中使用 WHERE 子句来设定返回记录的限制条件，这些限制条件是通过相关运算符实现的。WHERE 子句中条件的返回值为 TRUE 或 FALSE，TRUE 表示查询要获取的数据，FASLE 表示查询要去除的数据。带有 WHERE 子句的查询语句的基本语法如下：

```
SELECT   <字段列表>
FROM     <表名列表>
WHERE   <查询限定条件>
```

常用于 WHERE 子句查询条件中的运算符及功能如表 5-5 所示。

表 5-5　常用于查询条件中的运算符及功能

运算符	功能
=, >, <, >=, <=, !=, <>, !<, !>	比较大小
BETWEEN…AND…，NOT BETWEEN…AND…	判断值是否在指定范围内
IN，NOT IN	判断值是否在指定列表内
LIKE，NOT LIKE	判断值是否与指定的字符通配格式相符
IS NULL，IS NOT NULL	判断值是否为空
AND，OR	连接多个条件进行判断
+, -, *, /, %	算术运算
ALL，ANY，SOME	某列值用比较运算符与子查询中的全部值或任意值进行比较
EXISTS，NOT EXISTS	判断子查询是否有满足特定条件的记录

① 比较运算符：用于比较两个值大小关系的运算符，条件成立返回 TRUE，否则返回 FALSE。各运算符的含义是：=（等于）、>（大于）、<（小于）、>=（大于或等于）、<=（小于或等于）、!=（不等于）、<>（不等于）、!<（不小于）、!>（不大于）。

【例 5-6】 查询 book 表中图书编号等于 b003 的图书信息。语句如下：

```
SELECT   *
FROM     book
WHERE    bno = 'b003'
```

结果如图 5-8 所示。注意，字符数据需要用单引号引起来。

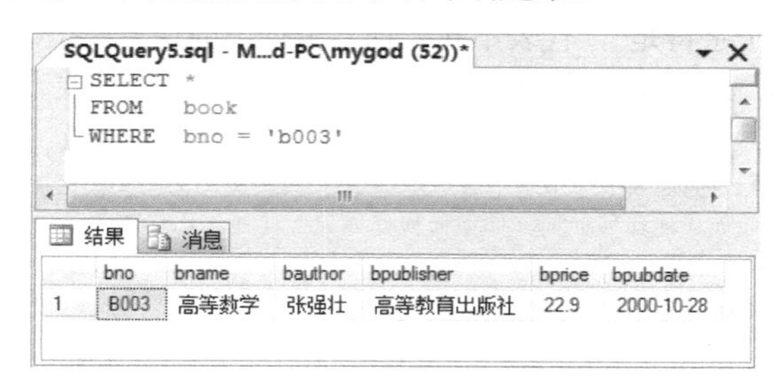

图 5-8　带条件的查询

【例 5-7】 查询 book 表中图书价格大于等于 32 元的图书名称、出版社和价格。语句如下：

```
SELECT   bname, bpublisher, bprice
FROM     book
WHERE    bprice > = 32
```

② 确定范围：运算符 BETWEEN…AND…用于查询一个位于给定最小值和最大值之间的值，且这个最小值和最大值包含在内。其中，BETWEEN 后面是范围的最小值，AND 后面是范围的最大值。如果在 BETWEEN 前面加 NOT，表示查询不位于指定范围内的值。语法格式如下：

列表达式　[NOT]　BETWEEN　最小值　AND　最大值

【例 5-8】 查询 book 表中图书价格在 32～40 元之间的图书信息。语句如下：

```
SELECT   *
FROM     book
WHERE    bprice   BETWEEN 32 AND 40
```

③ 确定集合：运算符IN用于把一个值与一个指定列表进行比较，如果列表中至少有一个值与被比较的值相匹配，它会返回TRUE，否则返回FALSE。NOT IN则相反。语法格式如下：

列表达式 [NOT] IN (列值1, 列值2, 列值3, …)

【例5-9】 查询book表中图书编号为b001, b002, b003的图书编号、图书名称和作者。语句如下：

```
SELECT  bno, bname, bauthor
FROM    book
WHERE   bno in ('b001', 'b002', 'b003')
```

④ 字符匹配：在实际应用中，经常需要根据不精确的信息进行查询，这类查询称为模糊查询。LIKE或NOT LIKE就是一个利用通配符把一个值与不精确的值进行比较的运算符。语法格式如下：

列表达式 [NOT] LIKE '匹配串'

通配符包括如下4种：

- %：百分号，代表任意长度的字符串（零个、一个或多个字符）。例如：'a%b'表示以a开头，以b结尾的任意长度的字符串，所以ab、acb、acccb等都匹配。
- _：下画线，代表任意单个字符。例如：'_a%e'表示第二个字符为a，最后一个字符为e的字符串，所以date、table、machine等都匹配。
- []：方括号，代表方括号里列出的任意一个字符。例如，t[abcd]ke表示第一个字符是t，第二个字符为a、b、c、d中的任意一个，然后紧接着是ke。如果方括号中的字符是连续的，也可以是字符范围，例如t[a-d]ke，其含义与t[abcd]ke相同。
- [^]：方括号里第一个字符是^，代表不在方括号里列出的任意一个字符。例如，t[^abcd]ke表示第一个字符是t，第二个字符不能是a、b、c或d中的一个，第三、四个字符是ke。

【例5-10】 查询reader表中姓“马”的读者的信息。语句如下：

```
SELECT  *
FROM    reader
WHERE   rname  like  '马%'
```

【例5-11】 查询book表中作者名字第二个字为“强”的图书名和作者。语句如下：

```
SELECT  bname, bauthor
FROM    book
WHERE   bauthor like '_强%'
```

如果要查询的字符串本身就含有“%”、“_”或“[]”，就需要在匹配串后面使用ESCAPE '转义字符'对通配符进行转义。语法格式如下：

列表达式 [NOT] LIKE '匹配串' ESCAPE '转义字符'

【例5-12】 查询book表中图书名称含有“Flash_6”的图书名和作者。语句如下：

```
SELECT  bname, bauthor
FROM    book
WHERE   bname like '%Flash/_6%' ESCAPE '/'
```

“ESCAPE '/'”短语表示“/”是转义字符，这样在匹配串紧跟在“/”之后的字符“_”不再具有通配符的含义，转义为普通的“_”字符。

注意：通配符“%”和“_”只与NOT LIKE和LIKE配合使用，不能与“=”搭配。

⑤ 确定是否为空值：在定义表中字段时，可以指定该列是否允许为空。如果允许为空，表示该列在输入数据时可以暂时不输入该列的值，这时该列的值为 NULL。NULL 并不等同于 0 或空格。运算符 IS NULL 或 IS NOT NULL 就是用来判断指定的列值是否为空的。语法格式如下：

```
列表达式　IS　[NOT]　NULL
```

【例 5-13】 查询 reader 表中班级字段为空的读者信息。语句如下：

```
SELECT    *
FROM      reader
WHERE     rgrade   IS   NULL
```

注意：确定表达式是否为 NULL，应使用 IS NULL 或 IS NOT NULL，而不要用比较运算符的“=”或“!=”。

⑥ 连接多个条件查询：如果查询条件涉及多个，就需要使用运算符 AND 或 OR 来组合这些条件。所有由 AND 连接的条件都必须为 TRUE，返回结果才为 TRUE；而由 OR 连接的多个条件中至少有一个是 TRUE，返回结果才为 TRUE。AND 的优先级高于 OR。语法格式如下：

```
条件表达式 AND | OR 条件表达式
```

【例 5-14】 查询 book 表中清华大学出版社出版且作者名含有“强”字的图书信息。语句如下：

```
SELECT    *
FROM      book
WHERE     bpublisher = '清华大学出版社'   AND   bauthor   LIKE   '%强%'
```

【例 5-15】 查询 book 表中图书价格小于 30 元或出版日期在 2013 年 1 月 1 日之后的图书信息。语句如下：

```
SELECT   *
FROM     book
WHERE    bprice < 30   OR   bpubdate > '2013-1-1'
```

⑦ 算术运算：算术运算符对两个表达式执行数学运算，这两个表达式一般是数值数据类型。各运算符的含义是：+（加法）、–（减法）、*（乘法）、/（除法）、%（取模）。算术运算符的优先级遵循基本算术运算中的优先级。

【例 5-16】 查询 book 表中图书价格打 8 折后小于 30 元的图书名称、原价和折后价。语句如下：

```
SELECT    bname,   bprice,   bprice*0.8   AS   '8 折后价格'
FROM      book
WHERE     bprice * 0.8 < 30
```

还有两类常用于查询条件中的运算符 ANY、ALL、SOME 和 EXIST、NOT EXIST，我们稍后再描述。

5.2.3 对查询结果进行排序

在前面运行的查询示例中，显示的结果通常（但不绝对）是按照记录在表中的物理存储顺序排列的。如果希望查询输出的数据以某种方式进行排序，可以使用 ORDER BY 子句实现。该子句可以按照用户指定的一个或多个列的升序或降序对查询结果进行排列。ORDER BY 子句用在查询语句中的位置及语法格式如下：

```
SELECT    列名 1, 列名 2, …
FROM      表名
WHERE     查询限定条件
ORDER BY  列名 1  [ASC | DESC], 列名 2 [ASC | DESC], …
```

其中，ASC 表示升序，是默认值，若要升序排列，可不用指定该选项；DESC 表示降序，若要降序排列，需明确指定该选项。若指定多个排序列时，先按前面的列排序，如果值相同再按后面的列排序。

【例 5-17】 查询 book 表中图书名、出版社和价格，并按价格降序排列。语句如下：

```
SELECT    bname, bpublisher, bprice
FROM      book
ORDER BY  bprice  DESC
```

该查询语句中没有使用 WHERE 子句，是否需要使用 WHERE 子句是由查询功能确定的。如果确实需要 WHERE 子句，则其必须放在 ORDER BY 子句之前。

【例 5-18】 查询 book 表中图书名包含“数据”两字的图书名、出版社和打 8 折后的价格，并按出版社降序、图书名升序排列。语句如下：

```
SELECT    bname,  bpublisher,  bprice*0.8  AS  '8 折后价格'
FROM      book
WHERE     bname like '%数据%'
ORDER BY  bpublisher DESC,  bname
```

注意：SQL 是基于字符的 ASCII 排序的。数字 0～9 是按其字符值进行排序，并且位于字母 A 到 Z 之前。

另外，ORDER BY 子句中指定的排序字段也可以替换为一个整数，这个整数取代了实际的字段名称，表示字段在关键字 SELECT 之后列表里的位置。如上例也可以改写成：

```
SELECT    bname,  bpublisher,  bprice*0.8  AS  '8 折后价格'
FROM      book
WHERE     bname like '%数据%'
ORDER BY  2 DESC, 1
```

在这个查询语句里，ORDER BY 子句中的 1 代表字段 bname，2 代表字段 bpublisher。

说明：

① ORDER BY 子句只是对查询结果的顺序进行排列，并不会改变表中原始数据的顺序；

② ORDER BY 子句里的字段次序不一定要与关键字 SELECT 之后的字段次序一致；

③ ORDER BY 子句是对查询结果的排序，所以它一般放在查询语句的最后；

④ ORDER BY 子句中指定的字段通常是 SELECT 子句中列出的字段，但该子句也可基于查询使用的任何表的任何字段来排序，而不管其是否在 SELECT 列表中。

5.2.4 聚合函数和数据分组

1．聚合函数

有时用户需要对数据库中表的某列数据进行统计分析，比如计数、总和、平均等。所有这些对数据的统计分析可以使用聚合函数来实现。该类函数对一组值进行计算，并返回单个值。常用的聚合函数如表 5-6 所示。

表 5-6　常用的聚合函数

聚合函数	功能
COUNT(*)	返回结果集中全部记录（行）的个数
COUNT([ALL | DISTINCT] 列名)	返回结果集中某一列值的个数
SUM([ALL | DISTINCT] 列名)	返回结果集中某一列值的总和（此列为数值型）
AVG([ALL | DISTINCT] 列名)	返回结果集中某一列值的平均值（此列为数值型）
MAX([ALL | DISTINCT] 列名)	返回结果集中某一列值的最大值
MIN([ALL | DISTINCT] 列名)	返回结果集中某一列值的最小值

除了 COUNT(*)以外，聚合函数都会忽略 NULL 值。如果指定了 DISTINCT 选项，表示去掉指定列中的重复值，而选项 ALL 表示不取消重复，默认选项为 ALL。

聚合函数经常与 SELECT 语句中的 GROUP BY 子句一起使用，且经常用在 SELECT 子句的字段列表中或 HAVING 子句中。我们将在 GROUP BY 和 HAVING 这两个子句后面再做介绍。

下面分别描述每个聚合函数。

（1）COUNT 函数

COUNT 函数有两种使用形式：

① COUNT(*)，计算表中行的总数，包括重复项和 NULL。

② COUNT(列名)，计算指定列包含的行的数目，如果该列中某行数据为 NULL，则该行不统计在内。

注意：

① COUNT 函数统计的是行数，不涉及数据类型，所以行里可以包含任意类型的数据。

② COUNT(*)函数可以准确返回表中总行数，而仅当 COUNT(列名)函数的参数列中没有 NULL 值时，它的返回结果才等同于 COUNT(*)。

【例 5-19】 查询 book 表中的图书总数。语句如下：

```
SELECT   COUNT(*) AS 图书总数
FROM     book
```

查询结果如图 5-9 所示。该查询语句也可以写成：

```
SELECT   COUNT(bno) AS 图书总数
FROM     book
```

查询结果如图 5-10 所示。两个查询结果完全一样。COUNT(*)统计 book 表中共有多少条记录，因为一本书的信息在该表中占一行，称为一条记录，这样有多少条记录就意味着有多少本图书。而 COUNT(bno)是统计 book 表中 bno 列不为空的记录个数，因为 bno 列是 book 表的主键，不允许有空值，所以两个语句的结果是一致的。

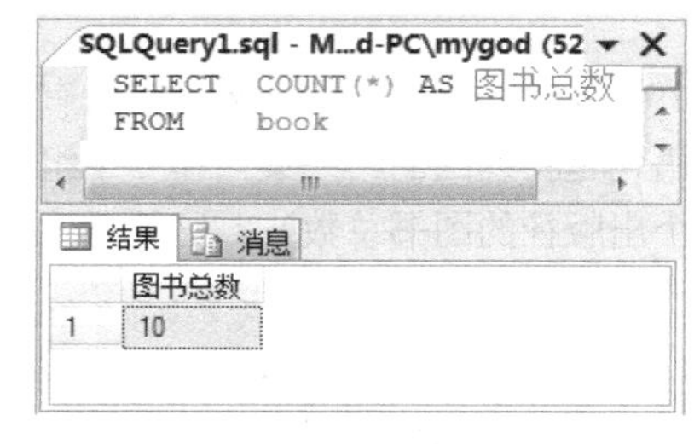

图 5-9　聚合函数 COUNT(*)查询

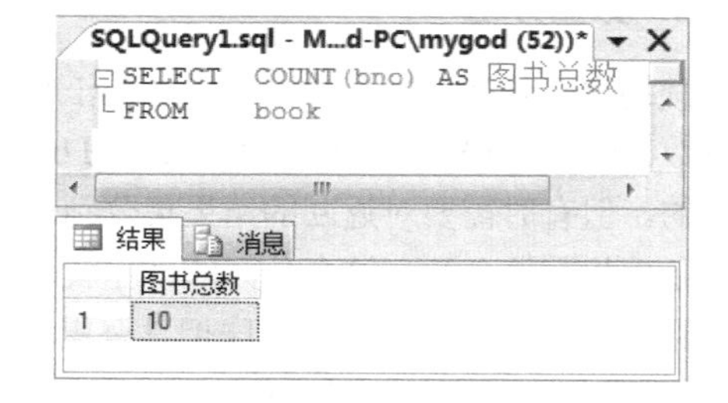

图 5-10　聚合函数 COUNT（列名）查询

【例5-20】 统计book表中共有几家出版社。语句如下：

```
SELECT   COUNT(DISTINCT bpublisher) AS 出版社家数
FROM     book
```

查询结果如图5-11所示。

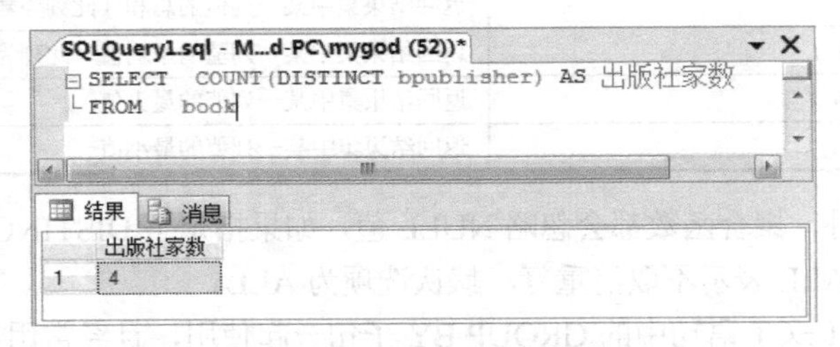

图5-11 聚合函数COUNT(DISTINCT 列)查询

（2）SUM函数

SUM()函数返回结果集中某一个字段值的总和。它一般不指定DISTINCT选项，因为这时SUM函数只会计算不同记录之和，而这一般来说没有什么意义。

注意：SUM函数所处理的字段只能是数值型的，而不能是其他数据类型。

【例5-21】 计算购买book表中所有图书需要花多少钱。语句如下：

```
SELECT   SUM(bprice) AS 总价
FROM     book
```

（3）AVG函数

AVG函数返回结果集中指定某列值的平均值。与DISTINCT一起使用时，它返回不重复值的平均值。

注意：AVG函数所处理的字段只能是数值型的，而不能是其他数据类型。

【例5-22】 计算book表中所有图书的平均价格是多少。语句如下：

```
SELECT   AVG(bprice) AS 平均价格
FROM     book
```

（4）MAX函数和MIN函数

MAX函数和MIN函数分别返回结果集中指定字段的最大值和最小值，其中NULL值不在计算范围之内。也可以指定DISTINCT选项，但没有什么意义，因为全部字段与不同字段的最值是一样的，所以一般不指定。

【例5-23】 查询book表中最贵和最便宜的图书。语句如下：

```
SELECT   MAX(bprice) AS 最贵图书,  MIN(bprice) AS 最便宜图书
FROM     book
```

2. 数据分组

使用聚合函数只能产生一个单一的汇总数据。例如在例5-19中，如果要统计book表中所有图书的总数，使用SELECT COUNT(*) FROM book即可得到。这条语句是将返回的结果集当作一个组进行汇总的。但有时需要对返回的结果集分别进行统计（如统计每个出版社的图书总数），这就需要根据某个条件将数据分开，这个分开的动作就是数据分组。

数据分组是指按照逻辑次序把具有重复值的字段进行合并。数据分组是通过在SELECT语句中使用GROUP BY子句实现的。GROUP BY子句将查询结果集按某一列或多列值分组，列值相等的分为

一组。它常常与聚合函数配合使用，用于对每一个分组进行统计汇总，使得每一个分组都可以得到一个统计值。GROUP BY 子句用在查询语句中的位置及语法格式如下：

```
SELECT     列名 1, 列名 2, …
FROM       表名
WHERE      查询限定条件
GROUP BY   列名 1, 列名 2, …
ORDER BY   列名 1, 列名 2, …
```

可以看出，在 SELECT 语句中，GROUP BY 子句出现在 WHERE 子句之后，ORDER BY 子句之前。其中，GROUP BY 子句后面的列名表示查询结果按这些指定的字段进行分组，并将这些字段值相同的记录组成一组，如果需要，可对每一组记录进行汇总计算并生成一条记录。

SELECT 语句在使用 GROUP BY 子句时必须满足一定条件，即 SELECT 子句中指定的字段除了汇总函数字段外，其他必须出现在 GROUP BY 子句中。其中，GROUP BY 子句中的字段顺序可以与 SELECT 子句中的字段顺序不同。

在前面的例 5-4 中，查询过 book 表中的所有出版社，语句如下：

```
SELECT   bpublisher
FROM     book
```

通过查询结果图 5-5 可知，有很多重复的记录。当时通过指定 DISTINCT 选项删除了重复项。但是如果想统计每个出版社在结果集中出现多少次的话，是不能使用 DISTINCT 的。这种情况下需要使用 GROUP BY 子句将出版社相同的记录结合在一起放到一个记录中。下面是对上面语句的修改：

```
SELECT     bpublisher
FROM       book
GROUP BY   bpublisher
```

查询结果如图 5-12 所示。

这个结果虽然和使用 DISTINCT 的显示结果是一样的，但使用 GROUP BY 而不是 DISTINCT 的原因是可以进一步使用聚合函数对分组后的数据进行统计。如下例。

【例 5-24】 查询 book 表中每个出版社出版的图书数量。语句如下：

```
SELECT    bpublisher AS 出版社, COUNT(*) AS 图书数量
FROM      book
GROUP BY  bpublisher
```

查询结果如图 5-13 所示。很显然，该示例就是对上一示例按出版社相同进行分组后的结果做了进一步的处理，对每一个分组利用 COUNT(*)函数进行行数的统计，而 COUNT(*)函数的返回值就是这一分组的记录数，即该出版社出版的图书数量。

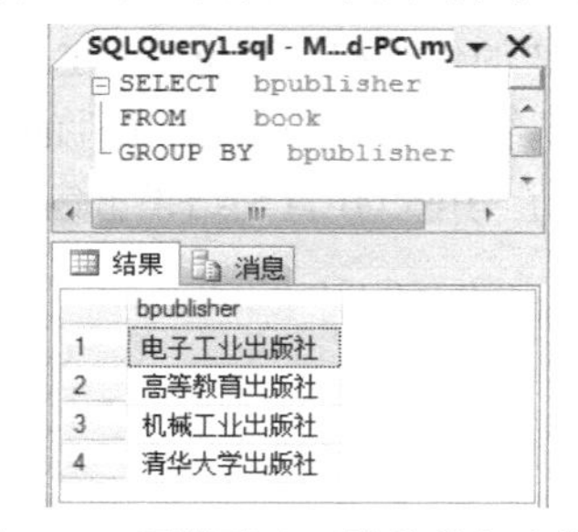

图 5-12　不带聚合函数的分组查询

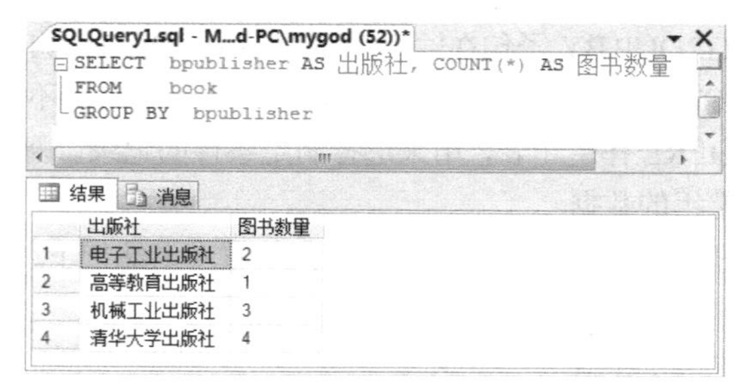

图 5-13　带聚合函数的分组查询

在默认情况下，系统按照 GROUP BY 子句中指定的列升序排列，但如果想对分组查询后的结果按其他顺序排列，则可以在查询语句的最后再加上 ORDER BY 子句指定新的排序字段。例如，对上例按图书数量升序排列的语句如下：

```
SELECT    bpublisher AS 出版社, COUNT(*) AS 图书数量
FROM      book
GROUP BY  bpublisher
ORDER BY  图书数量
```

注意：在 SELECT 语句中如果没有 GROUP BY 子句，那么就不能在 SELECT 子句后同时出现普通字段和聚合函数混合使用的情况。

下面是一些使用 GROUP BY 子句的示例。

【例 5-25】 查询 reader 表中同一年出生的读者人数。语句如下：

```
SELECT    YEAR(rbirthday) AS 出生年, COUNT(*) AS 该年人数
FROM      reader
GROUP BY  YEAR(rbirthday)
```

【例 5-26】 查询 book 表中每个出版社所出版图书中的最高价和最低价。语句如下：

```
SELECT    bpublisher AS 出版社, MAX(bprice) AS 最高价, MIN(bprice) AS 最低价
FROM      book
GROUP BY  bpublisher
```

【例 5-27】 查询 reader 表中班级和生日都相同的读者人数。语句如下：

```
SELECT    rgrade, rbirthday, COUNT(*) AS 人数
FROM      reader
GROUP BY  rgrade, rbirthday
```

【例 5-28】 查询 book 表中每个出版社出版的图书价格大于 30 元的图书数量。语句如下：

```
SELECT    bpublisher AS 出版社, COUNT(*) AS 图书数量
FROM      book
WHERE     bprice>30
GROUP BY  bpublisher
```

3．HAVING 子句

例 5-28 使用了 WHERE 子句，以从表中选择满足指定条件的记录进行分组统计。如果希望对分组完成后再指定条件，以决定哪些分组最终输出，就要使用 HAVING 子句。

在 SELECT 语句中 HAVING 子句必须与 GROUP BY 子句联合使用，用于指定分组的条件，用以告之 GROUP BY 子句在输出中包含哪些分组。HAVING 对于 GROUP BY 的作用相当于 WHERE 对于 SELECT 的作用。它们之间的区别在于作用的对象不同。HAVING 作用于组，用来选择满足条件的组，而 WHERE 作用于表，用来选择满足条件的记录。因此，使用 HAVING 子句可以让查询结果里包含或去除整组的数据。

HAVING 子句在查询语句里的位置及语法如下：

```
SELECT    列名 1, 列名 2, …
FROM      表名
WHERE     查询限定条件
```

```
GROUP BY 列名 1, 列名 2, …
HAVING   分组限定条件
ORDER BY 列名 1, 列名 2, …
```

HAVING 子句必须跟在 GROUP BY 子句之后、ORDER BY 子句之前。

【例 5-29】 查询 book 表中图书价格大于 30 元且出版数量大于 2 本的出版社及其出版的图书数量。语句如下：

```
SELECT     bpublisher AS 出版社, COUNT(*) AS 图书数量
FROM       book
WHERE      bprice>30
GROUP BY   bpublisher
HAVING     COUNT(*)>2
```

该语句的执行过程可以理解为先进行 SELECT bpublisher FROM book WHERE bprice>30 的查询，然后将查询的结果按照 bpublisher 进行分组，即出版社相同的记录分在一组，再分别统计各个分组的记录个数，将每个分组及个数作为一条记录合并在一起构成一个新的表，最后，在这个新表中筛选出图书数量大于 2 的分组。

注意： HAVING 子句的作用是筛选满足条件的组，即在分组之后过滤数据，所以在条件中经常包含聚合函数。

5.2.5　连接查询

前面介绍的查询语句都是基于单个数据表进行的查询，也称单表查询。但很多时候不是所有想要查询的数据都在一个表中，这时必须基于多个表进行查询。因为数据库规范化需要将数据分解到多个简单的表中，表之间通过主键或外键相互关联，所以在实际应用中，经常需要连接多个表进行数据的查询。

一般来说，把同时涉及两个或两个以上表的查询称为连接查询。连接查询是关系数据库中最主要的查询，根据表之间连接方式的不同，可以分为：交叉连接、内连接、自身连接和外连接等。

从前面介绍的知识可以知道，查询语句中 SELECT 和 FROM 子句是必不可少的，而在连接多个表时，一般需要指定连接条件。连接条件可以在 SELECT 语句的 FROM 子句或 WHERE 子句中建立，而在 FROM 子句中指出连接时有助于将连接操作与 WHERE 子句中的限制条件区分开，所以在 T-SQL 中推荐使用这种用法。

1. 交叉连接

交叉连接也称笛卡儿连接，两个表的交叉连接即返回这两个表的笛卡儿积。即结果集的列为两个表属性列的和，行数为两个表行数的乘积。这其实等价于不存在连接条件。由于交叉连接的结果没有做任何过滤，所以会产生一些没有意义的记录，而且操作非常耗时，因此实际很少应用，仅用来建立测试数据。

交叉连接的语法格式如下：

```
SELECT 列名列表
FROM   表名 1 CROSS JOIN 表名 2
```

其中，CROSS JOIN 为交叉连接表的关键字。实际上，它等同于如下语法格式：

```
SELECT 列名列表
```

```
FROM    表名1，表名2
```

这两者之间唯一的区别是连接表名时，一个用逗号分隔，一个采用CROSS JOIN关键字。

【例5-30】 使用book表和borrow表实现交叉连接。语句如下：

```
SELECT *
FROM    book CROSS JOIN borrow
```

或：

```
SELECT *
FROM    book, borrow
```

两表交叉连接后产生的结果的部分记录如图5-14所示。

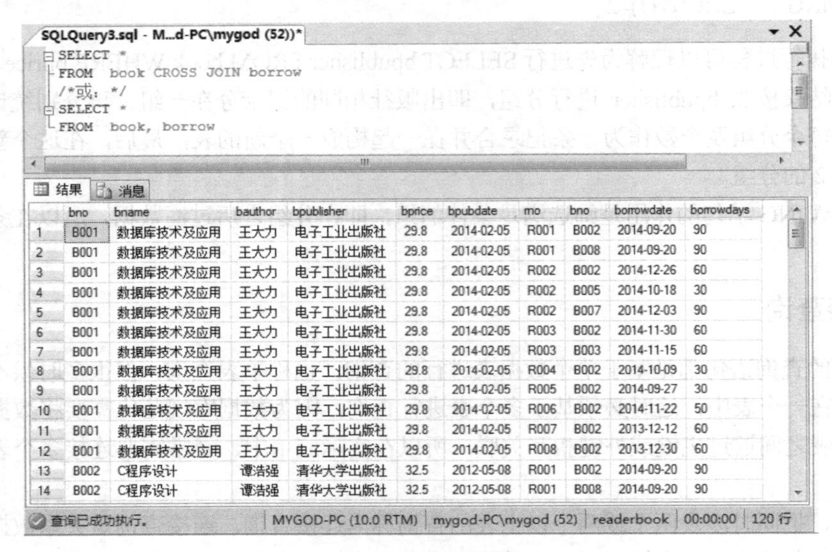

	bno	bname	bauthor	bpublisher	bprice	bpubdate	rno	bno	borrowdate	borrowdays
1	B001	数据库技术及应用	王大力	电子工业出版社	29.8	2014-02-05	R001	B002	2014-09-20	90
2	B001	数据库技术及应用	王大力	电子工业出版社	29.8	2014-02-05	R001	B008	2014-09-20	90
3	B001	数据库技术及应用	王大力	电子工业出版社	29.8	2014-02-05	R002	B002	2014-12-26	60
4	B001	数据库技术及应用	王大力	电子工业出版社	29.8	2014-02-05	R002	B005	2014-10-18	30
5	B001	数据库技术及应用	王大力	电子工业出版社	29.8	2014-02-05	R002	B007	2014-12-03	90
6	B001	数据库技术及应用	王大力	电子工业出版社	29.8	2014-02-05	R003	B002	2014-11-30	60
7	B001	数据库技术及应用	王大力	电子工业出版社	29.8	2014-02-05	R003	B003	2014-11-15	60
8	B001	数据库技术及应用	王大力	电子工业出版社	29.8	2014-02-05	R004	B002	2014-10-09	30
9	B001	数据库技术及应用	王大力	电子工业出版社	29.8	2014-02-05	R005	B002	2014-09-27	30
10	B001	数据库技术及应用	王大力	电子工业出版社	29.8	2014-02-05	R006	B002	2014-11-22	50
11	B001	数据库技术及应用	王大力	电子工业出版社	29.8	2014-02-05	R007	B002	2013-12-12	60
12	B001	数据库技术及应用	王大力	电子工业出版社	29.8	2014-02-05	R008	B002	2013-12-30	60
13	B002	C程序设计	谭浩强	清华大学出版社	32.5	2012-05-08	R001	B002	2014-09-20	90
14	B002	C程序设计	谭浩强	清华大学出版社	32.5	2012-05-08	R001	B008	2014-09-20	90

图5-14 两表交叉连接后的部分记录

执行交叉连接操作的过程是：把book表的每一条记录取出，与borrow表中的第一条记录拼接，放入查询结果集中；接着，再取出book表中的每一条记录，与borrow表中的第二条记录拼接，再放入查询结果集中，然后重复上述操作，直到borrow表中的记录扫描结束为止，最终形成的结果集就是交叉连接查询的结果。

2. 内连接

用来连接两个表的条件称为连接条件或连接谓词。内连接使用的连接谓词是比较运算符。通过比较运算符进行表间的比较，查询与连接条件相匹配的数据。根据比较运算符的不同，内连接可分为等值连接、不等连接和自然连接3种。

① 等值连接：在连接条件中使用等于号（=）运算符，其查询结果中会出现重复列。

② 不等连接：在连接条件使用除等于号之外的比较运算符（>、>=、<=、<、!>、!<和<>）。

③ 自然连接：连接条件和等值连接相同，但会删除连接表中的重复列。

内连接的语法格式如下：

```
SELECT 列名列表
FROM    表名1    INNER JOIN    表名2    ON 表名1.列名 <比较运算符> 表名2.列名
```

其中，INNER 是连接类型关键字，表示内连接，可以省略。ON 后面的部分表示连接的比较条件，如果比较运算符为“=”，则为等值连接，否则为不等连接。

上述语法格式也可以写成：

```
SELECT 列名列表
FROM   表名 1，表名 2
WHERE 表名 1.列名 <比较运算符> 表名 2.列名
```

即把连接条件写在 WHERE 子句中，FROM 子句中的表名之间用逗号分隔。

下面重点讨论等值连接。

【例 5-31】 使用 reader 表和 borrow 表实现等值连接。语句如下：

```
SELECT   *
FROM   reader INNER JOIN borrow ON reader.rno=borrow.rno
```

或：

```
SELECT     *
FROM       reader, borrow
WHERE      reader.rno=borrow.rno
```

执行结果如图 5-15 所示。

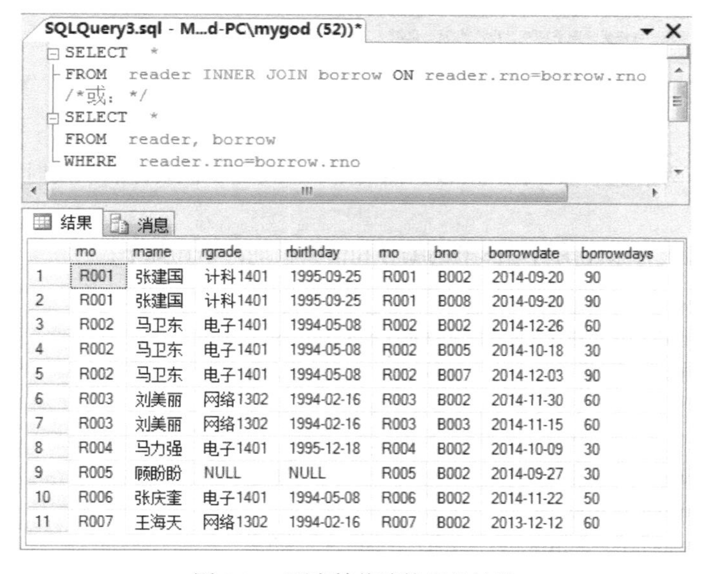

	rno	rname	rgrade	rbirthday	rno	bno	borrowdate	borrowdays
1	R001	张建国	计科1401	1995-09-25	R001	B002	2014-09-20	90
2	R001	张建国	计科1401	1995-09-25	R001	B008	2014-09-20	90
3	R002	马卫东	电子1401	1994-05-08	R002	B002	2014-12-26	60
4	R002	马卫东	电子1401	1994-05-08	R002	B005	2014-10-18	30
5	R002	马卫东	电子1401	1994-05-08	R002	B007	2014-12-03	90
6	R003	刘美丽	网络1302	1994-02-16	R003	B002	2014-11-30	60
7	R003	刘美丽	网络1302	1994-02-16	R003	B003	2014-11-15	60
8	R004	马力强	电子1401	1995-12-18	R004	B002	2014-10-09	30
9	R005	顾盼盼	NULL	NULL	R005	B002	2014-09-27	30
10	R006	张庆奎	电子1401	1994-05-08	R006	B002	2014-11-22	50
11	R007	王海天	网络1302	1994-02-16	R007	B002	2013-12-12	60

图 5-15　两表等值连接后的结果

从结果中可以发现，等值连接的执行过程类似于交叉连接，不过它只拼接满足连接条件的记录到结果集中。需要注意的是，由于 rno 字段在两个表中都存在，所以字段名称前面必须用表名加以修饰，即用“表名.字段名”的形式表示，从而让数据库服务程序明确到哪里获取数据。

修改后的语句如下：

```
SELECT reader.rno, rname, rgrade, rbirthday, borrow.rno, bno, borrowdate, borrowdays
FROM   reader INNER JOIN borrow ON reader.rno=borrow.rno
```

其中，两个 rno 字段前面分别加上表名作为前缀，从而准确标识该字段。在查询中，这被称为限定字段，它只有在字段存在于多个表时才有必要。通常为了提高一致性并减少问题，会对全部字段进行限定。

在等值连接中，会存在重复的列，如上例的“rno”就是重复列。如果把等值连接中重复的列删除，则称为自然连接。

【例 5-32】 使用 reader 表和 borrow 表实现自然连接。语句如下：

```
SELECT reader.rno, rname, rgrade, rbirthday, bno, borrowdate, borrowdays
FROM   reader INNER JOIN borrow ON reader.rno=borrow.rno
```

结果如图 5-16 所示。

SQLQuery3.sql - M...d-PC\mygod (52))*

```
SELECT reader.rno, rname, rgrade, rbirthday, bno, borrowdate, borrowdays
FROM   reader INNER JOIN borrow ON reader.rno=borrow.rno
```

结果 消息

	rno	rname	rgrade	rbirthday	bno	borrowdate	borrowdays
1	R001	张建国	计科1401	1995-09-25	B002	2014-09-20	90
2	R001	张建国	计科1401	1995-09-25	B008	2014-09-20	90
3	R002	马卫东	电子1401	1994-05-08	B002	2014-12-26	60
4	R002	马卫东	电子1401	1994-05-08	B005	2014-10-18	30
5	R002	马卫东	电子1401	1994-05-08	B007	2014-12-03	90
6	R003	刘美丽	网络1302	1994-02-16	B002	2014-11-30	60
7	R003	刘美丽	网络1302	1994-02-16	B003	2014-11-15	60
8	R004	马力强	电子1401	1995-12-18	B002	2014-10-09	30
9	R005	顾盼盼	NULL	NULL	B002	2014-09-27	30
10	R006	张庆奎	电子1401	1994-05-08	B002	2014-11-22	50
11	R007	王海天	网络1302	1994-02-16	B002	2013-12-12	60

图 5-16　两表自然连接后的结果

因为“rno”列在两个表中都存在，所以只需引用一个即可，但要注意引用时必须加上相应的表名前缀。

【例 5-33】 查询读者张建国所借图书的编号和借阅日期。语句如下：

```
SELECT   bno, borrowdate
FROM     reader INNER JOIN borrow ON reader.rno=borrow.rno
WHERE    rname='张建国'
```

或：

```
SELECT   bno, borrowdate
FROM     reader, borrow
WHERE    reader.rno=borrow.rno   AND   rname='张建国'
```

分析：读者的姓名存放在 reader 表中，读者借阅图书的编号和借阅日期存放在 borrow 表中，而这两个表由共用字段 rno 建立联系，所以通过连接查询可以得到想要的数据。

【例 5-34】 查询读者张建国所借图书的书名和借阅日期。语句如下：

```
SELECT   bname, borrowdate
FROM     book INNER JOIN borrow ON book.bno=borrow.bno INNER JOIN reader ON reader.rno=borrow.rno
WHERE    rname='张建国'
```

或：

```
SELECT  bname, borrowdate
```

```
FROM     book, borrow, reader
WHERE    book.bno=borrow.bno AND reader.rno=borrow.rno AND rname='张建国'
```

分析：读者的姓名存放在 reader 表中，读者所借图书的名称存放在 book 表中，图书借阅日期存放在 borrow 表中，而 book 表和 reader 表分别通过 bno 和 rno 这两个字段与 borrow 表建立联系，所以通过这三个表的连接查询可以得到想要的数据。

像这样涉及两个及两个以上表的查询也叫多表查询。

3．自身连接

连接查询既可以在多表之间进行，也可以是一个表与其自身进行连接，这称为表的自身连接。为了连接同一个表，必须为该表在 FROM 子句中指定两个别名，这样才能在逻辑上把该表作为两个不同的表使用。

【例 5-35】 查询与读者马卫东在同一个班的其他读者信息。语句如下：

```
SELECT   r2.rno, r2.rname, r2.rgrade, r2.rbirthday
FROM     reader AS r1 INNER JOIN reader AS r2 ON r1.rgrade=r2.rgrade
WHERE    r1.rname='马卫东' AND r2.rname!='马卫东'
```

查询结果如图 5-17 所示。

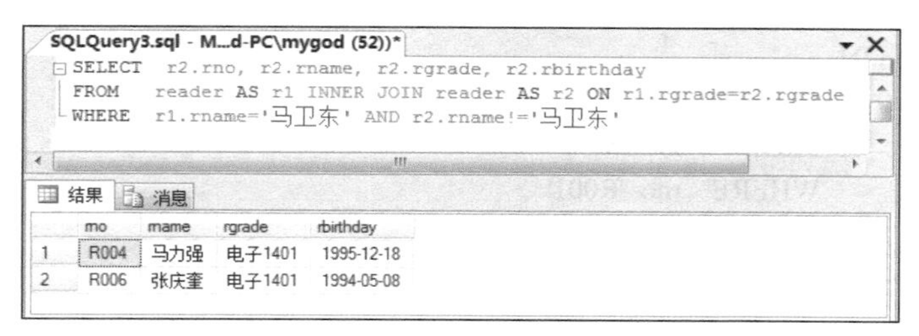

图 5-17　表的自身连接后的结果

分析：读者信息存放在 reader 表中，想得到和读者马卫东同一个班的其他读者信息需要以班级字段作为公共字段进行等值连接，而班级信息也是存放在 reader 表中的，所以需要 reader 表与其自身进行连接。这时就需要为该表起别名以示区分。

为表起别名的语法是：

```
FROM 表名1　AS 别名1, 表名2　AS 别名2
```

其中，关键字 AS 可省略，用空格替代。

4．外连接

外连接的结果集不但包含满足连接条件的行，还包括相应表中的所有行。也就是说，即使某些行不满足连接条件，但仍需要输出该行记录。外连接包括 3 种：左连接（LEFT JOIN）或左外连接（LEFT OUTER JOIN）、右连接（RIGHT JOIN）或右外连接（RIGHT OUTER JOIN）、全连接（FULL JOIN）或全外连接（FULL OUTER JOIN）。具体内容不予介绍，如果感兴趣，请参考其他资料。

5.2.6　嵌套查询

在 SQL 语言中，通常把一个 SELECT-FROM-WHERE 语句称为一个查询块。将一个查询块嵌套在另一个查询块的 WHERE 子句或 HAVING 子句的条件中的查询称为嵌套查询。上层的查询块叫外层查询或父查询或主查询，下层查询块又称为内层查询或子查询，SQL 语句允许多层嵌套查询。

嵌套查询是另一类基于多个表的查询，它能够间接地基于一个或多个条件把多个表里的数据关联起来，从而代替连接操作。当在查询中使用子查询时，它通常作为主查询里的一个条件被首先执行，主查询再根据子查询返回的结果执行，这样就进一步限制了数据库返回的数据。它常用于SELECT语句中，也用于稍后介绍的INSERT、UPDATE和DELETE语句中。

在查询中，常用于连接子查询的运算符有：IN、比较运算符、ANY、ALL或SOME和EXISTS。下面分别介绍之。

1．带有IN运算符的子查询

嵌套查询中，子查询的结果通常是一个集合。因此，IN是嵌套查询中使用最频繁的运算符。如果在IN前面加上NOT，其功能与IN相反。

【例5-36】 查询读者号为“R001”借阅的所有图书名称及其出版社。

分析： 该查询最终要显示的数据为“图书名称”和“出版社”，这两项信息都存放在book表中，因此只需从book中查询即可，但描述中限定的条件“读者号”却不在book表中。关于读者的借阅信息存放在borrow表中，而这两张表有公共字段“bno”可以关联，因此，只要能先从borrow表中查到读者号“R001”借阅的图书号“bno”，进而就可以查到“图书名称”和“出版社”。语句如下：

```
SELECT   bname, bpublisher
FROM     book
WHERE    bno IN
                  ( SELECT   bno
                    FROM     borrow
                    WHERE    rno='R001'
                  )
```

说明：

① 子查询必须位于圆括号里。

② 子查询里不能使用ORDER BY子句。

③ 子查询的SELECT子句里只能有一个字段，除非主查询里有多个字段让子查询进行比较。

上述语句的执行过程是：首先执行圆括号里的子查询，返回的结果是读者号为“R001”借阅的所有图书号，然后对父查询表从第一行起逐行扫描，每一行的字段“bno”都与集合中的值进行比较，判断是否属于这个集合，如果是就返回该行中的图书号和出版社，否则不返回。

在这个语句中使用IN运算符是因为同一个读者可能借阅多本书，因此子查询的结果可能有多个值。

2．带有比较运算符的子查询

带有比较运算符的子查询是指父查询与子查询之间用比较运算符连接。常用的比较运算符有：=、>、<、>=、<=、!=、!>、!<、<>等。其处理过程是：父查询通过比较运算符将父查询中的一个表达式与子查询返回的结果进行比较，如果结果为真，则父查询的条件表达式返回真，否则返回假。

需要注意的是，带有IN运算符的子查询返回的结果是集合，而带有比较运算符的子查询返回的结果是单值。因此，如果确切知道嵌套于内层的子查询返回的是单值，就可以使用比较运算符，且子查询要紧跟在比较运算符之后。有一种特殊情况：若IN运算符后面跟着的子查询结果集为单值，则=运算符和IN运算符可以互换。

【例5-37】 查询与读者号为“R002”在同一个班的读者信息，并按姓名升序排序。语句如下：

```
SELECT *
```

```
FROM    reader
WHERE rgrade =
        ( SELECT rgrade
          FROM    reader
          WHERE rno='R002'
        )
ORDER BY rname
```

该例的执行过程与上例一样，但是由于括号里的子查询按读者号查询出来的结果是一个单值，因此不用 IN 而用比较运算符=，达到精确查询的目的。

再次强调，使用比较运算符时，必须确保子查询的结果是一个唯一的值，否则会出错。

3. 带有 ALL、ANY 或 SOME 运算符的子查询

当子查询返回单值时可以使用比较运算符，但当子查询返回的是多值时，若想用比较运算符还需指定 ALL、ANY 或 SOME 运算符。其通用格式为：

列值 比较运算符[ALL|ANY|SOME] 子查询

具体语义如表 5-7 所示。

表 5-7　ALL 或 ANY 与比较运算符连用的语义表

运算符	语义	运算符	语义
>ALL	大于子查询结果中的所有值	>ANY	大于子查询结果中的某个值
<ALL	小于子查询结果中的所有值	<ANY	小于子查询结果中的某个值
>=ALL	大于等于子查询结果中的所有值	>=ANY	大于等于子查询结果中的某个值
<=ALL	小于等于子查询结果中的所有值	<=ANY	小于等于子查询结果中的某个值
=ALL	等于子查询结果中的所有值	=ANY	等于子查询结果中的某个值
!=ALL 或<>ALL	不等于子查询结果中的所有值	!=ANY 或<>ANY	不等于子查询结果中的某个值

运算符 ALL 的含义是：列值和子查询结果集的值进行比较，只有每一次的比较结果都为真时，最终结果才为真。

运算符 ANY 的含义是：列值和子查询结果集的值进行比较，只要有一次比较结果为真，最终结果就为真。

运算符 SOME 和 ANY 的含义一样。

【例 5-38】 查询其他出版社比机械工业出版社出版的所有图书价格都要便宜的图书名称、出版社名称及价格，并按价格升序排列。语句如下：

```
SELECT   bname, bpublisher, bprice
FROM     book
WHERE    bprice <ALL
                   (SELECT bprice
                    FROM book
                    WHERE bpublisher ='机械工业出版社'
                   )
               AND bpublisher != '机械工业出版社'
ORDER BY   bprice
```

本例是对父查询中图书价格和子查询中所有的图书价格进行的小于比较，因此使用的是“<ALL”

运算符。另外，在父查询中还使用 AND 运算符连接了一个表达式，目的是为了去除机械工业出版社所出版的图书。

4．带有 EXISTS 运算符的子查询

使用 EXISTS 运算符引入子查询，目的是用于测试子查询是否有数据返回。如果父查询的 WHERE 子句测试子查询返回的行存在，则结果返回“真”，否则返回“假”。实际上，子查询不产生任何数据，它只返回 TRUE 或 FALSE 值。

与 EXISTS 运算符相对应的是 NOT EXISTS 运算符。使用 NOT EXISTS 后，若子查询结果为空，则父查询的 WHERE 子句返回“真”，否则返回“假”。

使用 EXISTS 运算符引入子查询的语法如下：

```
WHERE [NOT] EXISTS (子查询)
```

注意，使用 EXISTS 引入的子查询在下列方面与其他子查询略有不同：

① EXISTS 运算符前面没有列名、常量或其他表达式。

② 由 EXISTS 引入的子查询的选择列表通常几乎都是由星号（*）组成的。由于只是测试是否存在符合子查询中指定条件的行，因此不必明确指定列名。

【例 5-39】 用 EXISTS 运算符改写例 5-36（查询读者号为“R001”借阅的所有图书名称及其出版社）。语句如下：

```
SELECT bname, bpublisher
FROM    book
WHERE EXISTS
                (SELECT    *
                 FROM      borrow
                 WHERE     bno=book.bno AND rno='R001'
                )
```

查询结果如图 5-18 所示。

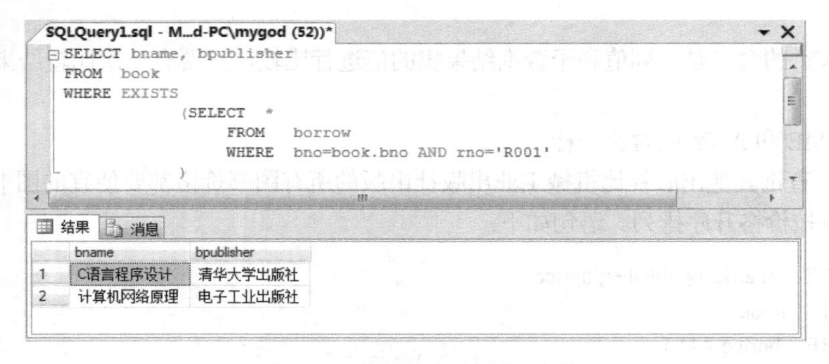

	bname	bpublisher
1	C语言程序设计	清华大学出版社
2	计算机网络原理	电子工业出版社

图 5-18　带有 EXISTS 的查询

注意：本例中子查询的查询条件依赖于父查询的某个属性值（在本例中是 book 表的 bno 值），而前面所讲的子查询，其查询条件都不依赖于父查询，并且每个子查询都只执行一次，这称为不相关子查询。与之相对的概念是相关子查询，即本例中所看到的，查询条件依赖于父查询中的某个值。相关子查询的处理过程是：首先取父查询中（book）表的第一个元组，根据它与子查询相关的属性值（bno 值）处理子查询，若 WHERE 子句返回值为“真”，则取父查询中该元组的 bname 和 bpublisher 值放入

结果表；然后再取父查询（book）表的下一个元组；重复这一过程，直至父查询（book）表全部检查完为止。

从本例中可以看出，使用 IN 运算符的子查询可以被使用 EXISTS 运算符的子查询替换，其实，所有带 IN 运算符、比较运算符、ALL 或 ANY 运算符的子查询都能用带 EXISTS 运算符的子查询等价替换，而一些带 EXISTS 或 NOT EXISTS 运算符的子查询不能被其他形式的子查询等价替换。

【例 5-40】 查询被所有读者都借阅的图书名称。语句如下：

```
SELECT bname
FROM   book
WHERE NOT EXISTS
            (SELECT *
             FROM   reader
             WHERE NOT EXISTS
                        (SELECT *
                         FROM borrow
                         WHERE rno=reader.rno AND bno=book.bno
                        )
            )
```

其实，该查询可以这样理解：查询这样的图书，没有一个读者不借阅它。

5.2.7 集合查询

SELECT 语句的查询结果是元组的集合，所以多个 SELECT 语句的结果可进行集合操作。集合操作主要包括并操作、交操作和差操作，不同的数据库厂商提供的集合操作符略有不同。SQL Sever 2008 的 T-SQL 语言提供了 UNION、INTERSECT 和 EXCEPT 这几个关键字来操作集合。其中，UNION 用来求两个集合的并集，INTERSECT 用来求两个集合的交集，EXCEPT 用来求在第一个集合中存在而在第二个集合中不存在的记录。每个关键字后面都可以接 ALL（UNION ALL，INTERSECT ALL，EXCEPT ALL），如果不接 ALL，操作集合将会去掉重复值。下面重点介绍 UNION 实现并操作，其中语法格式如下：

```
SELECT 语句 1   UNION [ALL]   SELECT 语句 2…
```

说明：SELECT 语句 1，SELECT 语句 2，…代表进行并操作的 SELECT 子查询。

其中：

① 参加 UNION 操作的各结果集的列数必须相同，对应的数据类型也必须相同。

② UNION 操作默认会去掉重复记录，除非明确指定 ALL 关键字。

③ 最后结果集的列名来自第一个 SELECT 语句。

④ 默认情况下，输出以 SELECT 子句的第一列进行升序排序。

⑤ 可以对结果进行排序或者分组，但必须把 ORDER BY 子句或 GROUP BY 子句放在最后一个 SELECT 语句后，并且必须是针对第一个 SELECT 语句的列进行排序或分组。

⑥ 使用 UNION 连接的所有 SELECT 语句也可以使用同一张表，此时 UNION 可以用 OR 运算符来代替。

【例 5-41】 查询 book 表中图书价格大于 40 元及出版日期晚于 2012 年 1 月 1 日的图书名称和出版社。语句如下：

```
SELECT bname,bpublisher
```

```
FROM    book
WHERE bprice>40
UNION
SELECT bname,bpublisher,bprice
FROM    book
WHERE bpubdate>'2012-1-1'
```

该查询就是并集操作，也可以用OR运算符代替，改写如下：

```
SELECT bname,bpublisher
FROM    book
WHERE bprice>40 OR bpubdate>'2012-1-1'
```

5.3 数据操纵

SQL的数据操纵语言（DML）使数据库用户可以对关系型数据库中的数据进行修改，主要包括用新数据填充表、更新现有表里的数据、删除表里的数据。这3个操作对应的DML命令是：INSERT、UPDATE和DELETE。下面分别进行介绍。

5.3.1 插入数据

数据库新表建好后，表中并没有任何记录，要想实现数据的存储，必须向表中添加数据。为此，可以使用INSERT语句进行数据的插入。使用INSERT语句插入数据有两种形式：一种是使用VALUES子句向数据库的表中插入明确指定的记录；另一种是使用SELECT语句插入从其他表中获取的记录。

1. 使用VALUES子句一次插入一条记录

在SQL Server 2008中，INSERT语句使用VALUES子句一次插入一条记录的基本语法格式如下：

```
INSERT [INTO] table_name [(column_list)]
VALUES (data_values)
```

在该语句中，INSERT为实际操作，表示执行插入功能，而它后面的部分用于说明插入数据的详细信息，其中：

- INTO关键字可选，无真正含义，唯一的目的是增加语句的可读性。如果指定，放在INSERT和目标表之间，建议指定。
- tabel_name是将要插入数据的表名。
- column_list是要插入数据的字段名称或字段列表，必须用圆括号括起来，并且用逗号进行分隔。如果没有显式指定该部分，表示插入的数据与表中的每个字段一一对应，即VALUES子句后面指定的字段值必须与要插入表中列的个数相等，且类型、顺序一致。
- VALUES (data_values)用于提供要插入记录的字段值。它由VALUES关键字引出，其中data_values表示要插入记录的字段值，必须用圆括号括起来，且用逗号进行分隔。data_values必须与column_list相对应，也就是说每一个字段必须对应一个字段值。

【例5-42】 向reader表中添加一条读者记录。语句如下：

```
INSERT INTO reader(rno,rname,rgrade,rbirthday)
VALUES('R009','刘喆','计科 1402','1995-6-23')
```

因为 reader 表只有 rno，rname，rgrade，rbirthday 4 个列，因此该句等价于：

```
INSERT INTO reader
VALUES ('R009','刘喆','计科 1402','1995-6-23')
```

注意：如果省略了表名后方的字段列表，用户必须要按照这些列在表中定义的顺序提供要插入的每一个列的值，因此，建议用户在插入数据时最好明确指定字段列表。

当然，插入数据时并不一定要求指定所有的列值，实际应用时也可以把数据插入到指定的列中，这时就必须在 INSERT 命令的表名后方指定字段列表，如下所示。

【例 5-43】 在 book 表中插入一条图书信息，只需指定图书编号、图书名称和价格。语句如下：

```
INSERT INTO book(bno, bname, bprice)
VALUES ('B011', '我的大学', 39.8)
```

本例在 INSERT 语句中的表名称之后，用一对圆括号指定了要插入数据的字段列表，其中只包含了 bno，bname，bprice 3 列，其他列没有指定值。通过查看表定义可知，其他字段可以为空，所以没有指定的列系统设置其值为 NULL。

注意：

① INSERT 语句里的字段列表次序并不一定要与表定义中的字段次序相同，但插入值的次序要与字段列表的次序相同。

② 关于 VALUES 子句中指定的具体值的引号使用问题：在 SQL 语言中，数值型数据不必使用单引号（也可使用），但其他数据类型都需要使用。

2．使用 VALUES 子句一次插入多条记录

SQL Server 2008 还支持一次插入多条记录，其基本语法格式如下：

```
INSERT [INTO] table_name [(column_list)]
VALUES (data_values),(data_values),…
```

其中，各参数含义同一次插入一条记录所述，只是 VALUES (data_values),(data_values),…用于提供要插入的多条记录的字段值。每条记录用(data_values)表示，多条记录之间用逗号分隔，即(data_values),(data_values),…

【例 5-44】 在 borrow 表中插入多条借阅记录。语句如下：

```
INSERT INTO borrow(rno, bno, borrowdate,borrowdays)
VALUES ('R007', 'B008', '2014-12-1', 60),
       ('R007', 'B009', '2014-12-1', 60),
       ('R007', 'B010', '2014-12-1', 60)
```

该示例一次向 borrow 表中插入了 3 条记录，3 条记录都需要用圆括号括起来，它们之间用逗号分隔。

3．使用 SELECT 语句插入记录

通过组合使用 INSERT 语句和 SELECT 语句，可以把一个表的查询结果插入到另一个表里。这种方法的语法格式如下：

```
INSERT [INTO] table_name [(column_list)]
SELECT column_list
FROM   table_name
WHERE condition
```

该方法其实就是把由 SELECT 语句查询出的结果代替 VALUES 子句作为插入的数据。其中，INSERT 指定的表和 SELECT 指定的表的结果集的列数、列的次序和数据类型必须一致。

【例 5-45】 假设新创建了一个 reader 表的副本“reader1”表，现请将 reader 表中的全部数据添加到“reader1”表中。语句如下：

```
INSERT INTO reader1 (rno, rname, rgrade, rbirthday)
SELECT rno, rname, rgrade, rbirthday
FROM   reader
```

5.3.2 修改数据

修改数据主要是对数据库表中一条或多条记录的某个或某些列的值进行更改。该操作可以通过 UPDATE 语句实现。UPDATE 语句一般每次只更新数据库里的一个表，但根据需要，既可以修改表里的一行数据，也可以修改多行。

1. 修改一列的数据

UPDATE 语句最简单的形式是用于修改表里的一列数据。在修改一列数据时，被修改的记录可以是一条，也可以是很多条。修改一列的语法格式如下：

```
UPDATE table_name
SET column_name ='value'
[WHERE condition]
```

在该语句中，UPDATE 为实际操作，表示执行修改功能，而它后面的部分用于说明修改数据的详细信息，其中：

- table_name 是需要修改的表的名称。
- SET 用来指定要修改的列，其中 column_name 表示要修改数据的列的名称，value 是列值表达式。
- WHERE 子句用来筛选出满足条件的记录进行修改。是可选部分，但通常是必要的。

【例 5-46】 把 borrow 表中所有记录的借阅天数字段值改成 60。语句如下：

```
UPDATE borrow
SET borrowdays = 60
```

【例 5-47】 把 book 表中电子工业出版社出版的图书价格修改成 8 折后的价格。语句如下：

```
UPDATE book
SET bprice = bprice*0.8
WHERE bpublisher = '电子工业出版社'
```

2. 修改一条或多条记录里的多个字段

使用 UPDATE 语句也可以用来修改一条或多条记录里的多个字段，其语法格式如下：

```
UPDATE table_name
SET column1_name = 'value', column2_name = 'value', column3_name ='value'…
[WHERE condition]
```

注意，只有一个 SET，只是在 SET 后面增加了多个列，每个列之间以逗号分隔。

【例 5-48】 把 book 表中图书编号为 B003 图书的出版社改成科技出版社，价格改成 32.6。语句如下：

```
UPDATE   book
```

```
SET    bpublisher = '科技出版社', bprice = 32.6
WHERE    bno = 'B003'
```

3. 带子查询的修改语句

对于条件复杂的记录，可以通过带有子查询的 WHERE 子句来限定满足修改条件的记录。

【例 5-49】 将借阅了“数据结构”图书的借阅天数增加 30 天。

```
UPDATE borrow
SET borrowdays = borrowdays + 30
WHERE bno = (SELECT bno FROM book WHERE bname = '数据结构')
```

该示例在 WHERE 子句中有一个子查询，用来找出“数据结构”这本书的图书编号，因为每本书的编号都是唯一的，所以子查询查出的图书编号只有一个，因此子查询的前面是用“=”运算符来和 borrow 中的 bno 进行比较的，满足比较条件的记录就是要修改的记录。

注意：在实际应用中，对批量数据的修改一旦出现差错，要恢复就会非常麻烦，因此建议在使用 UPDATE 前，先用 SELECT 语句将要修改的记录查询出来，仔细检查无误后，再进行修改。

5.3.3 删除数据

随着系统的运行，表中可能产生一些无用的数据，这些数据不仅占用空间，而且还影响查询的速度，所以应该及时删除。删除数据可以使用 DELETE 语句和 TRUNCATE TABLE 语句。

1. 使用 DELETE 语句删除数据

删除表中数据最常用的是 DELETE 语句。它不能删除某一列的数据，而是删除行里全部字段的数据。其语法格式如下：

```
DELETE [FROM] table_name
[WHERE condition]
```

其中：

- FROM 关键字可选，表示从哪个表删除数据。如果指定，放在 DELETE 和目标表之间，建议指定。
- table_name 是要从其中删除数据的表的名称。
- WHERE 子句用于限制删除行数的条件。是可选部分，但通常是必要的。如果没有提供 WHERE 子句，则 DELETE 删除表中的所有行。

【例 5-50】 删除 book 表中的所有记录。语句如下：

```
DELETE FROM book
```

此例中没有使用 WHERE 子句指定删除条件，因此将删除 book 表中的所有记录，只剩下表的定义。

【例 5-51】 删除 reader 表中班级字段为空的记录。语句如下：

```
DELETE FROM reader
WHERE rgrade IS NULL
```

【例 5-52】 将 borrow 表中借阅了《C 语言程序设计》图书的记录全部删除。

```
DELETE FROM borrow
WHERE bno = (SELECT bno FROM book WHERE bname = 'C 语言程序设计')
```

该示例与UPDATE语句类似，对于条件复杂的记录，可以通过带有子查询的WHERE子句来限定满足删除条件的记录。

注意：为了避免误操作，在实际应用中，通常在执行删除操作时，先查询要删除的数据，确认无误后，再进行DELETE删除操作。

2．使用TRUNCATE TABLE清空表中所有数据

若要删除表中的所有行，可以使用TRUNCATE TABLE语句，其语法格式为：

```
TRUNCATE TABLE table_name
```

其中：

- TRUNCATE TABLE为关键字。
- table_name为要删除所有记录的表名。

TRUNCATE TABLE语句与不含有WHERE子句的DELETE语句在功能上相同。但是，TRUNCATE TABLE语句速度更快，并且使用更少的系统资源和事务日志资源。与DELETE语句相同，使用TRUNCATE TABLE语句清空的表的定义与其索引和其他关联对象还存在。

【例5-53】 用TRUNCATE TABLE语句清空borrow表。语句如下：

```
TRUNCATE TABLE borrow
```

5.4 数据定义

SQL的数据定义语句是对数据库的表、视图、索引等的结构和属性进行定义。常见的操作方式如表5-8所示。

表5-8 数据定义操作方式

操作对象	操作方式		
	创建	删除	修改
表	CREATE TABLE	DROP TABLE	ALTER TABLE
视图	CREATE VIEW	DROP VIEW	ALTER VIEW
索引	CREATE INDEX	DROP INDEX	ALTER INDEX

5.4.1 创建表

除了使用对象资源管理器创建表之外，还可以使用T-SQL语言中的CREATE TABLE语句创建表结构。在创建表结构时，需要考虑如下一些基本问题：

- 表的名称是什么。
- 表里列的名称是什么。
- 表里每一列的数据类型是什么。
- 表里每一列的长度是多少。
- 表里哪个或哪些列上存在约束，主键是什么。

在考虑了这些基本问题之后，创建表的基本语法如下所示：

```
CREATE TABLE 表名
(
    字段1  数据类型  约束,
```

```
        字段 2　数据类型　约束,
        字段 3　数据类型　约束,
        ⋮
    )
```

创建表的完整 SQL 语句比较复杂，下面通过一些例子进行描述，掌握常用的基本方法即可。

【例 5-54】 新建一个 student 数据库，在其中创建一个学院表。语句如下：

```
CREATE TABLE school                           -- school 为表名，表示学院
(
    scid    char(2)    PRIMARY KEY,           -- scid 为学院代码
    scname    varchar(50)    NOT NULL,        -- scname 为学院名称
    scdean    varchar(20)    NULL             -- scdean 为学院院长
)
```

本例创建表的关键字为 CREATE TABLE，school 为表名。在圆括号内给出的是用逗号分隔的 3 列信息，其中，“scid　char(2)　PRIMARY KEY”的含义是定义字段名为 scid，数据类型为 char，长度为 2 字节，PRIMARY KEY 表示该字段为表的主键。“scname　varchar(50)　NOT NULL”的含义是定义字段名为 scname，数据类型为 varchar，长度为 50 字节，NOT NULL 表示该字段不允许为 NULL 值。“scdean　varchar(20)　NULL”的含义是定义字段名为 scdean，数据类型为 varchar，长度为 20 字节，NULL 表示该字段允许接受 NULL 值，因为默认情况下列允许接受 NULL 值，因此也可以省略 NULL。

通过该例可以看出，在创建表时可以指定约束。通过前面的介绍可知，在 SQL Server 2008 中支持如下几种约束：

- 主键约束（PRIMARY KEY)
- 非空约束（NOT NULL）
- 唯一性约束（UNIQUE）
- 默认值约束（DEFAULT）
- 检查约束（CHECK）
- 外键约束（FOREIGN KEY … REFERENCES…）

【例 5-55】 在 student 数据库中，创建一个学生基本信息表。语句如下：

```
CREATE TABLE stuinfo                                        -- stuinfo 为表名，表示学生信息
(
    sno    char(11)    PRIMARY KEY,                         -- sno 为学号
    sname varchar(20)    NOT NULL UNIQUE,                   -- sname 为姓名
    ssex    char(2)    NOT NULL DEFAULT '男',               -- sex 为性别
    sbirthday    datetime,                                  -- sbirthday 为出生日期
    sgrade    int    CHECK(sgrade>=500),                    -- sgrade 为入学分数
    ssid    char(2) REFERENCES school(sid)                  -- ssid 为所在学院编号
)
```

在本例中，除了上例描述的内容外，又出现了数据类型为数值型和日期型的列“sgrade”和“sbirthday”。这种类型的列在定义数据类型时，类型长度由系统确定，不能人为设定。此外，“sname”列既指定了非空约束，又指定了唯一性约束；“ssex”列指定了非空约束和默认值约束，如果没录入数据，填充默认值“男”；“sgrade”列指定了检查约束，要求该列的值必须大于等于 500；“ssid”列指定

了外键约束，它引用的是“school”表中“scid”字段的值，且必须保证“scid”在此之前已定义为“school”表的主键。

如果需要为相关约束命名或者为多个列定义相关约束，还可以使用如下SQL语法。

【例5-56】 在student数据库中，创建一个学生选课表。语句如下：

```
CREATE TABLE sc                          -- sc 为表名，表示学生选课信息
(
    sno    char(11) ,                    -- sno 为学号
    cno    char(8),                      -- cno 为课程号
    scredit   real,                      -- scredit 为学分
    CONSTRAINT pk_sc PRIMARY KEY(sno, cno),
    CONSTRAINT fk_sno FOREIGN KEY (sno) REFERENCES stuinfo(sno)
)
```

本例把（sno, cno）定义为主键，并给该约束起名为“pk_sc”，把“sno”列定义为外键，并起约束名为“fk_sno”。

5.4.2 修改表

一个表结构建立之后，可以根据使用的需要对它进行修改。修改的内容可以是列的属性，如列名、数据类型、长度等，还可以添加列、删除列等。除了使用对象资源管理器修改表之外，还可以使用T-SQL语言中的ALTER TABLE语句修改表结构。

1．添加列

可以使用ALTER TABLE命令向已存在的表中添加新列。其基本的语法格式如下：

```
ALTER TABLE 表名 ADD 字段名 数据类型 约束
```

【例5-57】 向student数据库中的stuinfo表中增加“sclass”列，数据类型为varchar(10)，允许为空。语句如下：

```
ALTER TABLE stuinfo
ADD sclass varchar(10) NULL
```

2．删除列

也可以使用ALTER TABLE命令把表中已有的列删除。其基本的语法格式如下：

```
ALTER TABLE 表名 DROP COLUMN 字段名
```

【例5-58】 把student数据库的stuinfo表中的列sclass删除。

```
ALTER TABLE stuinfo DROP COLUMN sclass
```

注意：在SQL Server中，在删除一个列之前，必须把基于该列的所有索引和约束都先删除。另外，被删除的列是不可恢复的，所以在删除列之前要慎之又慎。

3．修改列

还可以使用ALTER TABLE命令修改表中已存在的列的相关属性。其基本的语法格式如下：

```
ALTER TABLE 表名 ALTER COLUMN 字段名 新数据类型的大小
```

【例5-59】 把student数据库的stuinfo表中sclass列的数据类型改为varchar(20)。语句如下：

```
ALTER TABLE stuinfo ALTER COLUMN sclass varchar(20)
```

需要注意，修改列时可能会破坏表已有数据，因此要谨慎处理。

5.4.3　删除表

随着应用的变化，若数据库中的某些表不需要了，则应该删除。而删除表的操作非常简单，除了通过对象资源管理器删除之外，还可以使用 T-SQL 语言中的 DROP TABLE 语句删除。该语句的格式如下：

```
DROP TABLE table_name
```

其中，table_name 为要删除的表名。

【例 5-60】 删除 student 数据库中的 sc 表。语句如下：

```
DROP TABLE sc
```

通过执行该命令，就可以删除 sc 表。

需要注意的是，一旦表被删除，表的结构、表中的数据、约束、索引等都将被永久地删除，所以删除表时一定要慎重。

5.4.4　视图

1. 视图简介

视图（view）是一种常用的数据库对象，它是从一个或多个其他表中导出的虚表。这里的其他表既可以是基本表也可以是预先定义好的视图。和基本表一样，视图也包括数据行和数据列，只是这些数据来源于对基本表查询的结果。视图的列可以是一个基本表的一部分，也可以是多个基本表的联合或通过计算生成的新列或由基本表的统计汇总函数产生的列等。

在定义了一个视图后，数据库中存放的只是其定义，而并不存储视图所对应的数据，通过视图看到的数据依然存放在相应的基本表中。

视图定义好以后，就可以当作表被查询、修改、删除或者再被用来定义一个新的视图。当使用视图查询数据时，视图都是从定义它的基本表中提取所包含的行和列，然后用户再从中查询所需要的数据。所以可以说视图结合了基本表和查询两者的特性。当通过视图修改数据时，修改的是基本表中的数据。同时，当基本表的数据发生变化时，这种变化也会自动地反映到视图中。但由于视图是一个虚表，有些用于视图更新的操作会受到限制。

2. 视图的作用

（1）简化数据的查询操作

在多数情况下，用户所查询的信息可能存在于多个表中，查询起来比较烦琐。这时，可以将多个表中需要的数据集中在一个视图中，只通过执行对该视图的查询即可完成复杂的多表查询过程，从而大大简化了数据的查询操作。

（2）提供数据的安全保护

基本表中通常存放的是某些实体的完整信息，而不同用户只需了解他们感兴趣的部分数据。但检索表时用户可以看到表中的所有数据，如果为该用户创建一个视图，只将允许该用户查看的数据加入视图，并设置权限，使该用户允许访问视图而不能访问表，这样就保护了表中的数据。可以为表和视图分别设置访问权限，二者互不影响，从而提高了数据的安全性。

（3）便于重新组织数据

在某些情况下，由于基本表中数据量太大，需要对表中的数据进行水平或者垂直分割，如果直接分割数据表，可能会引起应用程序的错误。可以使用视图对基本表中的数据进行分块显示，从而使应用程序仍可以通过视图来重载数据。

（4）便于数据的交换操作

在实际工作中，经常需要在SQL Server与其他数据库系统之间交换数据，即数据的导入和导出。如果SQL Server数据库中的数据存放在多个表中，进行数据交换就比较麻烦。如果将需要交换的数据通过一个视图来集中处理，再将视图中的数据与其他类型的数据库中的数据进行交换，就简化了数据的维护管理。

3．创建视图

要想创建视图，用户必须拥有在视图定义中应用任何对象的许可权才行。系统默认数据库拥有者DBO有创建视图的许可权。

在 SQL Server 2008 中创建视图有两种方法，一种是利用对象资源管理器创建，另一种是使用T-SQL语句创建。

创建视图时应注意如下一些准则：

- 只能在当前的数据库中创建视图，尽管被引用的表或视图可以存在于其他的数据库内，甚至其他的数据库服务器内。
- 视图的命名必须符合 SQL Server 中标识符的定义规则。对于每个用户所定义的视图必须名称唯一，而且不能与该用户的某个表同名。
- SQL Server 2008 允许嵌套视图，但嵌套不能超过32层。
- 不能将规则、默认值定义与视图相关联。
- 定义视图的查询语句中不能包括COMPUTE、COMPUTE BY、ORDER BY子句或INTO等关键词。
- 在视图中不能定义全文索引，但可以定义索引。
- 不能创建临时视图，而且也不能在临时表上创建视图。
- 在默认状态下，视图中的列继承它们在基本表中的名称。对于以下情况，在创建视图时需要明确给出每一列的名称：
  - ✧ 视图中的某些列来自于表达式、函数或常量；
  - ✧ 视图中两个或多个列在不同表中具有相同的名称；
  - ✧ 希望在视图中的列使用不同于基本表中的列名。

使用对象资源管理器创建视图的方法请读者上机操作探索，下面介绍使用T-SQL语句创建视图。

使用T-SQL语言中的CREATE VIEW语句可以创建视图，其基本语法格式如下：

```
CREATE VIEW view_name [(column1, column2, …)]
AS select_statement
[WITH CHECK OPTION]
```

其中，各参数的含义说明如下：

- view_name：要创建的视图名称。
- column1，column2，…：视图中的列名，当视图的列是由表达式、函数或常量等产生时，或SELECT子句所返回的结果集中有多列具有相同列名时，必须在创建视图时指出列名。这部分可省略，如果省略该参数，则视图的列名和SELECT子句中的列同名。
- select_statement：构成视图文本的主体，是定义视图的 SELECT 语句。它可以是任意复杂的SELECT语句，只要不违反创建视图的一些限制规则即可。

- WITH CHECK OPTION：这部分是可选的，表示对视图进行 UPDATE、INSERT 和 DELETE 操作时要保证修改、插入或删除的行满足视图定义中的条件表达式。

下面的例子介绍 CREATE VIEW 语句建立视图的方法。

【例 5-61】 基于 readerbook 数据库中的 book 表建立机械工业出版社的视图 mview，用来显示该社的图书信息。语句如下：

```
CREATE VIEW mview
AS
SELECT bno, bname, bauthor, bpublisher, bprice, bpubdate
FROM book
WHERE bpublisher = '机械工业出版社'
```

在查询窗口中执行该语句，只能看到“命令成功完成”的消息，如图 5-19 所示。这时说明视图已经创建完成了。视图创建完成后，就可以像使用基本表一样使用视图查询数据了。如果想通过视图查询数据，可以在查询窗口输入如下语句：

```
SELECT *
FROM mview
```

执行该查询语句，即可得到从视图中查询出来的结果，如图 5-20 所示。

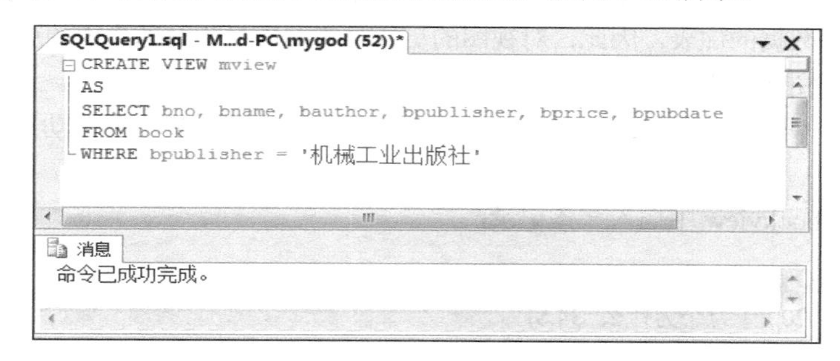

图 5-19　创建视图

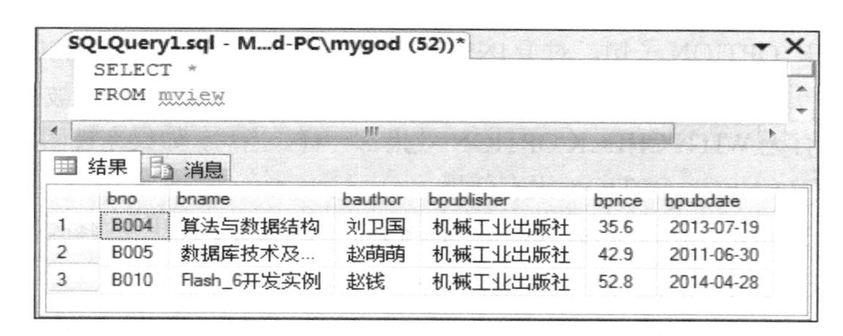

	bno	bname	bauthor	bpublisher	bprice	bpubdate
1	B004	算法与数据结构	刘卫国	机械工业出版社	35.6	2013-07-19
2	B005	数据库技术及...	赵萌萌	机械工业出版社	42.9	2011-06-30
3	B010	Flash_6开发实例	赵钱	机械工业出版社	52.8	2014-04-28

图 5-20　从视图查询数据

注意：该查询语句的 FROM 后面指定的是视图名，而不是基本表。实际上，DBMS 执行 CREATE VIEW 语句的结果只把对视图的定义存入数据字典中，并不执行 SELECT 语句。只是在对视图查询时，才按视图的定义从基本表中将数据查出。

【例 5-62】 在 readerbook 数据库中，创建一个图书借阅视图 bbview。通过该视图，可以查询借阅图书的读者姓名、所在班级、所借图书名、图书出版社名称和借阅时间等信息。

```
CREATE VIEW bbview
```

```
AS
SELECT rname, rgrade, bname, bpublisher, borrowdate
FROM book, reader, borrow
WHERE book.bno = borrow.bno AND reader.rno = borrow.rno
```

本例是基于多个表创建的视图。

【例 5-63】基于 readerbook 数据库中的 book 表建立一个视图 pbookview，用来显示图书价格大于 40 元的图书名、原始价格及打 8 折后的价格。语句如下：

```
CREATE VIEW pbookview (书号, 书名, 原价, 折后价)
AS
SELECT bno, bname, bprice, bprice*0.8
FROM book
WHERE bprice > 40
WITH CHECK OPTION
```

本例中，在视图名后方指定了列名，因为在 SELECT 子句中的列有表达式，所以应为视图指定列名。同时该例中还指定了 WITH CHECK OPTION 子句，它用于更新视图时保证更新的数据满足视图定义中的条件表达式。

所谓更新视图，是指通过视图来插入（INSERT）、修改（UPDATE）、删除（DELETE）数据。由于视图是不实际存储数据的虚表，因此，对视图的更新最终要转换为对基本表的更新。所以必须要保证更新的数据满足视图定义中的条件表达式。

对于本例来说，对视图 pbookview 进行插入、修改和删除操作时，会自动加上 bprice>40 这个条件。

例如，往视图 pbookview 中插入一条记录：

```
INSERT INTO pbookview (书号, 书名, 原价)
VALUES ('b020', '十万个为什么', 34.8)
```

执行该语句将会出错，因为 WITH CHECK OPTION 子句要求对视图的插入操作满足 bprice>40 这个条件，而执行插入的语句中 bprice 的值为 34.8，违背了视图的定义。因此，可以得出，如果视图定义中有 WITH CHECK OPTION 子句，对于 INSERT 操作来说，要保证执行 INSERT 后数据能被视图查询出来。同理，对于 UPDATE 操作来说，要保证执行 UPDATE 后，数据能被视图查询出来。对于 DELETE 操作来说，有无 WITH CHECK OPTION 效果都一样。当然，如果在视图定义中没有 WHERE 子句，那么使用 WITH CHECK OPTION 没有效果。

例如，假设视图中原先存在书号为“b010”的图书，执行如下对视图的修改操作：

```
UPDATE pbookview SET 原价=30 WHERE 书号='b010'
```

同样会出错，因为对数据的修改要保证数据修改后仍可以出现在视图中，但如果把原价改成 30 后，就会违背视图定义中价格大于 40 的条件而导致该记录不会出现在视图中，因此该操作不会成功。

4．修改视图

当视图创建之后，可以使用 ALTER VIEW 语句修改视图的定义，其基本语法格式如下：

```
ALTER VIEW view_name [(column1, column2, …)]
AS select_statement
[WITH CHECK OPTION]
```

其结构与 CREATE VIEW 语句相同，其中 view_name 表示待修改的视图名称。其他参数同创建视图的语法。

【例 5-64】 修改例 5-61 中的视图，增加 SELECT 子句中关于图书价格的条件。

```
ALTER VIEW mview
AS
SELECT bno, bname, bauthor, bpublisher, bprice, bpubdate
FROM book
WHERE bpublisher = '机械工业出版社' AND bprice > 40
```

5. 删除视图

在创建视图后，如果不再需要视图，可以将其删除。视图删除后，基本表和视图所基于的数据并不会受到影响。

通过执行 DROP VIEW 语句可以删除一个不再使用的视图，其基本语法格式如下：

```
DROP VIEW view_name
```

其中，view_name 是指要删除的视图名称。

【例 5-65】 删除例 5-63 创建的视图 pbookview。语句如下：

```
DROP VIEW pbookview
```

5.4.5 索引📖

用户对数据库最频繁的操作就是进行数据查询。如果对一个没有建立索引的表执行查询操作，SQL Server 将逐行扫描表中的数据行，并从中挑选出符合条件的记录。当一个表的数据量非常大时，这种查询操作是非常耗时的，为了提高检索能力，数据库引入了索引机制。

1. 索引简介

索引（Index）是建立在数据库表的列上的一种非常有用的数据库对象，它是影响关系数据库性能的重要因素之一，是提高数据检索效率的重要技术手段。常用的关系数据库管理系统如 SQL Server、Oracle、DB2 等，都提供相应的索引机制。

索引是数据库中的一个列表，该列表包含了某个数据表中的一列或几列值的集合，以及这些值的记录在数据表中存储位置的物理地址。通过这些对表中的数据提供逻辑顺序，当在数据库表中搜索某一行时，可以通过索引找到它的物理地址，从而提高对数据检索的效率。

对于大数据量的表，在表的某个字段建立索引后，通过这个字段查找数据的速度会大大加快。建立索引并不会改变表中记录的物理顺序，但是，索引的建立也需要占用额外的存储空间，并且在增、删、改操作中，索引也要更新。因此，合理有效的使用索引是数据库应用系统取得高性能的基础。

在 SQL Server 2008 中，根据索引的存储结构提供了两种基本的索引：聚集索引（clustered index，也称聚类索引、簇集索引）和非聚集索引（nonclustered index，也称非聚类索引、非簇集索引）。

聚集索引是一种数据表的物理顺序与索引顺序相同的索引。使用聚集索引需要注意以下情况：

- 每个表最多只能建立一个聚集索引，并且常常在主键所在的列或者最常查询的列上建立聚集索引。
- 聚集索引能够改变表的物理行顺序，表中的数据按照索引的数据顺序排列。
- 表的索引顺序和物理行顺序是一致的，非聚集索引的创建应该在聚集索引创建后创建，因为聚集索引会改变表行的物理顺序。

- 聚集索引将占用用户空间，所以要确保有足够的磁盘空间。

非聚集索引是一种数据表的物理顺序与索引顺序不相同的索引，它可以满足用户使用多种查询方式的请求。例如，查找读者信息时，可以按读者号查找，也可以按姓名查找，还可以按出生日期查找等。针对读者的读者号、姓名、出生日期可以分别建立索引，这些索引就是非聚集索引。创建非聚集索引时，要注意以下情况：

- 创建索引时如果未声明索引类型，默认类型为非聚集索引。
- 应在创建非聚集索引前创建聚集索引。
- 每个表最多可以创建 249 个非聚集索引。

除此之外，SQL Server 2008 系统还提供了唯一索引、全文索引、XML 索引等。

2. 创建索引

索引是一种物理结构，它能够提供一种以一列或多列的值为基础迅速查找表中行的能力。通过索引，可以大大提高数据库的检索速度，改善数据库性能。

在 SQL Server 2008 中创建索引主要有两种方法：一是通过对象资源管理器的图形化工具创建，二是通过 T-SQL 语句创建。

在创建索引时，首先了解创建索引的一些大的原则：

- 避免在一个表上创建大量的索引，因为这样不但会影响插入、删除、更新数据的性能，而且还会在更改表中的数据时增加索引调整的操作，进而降低系统的维护速度。
- 避免在包含很多重复值的列或在查询中很少使用到的列上创建索引。
- 应该在经常被查询的列或经常在排序分组中使用的列上创建索引，包括主键列和外键列。
- 列的值是唯一的列也可以创建索引。

使用对象资源管理器创建索引的方法请读者上机操作探索，下面介绍使用 T-SQL 语句创建索引。

在 T-SQL 语言中，通过使用 CREATE INDEX 语句来创建索引，既可以创建聚集索引，也可以创建非聚集索引，既可以在一个列上创建索引，也可以在两个或两个以上的列上创建索引。其基本语法格式如下：

```
CREATE [ UNIQUE ] [CLUSTERED|NONCLUSTERED] INDEX   index_name
ON table_name (column1 [ASC|DESC], column2 [ASC|DESC], …)
```

其中，各参数说明如下：

- index_name：要创建的索引的名称。
- table_name：将包含索引的现有表的名称或视图的名称。
- column：要进行索引的字段的名称。若要创建单字段索引，就在表名后的括号中列出字段名。若要创建多字段索引，要列出包括在索引中的每个字段的名称。要创建降序索引，使用 DESC 关键字；否则，索引假设为升序。
- UNIQUE、CLUSTERED、NONCLUSTERED：用于指定创建索引的类型，分别表示唯一索引、聚集索引和非聚集索引。当省略 UNIQUE 选择时，建立的是非唯一索引，当省略 CLUSTERED|NONCLUSTERED 选择时，CREATE INDEX 默认建立的是非聚簇索引，索引值可以重复。如果要建立特殊的索引，则需要显式地写出关键字，如 CREATE CLUSTERED INDEX 建立聚簇索引，CREATE UNIQUE INDEX 建立唯一索引。

需要注意，在创建表时，如果创建了主键或唯一性约束，系统会自动创建一个唯一索引。

【例 5-66】 为 book 表按图书名“bname”字段降序建立非聚集索引。语句如下：

```
CREATE INDEX book_name_ind
ON book(bname DESC)
```

3．修改索引

在 SQL Server 2008 中，索引的修改使用 ALTER INDEX 命令，但和之前介绍的修改表和修改视图不同的是，该语句与维护有关，而与结构无关，即此语句不能用于修改索引定义，如添加或删除列，或更改列的顺序，而主要用于重建索引、重新组织索引或禁用索引等维护操作。

常用的 ALTER INDEX 语句的语法形式如下：

重建指定索引：

```
ALTER INDEX index_name ON table_name REBUILD
```

重建全部索引：

```
ALTER INDEX ALL ON table_name REBUILD
```

重新组织索引：

```
ALTER INDEX index_name ON table_name REORGANIZE
```

禁用索引：

```
ALTER INDEX index_name ON table_name DISABLE
```

具体内容请自学掌握。

4．删除索引

使用索引虽然可以提高查询效率，但是对于一个表来说，如果索引过多，不但耗费磁盘空间，而且在修改表中记录时会增加服务器维护索引的时间。所以对于不需要的索引，应该及时从数据库中删除，这样既可以提高服务器效率，又可以回收被索引占用的存储空间。

使用 T-SQL 语言中的 DROP INDEX 语句可以删除索引，其基本的语法格式如下：

```
DROP INDEX    table.index, table.index, …
```

使用该语句可以删除当前数据库中的一个或多个索引，其中，各参数的含义如下：

- table：索引所在的表名或视图名。
- index：要删除的索引名称。

删除索引时需要注意：

- 在系统表的索引上不能指定 DROP INDEX。
- 若要除去为实现 PRIMARY KEY 或 UNIQUE 约束而创建的索引，必须先除去约束。
- 在删除聚集索引时，表中的所有非聚集索引都将被重建。
- 在删除表时，表中存在的所有索引都会被删除。

【例 5-67】 删除 readerbook 数据库 book 表上的索引 book_name_ind。语句如下：

```
DROP INDEX book.book_name_ind
```

习　题　5

5.1　选择题

1．在 SQL 语言的 SELECT 语句中，用于限定分组条件的是（　　）子句。

A．GROUP BY　　B．HAVING　　C．ORDER BY　　D．WHERE

2. 下列关于SQL语言中索引（Index）的叙述不正确的是（ ）。

A. 索引是外模式

B. 在一个基本表上可以创建多个索引

C. 索引可以加快查询的执行速度

D. 系统在存取数据时会自动选择合适的索引作为存取路径

3. SQL语言集数据查询、数据操纵、数据定义和数据控制功能于一体，语句CREATE、DROP、ALTER实现（ ）功能。

A. 数据查询　B. 数据操纵　C. 数据定义　D. 数据控制

4～5题基于如下描述：

设有一个数据库，包括S、J、P、SJP 4个关系模式：

- 供应商关系模式S(SNO,SNAME,CITY)
- 零件关系模式P(PNO,PNAME,COLOR,WEIGHT)
- 工程项目关系模式J(JNO,JNAME,CITY)
- 供应情况关系模式SJP(SNO,PNO,JNO,QTY)

假定它们都已经有若干数据。

4. “找出使用供应商名为‘红星’的供应商所供应的零件的工程名”的SELECT语句中将使用的关系有（ ）。

A. S、J和SJP　B. S、P和SJP　C. P、J和SJP　D. S、J、P和SJP

5. 找出“北京供应商的所有信息”的SELECT语句是（ ）。

A. SELECT * FROM S WHERE CITY='北京'

B. SELECT SNO,SNAME FROM S WHERE CITY='北京'

C. SELECT * FROM S WHERE CITY=北京

D. SELECT SNO,SNAME FROM S WHERE CITY=北京

6. 基本表EMP(ENO, ENAME, SALARY, DNO)，其属性表示职工的工号、姓名、工资和所在部门的编号；基本表DEPT(DNO, DNAME)，其属性表示部门的编号和部门名。有一个SQL语句：

```
UPDATE   EMP   SET   SALARY=SALARY*1.05
WHERE   DNO='D6'   AND   SALARY<(SELECT   AVG(SALARY)FROM   EMP)
```

该语句的含义为（ ）。

A. 为工资低于D6部门平均工资的所有职工加薪5%

B. 为工资低于整个企业平均工资的职工加薪5%

C. 为在D6部门工作，工资低于整个企业平均工资的职工加薪5%

D. 为在D6部门工作，工资低于本部门平均工资的职工加薪5%

7. 在SQL语言中，删除表对象的命令是（ ）。

A. DELETE　B. DROP　C. CLEAR　D. REMOVE

8. 基于“学生-选课-课程”数据库中的3个关系：S(S#, SNAME, SEX, AGE)、SC(S#, C#, GRADE)和C(C#, CNAME, TEACHER)，若要求查找选修“数据库技术”这门课程的学生姓名和成绩，将使用关系（ ）。

A. S和SC　B. SC和C　C. S和C　D. S、SC和C

9. 基于“学生-选课-课程”数据库中的3个关系：S(S#, SNAME, SEX, AGE)、SC(S#, C#, GRADE)和C(C#, CNAME, TEACHER)，若要求查找姓名中姓“王”的学生的学号和姓名，下面列出的SQL语

句中正确的是（　）。

Ⅰ. SELECT　S#, SNAME FROM S WHERE SNAME='王%'

Ⅱ. SELECT　S#, SNAME FROM S WHERE SNAME LIKE '王%'

Ⅲ. SELECT　S#, SNAME FROM S WHERE SNAME LIKE '王_'

A. Ⅰ　B. Ⅱ　C. Ⅲ　D. 全部

10. 基于“学生-选课-课程”数据库中的 3 个关系：S(S#, SNAME, SEX, AGE)，SC(S#, C#, GRADE)，C(C#, CNAME, TEACHER)，为了提高查询速度，对 SC 表（关系）创建唯一索引，应该创建在（　）（组）属性上。

A. (S#, C#)　B. S#　C. C#　D. GRADE

11. 基于“学生-选课-课程”数据库中如下 3 个关系：S(S#, SNAME, SEX, AGE)、SC(S#, C#, GRADE) 和 C(C#,CNAME, TEACHER)，把学生的学号及其平均成绩定义为一个视图。定义这个视图时，所用的 SELECT 语句中将出现子句（　）。

Ⅰ. FROM　Ⅱ. WHERE　Ⅲ. GROUP BY　Ⅳ. ORDER BY

A. Ⅰ和Ⅱ　B. Ⅰ和Ⅲ　C. Ⅰ、Ⅱ和Ⅲ　D. 全部

12. 基于“学生-选课-课程”数据库中如下 3 个关系：S(S#, SNAME, SEX, AGE)、SC(S#, C#, GRADE) 和 C(C#, CNAME, TEACHER)，查询选修了课程号为“C2”的学生号和姓名。若用下列 SQL 的 SELECT 语句表达时，（　）是错误的。

A. SELECT　S.S#, SNAME　FROM　S
　WHERE S.S#=(SELECT SC.S#　FROM　SC WHERE C#='C2')

B. SELECT　S.S#, SNAME　FROM　S, SC
　WHERE S.S#=SC.S#　AND　C#='C2'

C. SELECT　S.S#, SNAME　FROM　S, SC
　WHERE S.S#=SC.S#　AND　C#='C2'　ORDER BY S.S#

D. SELECT　S.S#, SNAME　FROM　S
　WHERE　S.S#IN(SELECT SC.S#　FROM　SC WHERE C#='C2')

13. 基于学生-课程数据库中的 3 个基本表：

- 学生信息表：s(sno, sname, sex, age, dept)，主码为 sno
- 课程信息表：c(cno, cname, teacher)，主码为 cno
- 学生选课信息表：sc(sno, cno, grade)，主码为(sno,cno)

“从学生选课信息表中找出无成绩的元组”的 SQL 语句是（　）。

A. SELECT * FROM sc WHERE grade=NULL

B. SELECT * FROM sc WHERE grade IS''

C. SELECT * FROM sc WHERE grade IS NULL

D. SELECT * FROM sc WHERE grade=''

14. SELECT 语句中与 HAVING 子句同时使用的是（　）子句。

A. ORDER BY　B. WHERE　C. GROUP BY　D. 无须配合

15. SELECT 语句执行的结果是（　）。

A. 数据项　B. 元组　C. 表　D. 视图

5.2　填空题

1. 在 SQL 语言中，删除表的定义及表中的数据和此表上的索引，应该使用的语句是________。

2．在SQL语言中，如果要为一个基本表增加列和完整性约束条件，应该使用SQL语句________。

3．当对视图进行UPDATE、INSERT和DELETE操作时，为了保证被操作的行满足视图定义中子查询语句的谓词条件，应在视图定义语句中使用可选择项________。

4．视图最终是定义在________上的，对视图的操作最终要转换为对________的更新。

5．在SQL的查询语句中，对查询结果分组可使用________子句，对查询结果排序可使用________子句，同时可以使用聚合函数增强检索功能。

6．SQL语言的功能包括________、________、________和数据控制。

7．在SELECT语句中进行查询，若希望查询的结果不出现重复元组，应在SELECT子句中使用关键字。

8．在SQL中，WHERE子句的条件表达式中，字符串匹配的操作符是________，与0个或多个字符匹配的通配符是________，与单个字符匹配的通配符是________。

9．SQL语言以同一种语法格式，提供________和________两种使用方式。

10．在SQL中，如果希望将查询结果排序，应在SELECT语句中使用________子句。其中，________选项表示升序，________选项表示降序。

5.3　综合题

某个学籍管理系统的EDU_D数据库有如下几个数据库表。

表5-9　student（学生表）

列　名	数据类型与长度	是否允许为空	备　注
sno	varchar(15)	not null	学号，主键
sname	nvarchar(10)	not null	姓名
ssex	char(2)	not null	性别，默认为'男'
sbirthday	date	null	出生日期
sclass	nvarchar(10)	null	班级

表5-10　course（课程表）

列　名	数据类型与长度	是否允许为空	备　注
cno	varchar(8)	not null	课程号，主键
cname	nvarchar(30)	not null	课程名称
cnature	nvarchar(10)	not null	课程性质
ccredit	real	not null	学分

表5-11　sc（选课表）

列　名	数据类型与长度	是否允许为空	备　注
sno	varchar(15)	not null	学号，外键（学生表）
cno	varchar(8)	not null	课程号，外键（课程表）
tno	varchar(15)	not null	教师编号，外键（教师表）
sgrade	int	null	成绩

表5-12　teacher（教师表）

列　名	数据类型与长度	是否允许为空	备　注
tno	varchar(15)	not null	教师编号，主键
tname	nvarchar(20)	not null	姓名
tsex	char(2)	not null	性别
tbirthday	date	null	出生日期
tprof	nvarchar(8)	null	职称
tdepart	nvarchar(20)	null	所在系

每个表中的数据如下所示：

表 5-13　student 表中的数据

sno	sname	ssex	sbirthday	sclass
20141213101	王平	男	1995-09-21	网络1401
20141213102	李明	男	1995-11-22	网络1401
20141213103	王晓丽	女	1994-10-31	网络1402
20141213104	李卫国	男	1996-05-18	计科1401
20141213105	孟艳梅	女	1995-03-22	计科1401
20141213106	刘海鹏	男	1996-01-15	计科1402

表 5-14　course 表中的数据

cno	cname	cnature	ccredit
C101	计算机网络原理	考试	5
C202	操作系统	考试	4
C201	数据结构	考试	4
C102	网络安全概论	考查	2.5

表 5-15　sc 表中的数据

sno	cno	tno	sgrade
20141213101	C101	11200104	96
20141213101	C102	11200102	85
20141213102	C101	11200104	76
20141213102	C102	11200102	94
20141213103	C101	11200104	86
20141213103	C102	11200102	86
20141213104	C101	11200104	78
20141213104	C202	11200103	89
20141213105	C201	11200101	88
20141213105	C202	11200103	83
20141213106	C201	11200101	64
20141213106	C202	11200103	92

表 5-16　teacher 表中的数据

tno	tname	tsex	tbirthday	tprof	tdepart
11200101	刘强	男	1966-10-02	教授	计算机系
11200102	王志坚	男	1979-05-22	副教授	网络工程系
11200103	王丽	女	1983-06-15	讲师	计算机系
11200104	张晓红	女	1985-08-14	讲师	网络工程系

请根据上述表写出下列查询及操作的 SQL 语句：

1．查询 student 表中所有学生的信息。

2．查询 student 表中所有学生的学号、姓名和班级。

3．查询 teacher 表中的所有系名（去掉重复值）。

4．查询 student 表中所有学生的信息，并按班级降序排列。

5．查询 sc 表中成绩在 70 到 90 之间（包括这两个值）的所有选课记录。

6．查询 sc 表中成绩为 75、82、86 或 89 的记录。

7．查询 student 表中“网络 1401”班或性别为“女”的学生记录。

8．查询 sc 表中的所有信息，并按课程号升序、成绩降序排列。

9．查询 student 表中每个学生的姓名和年龄。

10．查询 student 表中“计科 1402”班的学生总人数。

11．查询 sc 表中最高分的学生的学号和所选课程号。

12．查询 sc 表中“C101”号课程的平均分。

13．查询 sc 表中至少有 3 名学生选修，且课程号以 2 结尾的课程的平均分数。

14．查询 sc 表中最低分大于 80，最高分小于 90 的学号列。

15．查询所有学生的姓名、所选课程号和成绩。

16．查询所有学生的学号、所选课程名和成绩。

17．查询所有学生的姓名、所选课程名和成绩。

18．查询“网络 1402”班学生所选的每门课程的平均分。

19．查询选修了“C101”课程的成绩高于“20141213104”号同学成绩的所有同学的记录。

20．查询 sc 表中选修两门及以上课程的同学中分数为非最高分成绩的记录。

21．查询和学号为“20141213102”的同学同年出生的所有学生的学号、姓名和出生日期。

22．查询“张晓红”老师所教课程的学生成绩。

23．查询所授课程选修人数多于 3 人的教师姓名。

24．查询“计科 1401”班和“计科 1402”班全体学生的记录。

25．查询考试成绩存在 85 分以上的课程的课程号。

26．查询“计算机系”教师所教课程的成绩表。

27．查询所有教师和学生的姓名、性别和出生日期。

28．查询所有“女”教师和“女”同学的姓名、性别和出生日期。

29．查询成绩低于所选课程平均成绩的选课信息。

30．查询至少有 2 名男生的班级名称。

31．查询 student 表中不姓“王”的同学记录。

32．查询“男”教师及其所上的课程。

33．查询最高分同学的学号、课程号和成绩。

34．查询和“李明”同性别的同学的姓名。

35．查询和“李明”同性别并同班的同学姓名。

36．查询所有选修“计算机网络原理”课程的“男”同学的成绩。

37．查询“计算机系”中与“网络工程系”的“张旭”老师职称相同的教师姓名和职称。

38．查询选修了“C101”课程且成绩至少高于选修了“C102”课程的同学的学号、课程号和成绩，并按成绩降序排列。

39．用 CREATE TABLE 命令建立表 5-1～表 5-4。

40．用 INSERT 命令分别插入表 5-5～表 5-8 中的记录。

41．把 course 表中课程号为“C101”的课程学分修改为 4。

42．在 sc 表中增加一个 date 类型的列，列名为 tdate。

43．删除 sc 表中的所有记录。

44．删除 sc 表。

45．创建视图 ise，使之只能查询“计科 1401”班学生的信息。

第 6 章　数据库保护

本章介绍数据库的恢复技术、并发控制、完整性控制及安全性控制。读者可以掌握 SQL Server 2008 中数据库数据备份与恢复方法，进一步理解 SQL Server 2008 身份验证模式和数据操作权限控制技术。

本章导读：

- 数据库的恢复技术
- 并发控制
- 数据库的完整性
- 数据库的安全性

6.1 事　务

6.1.1 事务的概念

事务是指由用户定义的数据库操作序列，这个操作序列要么全做、要么全不做，是不可分割的。

在关系数据库中，一个事务可以是一条 SQL 语句，一组 SQL 语句，一段程序，甚至整个程序。一个程序中也可以包含多个事务。

如果某事务一旦成功，则在该事务中执行的所有数据修改均会被写入数据库，也就是真正实现对数据库的修改，成为数据库中有效的组成部分。如果事务遇到错误必须取消或回滚，则所有数据修改均被撤销。

事务有 3 种运行模式。

（1）自动提交事务

每条单独语句都是一个事务，包括 SELECT、CREATE、INSERT、DELETE、DROP、GRANT、REVOKE 等语句。

（2）显式事务

每个事务均以 BEGIN TRANSACTION 语句开始，以 COMMIT 语句或 ROLLBACK 语句结束。具体语句格式如下：

```
BEGIN TRANSACTION          //表示事务开始
    ⋮
ROLLBACK                   //事务回滚
    ⋮
COMMIT                     //提交事务
```

事务通常以显式模式运行。ROLLBACK 表示回滚，即在事务运行过程中发生了某种故障，事务不能继续执行，系统将事务中对数据库的所有已完成的操作（这里的操作指对数据库的更新操作）全部撤销，回滚到事务开始时的状态。COMMIT 表示提交，即事务正常结束，提交事务的所有操作，将事务中所有对数据库的更新写回到磁盘上的物理数据库中，事务正常结束。

下面是一个转账事务的例子。

【例 6-1】 编程实现从账户 a 转账到账户 b。

程序如下：

```
BEGIN TRANSACTION
Read(a_balance)                                   //读账户 a 的余额 a_balance
a_balance=a_balance-amount                        //amount 为转账金额
IF（a_balance<0）THEN
{  print'no enough balance, don't transfer'       //打印不能转账原因
   ROLLBACK  }                                    //撤销刚才对于账户 a 的修改，事务恢复
ELSE
{  Read(b_balance)                                //读账户 b 的余额 b_balance
   b_balance=b_balance+amount                     //实现转账
   COMMIT  }
```

这样就能保证转账的正确完成。如果不将从账户 a 上的取款操作和向账户 b 上的存款操作设为事

务，就有可能出错。例如，在转账执行过程中取款操作成功而存款操作失败，则账户 a 和账户 b 的金额总和会比转账前减少，也就是从账户 a 中提出的款被丢失。

（3）隐性事务

在前一个事务完成时则新事务隐式启动，但每个事务仍以 COMMIT 语句或 ROLLBACK 语句显式地表示完成。

6.1.2 事务的特性

事务具有 4 个特性：原子性（Atomicity）、一致性（Consistency）、隔离性（Isolation）和持续性（Durability）。取 4 个特性的第 1 个英文字母，简称为 ACID 特性。

1．原子性

事务是数据库操作的逻辑工作单位，事务中的所有操作要么全做，要么全不做，也就是说，这个单位中的所有操作不可以被分割。这就是事务的原子性。

假设在某一事务中包含若干条 SQL 语句，那么事务中的这若干条语句构成一个整体。在正常情况下，不会出现只做其中的一部分，而另一部分不做的现象，即要么全做，要么全不做。例 6-1 中从账户 a 中取款和向账户 b 中存款应该作为同一个转账事务中的操作，只有保证取款和存款都正确执行，才能实现转账。

保证原子性是数据库系统本身的职责，由 DBMS 的事务管理子系统来实现。

2．一致性

事务执行的结果必须是使数据库从一个一致性状态转换到另一个一致性状态，即数据不会因为事务的执行而遭到破坏。当数据库只包含成功事务提交的结果时，数据库会处于一致性状态。如果数据库系统在运行中发生故障，有些事务尚未完成就被迫中断，系统将事务中对数据库的所有已完成的操作全部撤销，回滚到事务开始时的一致状态，这样就保持了数据库的一致性。在例 6-1 的转账事务中，不论事务中取款操作和存款操作是否成功执行，账户 a 和账户 b 的金额总和不变，保持一致性。

确保单个事务的一致性是编写事务的应用程序员的职责。在系统运行时，由 DBMS 的完整性子系统执行测试任务。

3．隔离性

一个事务的执行不能被其他事务干扰，即一个事务内部的操作及使用的数据对其他并发事务是隔离的，并发执行的各个事务之间不能互相干扰。在例 6-1 中，转账事务不会因为其他对于账户 a 或账户 b 的操作而受到干扰，转账事务与其他事务是隔离的，其他操作不能影响转账事务的执行。

事务的隔离性是由 DBMS 的并发控制子系统实现的。

4．持续性

持续性也称永久性（Permanence），指事务一旦提交，它对数据库中数据的改变就应该是有效的，除非用户后来再次修改此数据，否则它的存在将是永久的。接下来的其他操作或故障不应该对其执行结果有任何影响。在例 6-1 中，转账事务在执行后，对于账户 a 和账户 b 金额的修改将是有效的。

保证事务的 ACID 特性不被破坏是事务处理的首要任务，如果破坏了事务的 ACID 特性，对于数据库的性能会带来一定的影响。事务 ACID 特性可能遭到破坏的因素有：

- 多个事务并行运行时，不同事务的操作交叉执行；
- 事务在运行过程中被强行停止。

在第一种情况下，数据库管理系统必须保证多个事务的交叉运行不影响这些事务的原子性。在第二种情况下，数据库管理系统必须保证被强行终止的事务对数据库和其他事务没有任何影响。

6.1.3 SQL Server 2008 事务应用

【例6-2】假设在SQL Server 2008服务器下某一数据库中有一产品价格表gprice（gno, gname, price），表中gno代表产品代码，gname代表产品名称，price代表产品价格，数据内容如表6-1所示。

表6-1 产品价格表gprice

gno	gname	price
g001	bicycle	85
g002	watch	75
g003	desk	74

在SQL Server 2008查询编辑窗口中编写语句，由于减价处理将每种产品的价格都减去10，但必须保证每种产品的价格都不小于60。事务语句如下：

```
declare @price int                    //定义一个整数类型的变量@price
begin transaction
  update gprice
  set price=price - 10
  select @price=price from gprice     //@price 的值即为查询的每行记录的 price 值
  if @price<60
     rollback
  else
     commit
```

以上事务在被执行一次后，gprice表中price列值将被修改。

事务执行分析：将每种产品的价格在原来的基础上都减去10后，表中所有的价格都大于60，所以条件“@price<60”不成立，故事务没有执行回滚（rollback）操作，而是执行提交（commit）操作。事务执行后表中内容如表6-2所示。

表6-2 事务执行一次后的产品价格表

gno	gname	price
g001	bicycle	75
g002	watch	65
g003	desk	64

事务被提交后，因事务具有持续性，事务对于gprice表中price列的修改将永久地保存在gprice表中。

假设事务中语句再被执行一次，gprice表中price列中值将不发生变化。

事务执行分析：首先update更新语句将gprice表中price列的值都减去10，则价格分别为65、55、54。update更新语句执行后将结果放到系统的缓冲区中，然后使用select查询语句查询更新后的表，发现其中存在不满足条件“@price<60”的记录，故执行回滚（rollback）操作，将gprice表恢复到update更新语句执行之前的状态，gprice表中price列中的值将不发生变化。同理，假设在第一次事务执行之前，在gprice表中存在产品的价格低于70，则事务将不会执行commit操作，即表中价格列的值将不会发生变化。

6.1.4 事务的状态转换

事务是数据库恢复和并发控制的基本单位。保证事务ACID特性是事务处理的重要任务。但事务被提交后，事务ACID特性就有可能遭到破坏。在不出现故障的情况下，所有的事务都能成功完成。但是，正如前面所注意到的，事务并非总能顺利执行完成。这种非正常结束的事务称为中止事务，成功完成执行的事务称为已提交事务。自事务提交后，事务的状态会因外界因素的影响而发生变化，可以建立一个事务的状态转换图来描述事务的执行过程，如图6-1所示。

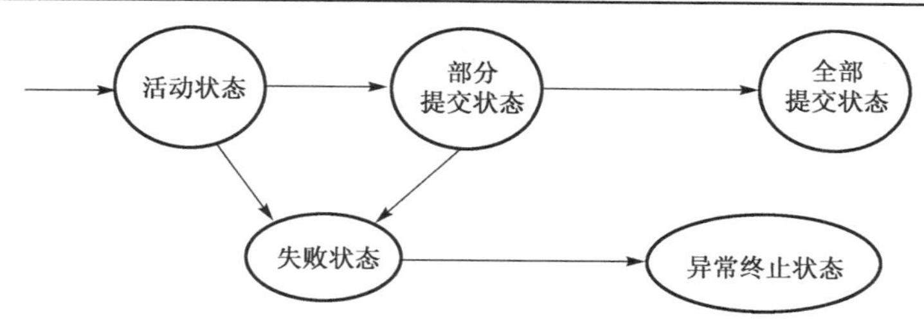

图 6-1　事务状态转换图

（1）活动状态

开始执行后，事务进入活动状态，事务开始执行对于数据库中数据的读操作或写操作。但写操作中对数据的更新操作仅保存在系统的缓冲区中，而未实际保存在物理存储设备中。

（2）部分提交状态

当事务中全部语句都执行完毕后，进入了部分提交状态。事务中的语句虽然执行完毕，但是事务中对于数据库中数据的更新操作仅保存在系统缓冲区中，还没有全部保存在物理存储设备中，需要时间进行提交，故事务进入部分提交状态。

（3）全部提交状态

事务进入部分提交后，事务中对于数据的更新开始写入物理存储设备中，当全部更新都写入完毕后，系统被告知事务执行已经结束，事务进入全部提交状态。

（4）失败状态

事务有两种可能会进入失败状态。第一种可能是如果活动状态的事务还没有执行到事务的最后一条语句就被中止，则事务进入失败状态；第二种可能是处于部分提交状态的事务，如果发生故障也将进入失败状态。

（5）异常终止状态

失败状态的事务可能已将对于数据更新的部分结果写入物理存储设备。为了保证事务的原子性，必须撤销已经写入物理设备中的数据更新。此时，事务进入异常终止状态。

6.2　数据库恢复技术

数据库在运行过程中可能会出现不同的故障，因此数据库管理系统（DBMS）需要提供数据库恢复机制，以保障数据库在遭到破坏后能够修复数据库，即实现数据库的恢复。数据库的恢复就是将数据库从错误的状态恢复到某一正确状态。

6.2.1　数据库可能出现的故障

尽管数据库系统中采取了各种保护措施来防止数据库的安全性和完整性被破坏，保证并发事务的正确执行，但是计算机系统中硬件在运行中的故障、软件的问题、操作员的失误及恶意的破坏仍是不可避免的，这些故障会带来一系列的问题，使数据库中部分甚至全部数据丢失，整个数据库遭到破坏。

数据库可能出现的故障有以下几种。

（1）事务内部的故障

事务内部的故障有的是可以通过事务本身发现的（见例 6-1），有的是非预期的，不能由事务本身处理。

例 6-1 所包括的两个更新操作要么全做，要么全不做，否则就会使数据库处于不一致状态。例如，只把账户 a 的余额减少了，而没有把账户 b 的余额增加。在这段事务操作序列中若产生账户 a 余额不足的情况，事务本身可以发现并让事务回滚，撤销已做的修改，恢复数据库到正确状态。

事务内部更多的故障是非预期的，是不能由事务本身处理的。例如，运算溢出、多个并发执行的事务因发生“死锁”而被选中撤销该事务、违反了某些完整性限制等。

（2）系统故障

系统故障称为软故障，是指在系统运行过程中造成系统停止运行的任何事件，使得系统需重新启动，如 CPU 故障、操作系统故障、突然停电等一些特定的硬件错误。这类故障影响正在运行的所有事务，但不破坏数据库。发生系统故障时，主存内容尤其是数据库缓冲区（在内存）中的内容都将丢失，所有运行事务都被非正常终止。发生系统故障时，一些尚未完成的事务的结果可能已送入物理数据库，有些已完成的事务可能有一部分甚至全部留在缓冲区，尚未写回到物理存储设备中，从而造成数据库处于不正确的状态。

（3）介质故障

介质故障又称为硬故障。硬故障是指外存故障，即存放物理数据库的存储设备发生不可预知的故障，如磁盘损坏、磁头碰撞、瞬时强磁场干扰等。这类故障将破坏整个数据库或部分数据库，并影响正在存取这部分数据的所有事务。此类故障比事务故障和系统故障发生的可能性要小得多，但一旦发生破坏性极大。

（4）计算机病毒

计算机病毒是具有破坏性、可以自我复制的计算机程序。计算机病毒往往是一些恶作剧者开发的计算机程序，它已成为计算机系统的主要威胁，同时也威胁着数据库系统的安全。因此，数据库一旦被病毒破坏，需要用数据库恢复技术将数据库恢复。

总结以上 4 类故障，对数据库的影响可分为两种：一是数据库本身被破坏；二是数据库没有被破坏，但数据可能不正确，这是因为事务的运行被非正常终止造成的。

数据库恢复的基本原理十分简单，可以使用数据冗余来实现。也就是说，数据库中任何一部分被破坏的或不正确的数据可以根据存储在别处的冗余数据来重建。尽管恢复的基本原理很简单，但实现技术的细节却比较复杂，下面重点介绍数据库恢复的实现技术。

6.2.2　数据库的恢复原理

一个好的数据库管理系统（DBMS）应该能够将数据库从不正确的状态（因出现故障）恢复到最近一个正确的状态，DBMS 的这种能力称为“可恢复性”。

恢复机制涉及的两个关键问题是：

- 如何建立冗余数据，即数据库的重复存储；
- 如何利用这些冗余数据实施数据库恢复。

建立冗余数据最常用的技术是数据转储和登记日志文件。通常在一个数据库系统中，这两种方法一起使用。

1. 数据转储

数据转储是指数据库管理员（DBA）定期地将整个数据库复制到磁带或另一个磁盘上保存起来的过程。这些备用的数据文本称为后备副本或后援副本。

当数据库遭到破坏后可以将后备副本重新装入，但重装后备副本只能将数据库恢复到转储时的状态，要想恢复到故障发生时的状态，必须重新运行转储以后的所有更新事务。转储是十分耗费时间和资源的，不能频繁进行。DBA 应该根据数据库使用情况确定一个适当的转储周期。

数据转储可分为静态转储和动态转储两种。

静态转储是指在系统中没有运行事务时进行的转储操作，即转储操作开始的时刻，数据库处于一致性状态，在转储期间不允许对数据库进行任何存取、修改操作。显然，静态转储得到的一定是一个具有数据一致性的副本。

静态转储简单，但转储必须等待正在运行的用户事务结束才能进行，同样，新的事务必须等待转储结束才能执行。显然，这会降低数据库的可用性。

动态转储是指转储期间允许对数据库进行存取或修改，即转储和用户事务可以并发执行。

动态转储可以克服静态转储的缺点，它无须等待正在运行的用户事务结束，也不会影响新事务的运行。但是，转储结束时，后备副本上的数据并不能保证正确有效。为了保持后备副本数据的一致性，必须将转储期间各事务对数据库的修改活动登记下来，建立日志文件（Log File）。这样，后备副本加上日志文件就能把数据库恢复到某一时刻的正确状态。

根据转储数据量的多少，转储还可以分为海量转储和增量转储两种方式。海量转储是指每次转储全部数据库，增量转储则指每次只转储上一次转储后更新过的数据。从恢复角度看，使用海量转储得到的后备副本进行恢复一般说来会更方便些，但如果数据库很大，事务处理又十分频繁，则增量转储方式更实用、更有效。

数据转储有海量转储和增量转储两种方式，分别可以在静态转储和动态转储两种状态下进行，因此数据转储方法可以分为静态海量转储、静态增量转储、动态海量转储和动态增量转储 4 类。

2. 登记日志文件

（1）日志文件的格式和内容

日志文件是用来记录事务对数据库更新操作的文件。不同数据库系统采用的日志文件格式并不完全一样。概括起来日志文件主要有两种格式：以记录为单位的日志文件和以数据块为单位的日志文件。下面简要介绍以记录为单位的日志文件。

对于以记录为单位的日志文件，日志文件中需要登记的内容包括：各个事务的开始（BEGIN TRANSACTION）标记、各个事务的结束（COMMIT 或 ROLL BACK）标记及各个事务的所有更新操作。每个事务的开始标记、每个事务的结束标记和每个更新操作均作为日志文件中的一个日志记录（Log Record）。

每个日志记录的内容主要包括：事务标识（标明是哪个事务）、操作的类型（插入、删除或修改）、操作对象（记录内部标识）、更新前数据值及更新后数据值。

（2）日志文件的作用

日志文件可以用来进行事务故障恢复和系统故障恢复，并协助后备副本进行介质故障恢复。

① 事务故障恢复和系统故障恢复必须使用日志文件。

② 在动态转储方式中必须建立日志文件，后备副本和日志文件结合起来才能有效地恢复数据库。

③ 在静态转储方式中，也可以建立日志文件。当数据库毁坏后可以重新装入后备副本把数据库恢复到转储结束时刻的正确状态，然后利用日志文件，把已完成的事务进行重做处理，对故障发生时尚未完成的事务进行撤销处理。这样不必重新运行那些已完成的事务程序就可以将数据库恢复到故障前某一时刻的正确状态。

（3）登记日志文件（Logging）

为保证数据库是可恢复的，登记日志文件时必须遵循两条原则：

① 登记的次序严格按并发事务执行的时间次序。

② 必须先写日志文件，后写数据库。

把对数据的修改写到数据库中和把表示这个修改的日志记录写到日志文件中是两个不同的操作，有可能在这两个操作之间发生故障，即这两个写操作只完成了一个。如果先写了数据库修改，而在运行记录中没有登记这个修改，则以后就无法恢复这个修改了。如果先写日志，但没有修改数据库，按日志文件恢复时只不过是多执行一次不必要的撤销操作，并不影响数据库的正确性。所以，为了安全，一定要先写日志文件，即首先把日志记录写到日志文件中，然后写数据库的修改，这就是“先写日志文件”的原则。

在数据转储和登记日志文件实现数据冗余后，下一步要做的工作就是使用这些冗余数据实现数据库的恢复，具体恢复策略会根据故障类型的不同而不同。

6.2.3 SQL Server 2008 中数据库的备份与还原

要实现数据库的恢复首先要创建数据冗余，然后根据冗余数据实现数据库恢复。SQL Server 2008 中提供备份数据库和还原数据库实现数据库恢复机制。

1. 数据库的备份

对于一个数据库来说何时被破坏及被破坏到什么程度都是不可预测的，所以备份数据库是一个非常重要的工作，必须确定一定的备份策略，按照策略实现备份。备份策略中应包含如下内容：什么时间备份、备份到什么位置、备份者是谁、备份哪些数据（备份内容）、平均隔多长时间进行备份（备份频率）及如何备份等。

数据库备份常用的两种方法有：完全备份和差异备份。完全备份是指每次都备份整个数据库或事务日志。差异备份只备份自上次数据库备份后发生更改的数据。差异备份比完全备份所占的空间小而且备份速度快，因此可以更经常地备份，经常备份将减少丢失数据的危险。

备份数据库即将数据从数据库中转存到某个位置，当数据库出现故障时再从这个位置导入数据库中。转存的这个位置称为备份设备。SQL Server 2008 使用物理设备名称或逻辑设备名称标识备份设备。物理备份设备是操作系统用来标识备份设备的名称，如 D:\student_backup.bak。逻辑备份设备是用来标识物理备份设备的别名或公用名称。逻辑设备名称永久地存储在 SQL Server 2008 内的系统表中。使用逻辑备份设备的优点是引用它比引用物理设备名称简单。例如，逻辑设备名称可以是 student_backup，而物理设备名称则是 D:\student_backup.bak。

SQL Server 2008 提供了两种方式实现数据库备份：第 1 种是使用对象资源管理器（SSMS）以图形向导方式备份，第 2 种是使用 T-SQL 命令。不管使用哪种方式，都需要先创建备份设备。

（1）使用 SSMS 实现备份

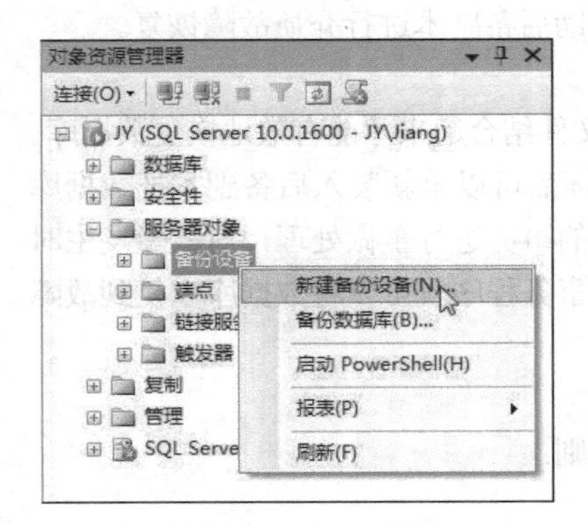

图 6-2　选择“新建备份设备”

使用 SSMS 进行备份的步骤如下。

① 创建备份设备逻辑名称。在 SQL Server 2008 SSMS 窗口中打开要创建备份设备的服务器，展开“服务器对象”节点，在“备份设备”上单击鼠标右键，从弹出的快捷菜单中选择“新建备份设备”命令，如图 6-2 所示。

② 在弹出的“备份设备”对话框中创建新的备份设备。在“设备名称”文本框中填写备份设备的逻辑名称，在“文件”文本框处选择此逻辑名称所关联的物理文件名，包括路径，或通过单击“浏览”按钮来确定物理文件。完成后单击“确定”按钮即创建了备份设备，如图 6-3 所示。

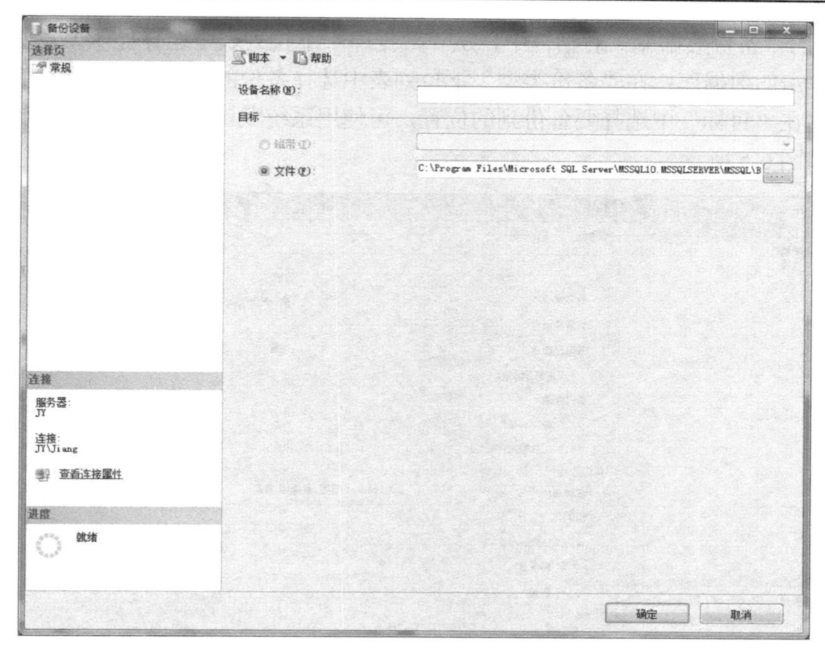

图 6-3 “备份设备”对话框

③ 右键单击要备份的数据库，在弹出的快捷菜单中依次选择“任务”→“备份”命令，如图 6-4 所示。

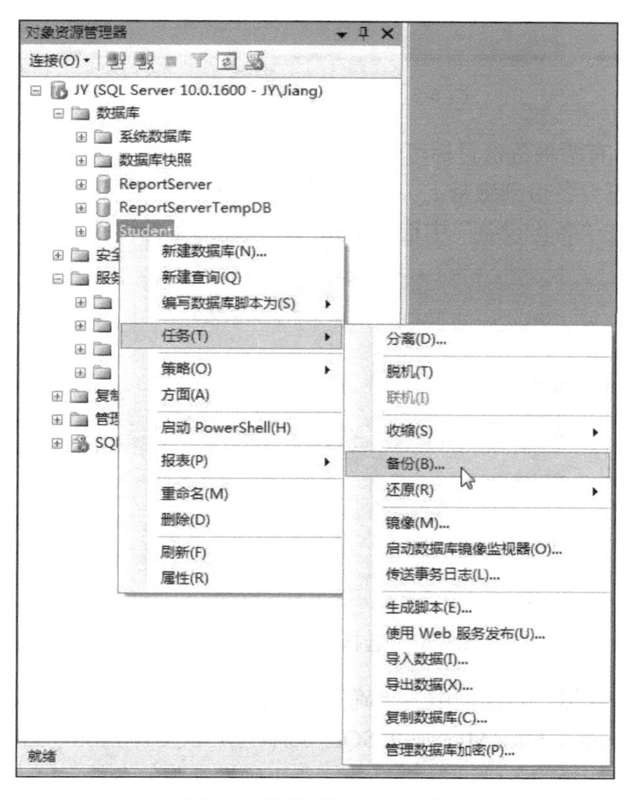

图 6-4 选择“备份”命令

④ 在弹出的“备份数据库”对话框中，从“数据库”下拉列表中选择显示要备份的数据库，默认为刚才右键单击的数据库；在“备份类型”下拉列表中选择备份的方式；在“名称”文本框中设置备份集的名称；在“目标”中选择要备份到的位置，可使用系统默认设置，也可单击“添加”按钮选择备份目标，如图6-5所示。

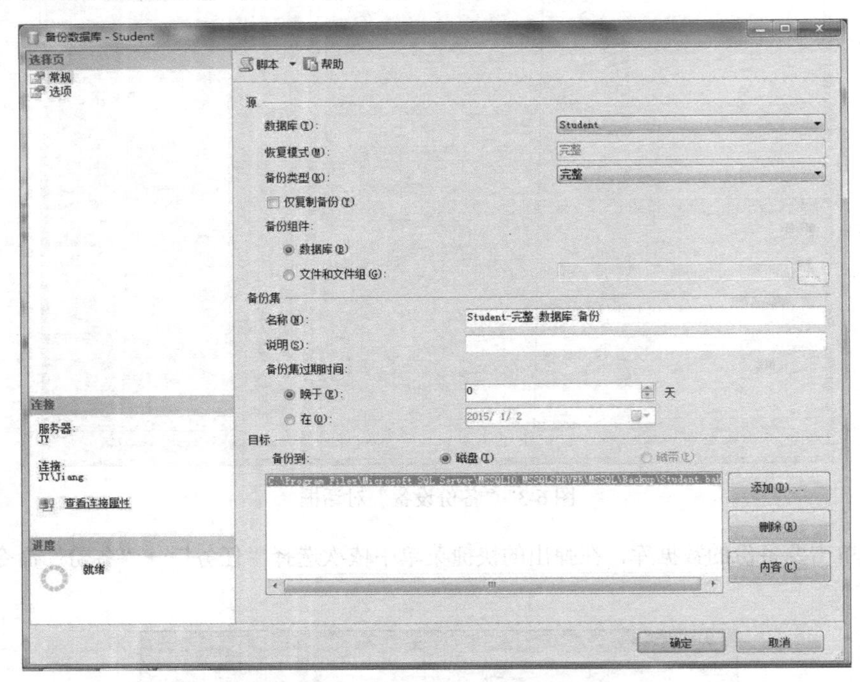

图6-5 “备份数据库”对话框

⑤ 在目标区域中，有两种备份目标可供选择，一种是“磁盘”，表示备份到某个磁盘文件上，另一种是“磁带”，表示要备份到磁带上。可通过单击右侧的“添加”按钮打开“选择备份目标”对话框，指定磁盘文件，在“备份设备”中选择事先已经创建的备份设备，如图6-6所示。

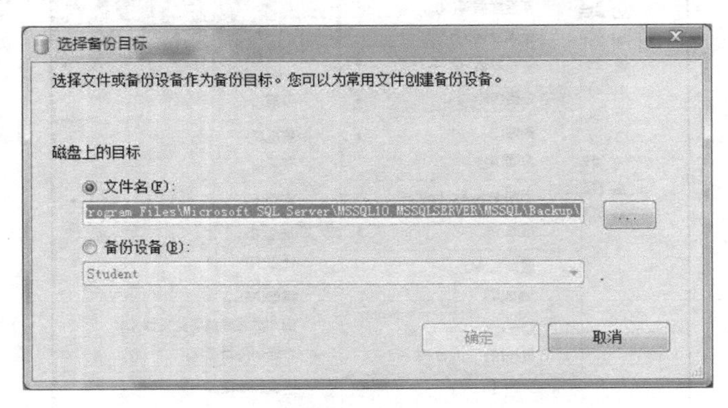

图6-6 “选择备份目标”对话框

⑥ 单击“选择备份目标”对话框中的“确定”按钮后返回到“备份数据库”对话框，删除原来的默认磁盘文件“C:\Program Files\Microsoft SQL Server\MSSQL10.MSSQLSERVER\MSSQL\Backup\Student.bak”，只留下刚选择的备份设备Student，在正确设置其他参数后单击“确定”按钮，系统执行备份操作。在备份操作完毕后，弹出如图6-7所示的备份完成对话框。

（2）使用 T-SQL 命令实现备份

使用 T-SQL 命令进行备份的步骤如下。

① 在 SSMS 窗口中打开“视图”菜单，在下拉菜单中选择“模板资源管理器”，在 SSMS 窗口右侧打开模板资源管理器，如图 6-8 所示。

图 6-7　备份完成对话框

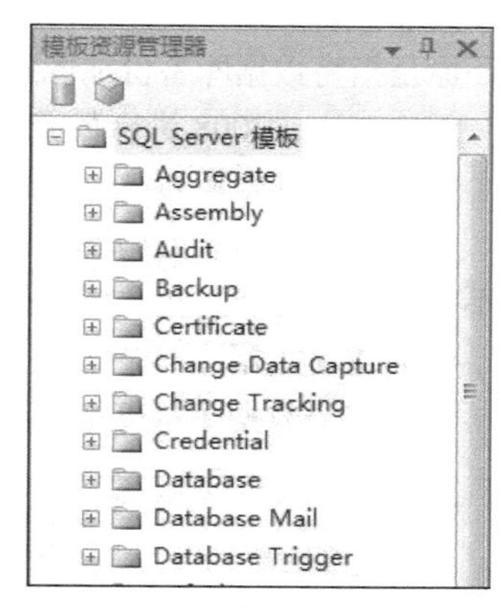

图 6-8　模板资源管理器

② 展开“Backup”节点，然后双击“backup database”，将打开一个新的查询编辑窗口，其中包含“备份数据库”模板的内容，如图 6-9 所示。

SQLQuery2.sql - JY....ent (JY\Jiang (54))

```
-- =============================================
-- Backup Database Template
-- =============================================
BACKUP DATABASE <Database_Name, sysname, Database_Name>
    TO  DISK = N'<Backup_Path,,C:\Program Files\Microsoft SQL Server\MSSQL10.MSSQLSERVER\MSSQL\Backup\><Database_Name,
WITH
    NOFORMAT,
    COMPRESSION,
    NOINIT,
    NAME = N'<Database_Name, sysname, Database_Name>-Full Database Backup',
    SKIP,
    STATS = 10;
GO
```

图 6-9　备份数据库模板

③ 按照 backup database 的语法规则，编写数据库备份的 SQL 语句，然后执行该语句，即可完成数据库备份操作。

backup database 语句的格式如下：

```
backup database
{database_name|database_name_var}
to
<backup_file>[, …n]
[with
   [[,]format]
   [[,]init|noinit]
   [[,]restart]
]
<backup_file>::={backup_file_name|@backup_file_evar}|{disk|tape}
={temp_file_name|@temp_file_name_evar}
```

SQL Server 2008 提供了方便的模板资源管理器，创建 T-SQL 模板，该 T-SQL 语句也可以直接手动书写，来实现数据备份。在 T-SQL 中，也可以使用存储过程 sp_addumpdevice 创建备份设备。

2．数据库的还原

数据库备份后，一旦系统发生崩溃或执行了错误的操作，就可以从备份文件中还原数据库。数据库还原是指将数据库备份加载到系统中的过程。

SQL Server 2008 进行数据库还原时，将自动执行下列操作以确保数据库被完整地还原。

（1）进行安全检查

安全检查是系统的内部机制，是数据库还原时的必要操作，它可以防止由于偶然的误操作而使用了不完整的信息或其他数据库备份来覆盖现有的数据库。

（2）重建数据库

当从完全数据库备份中还原数据库时，SQL Server 2008 将重建数据库文件，并把所重建的数据库文件置于备份数据库时这些文件所在的位置，所有的数据库对象都将自动重建，用户无须重建数据库的结构。

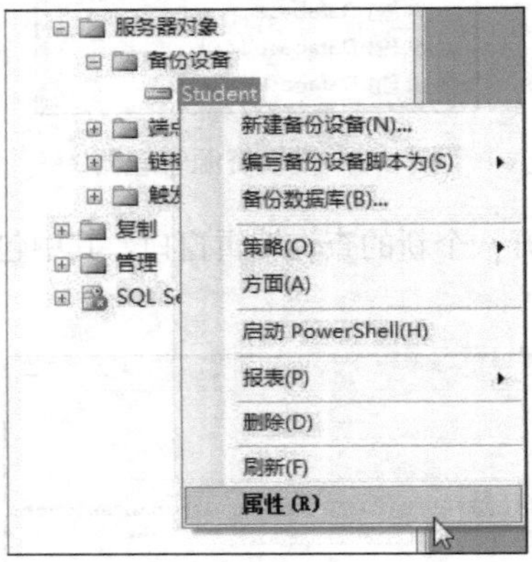

图 6-10　查看备份设备

在恢复数据库之前，要检查有关备份集或备份介质的信息，确保数据库备份介质是有效的。

在 SSMS 中查看备份介质信息的方法为：

① 在“对象资源管理器”中展开“服务器对象”，在其中的“备份设备”里选择欲查看的备份介质（如 Student），单击鼠标右键，在弹出的快捷菜单中选择“属性”命令，如图 6-10 所示。

② 在打开的“备份设备”对话框中单击“媒体内容”选项卡，将显示所选备份介质的有关信息，例如，备份介质所在的服务器名、备份数据库名、备份类型、备份日期、到期日及大小等信息，如图 6-11 所示。

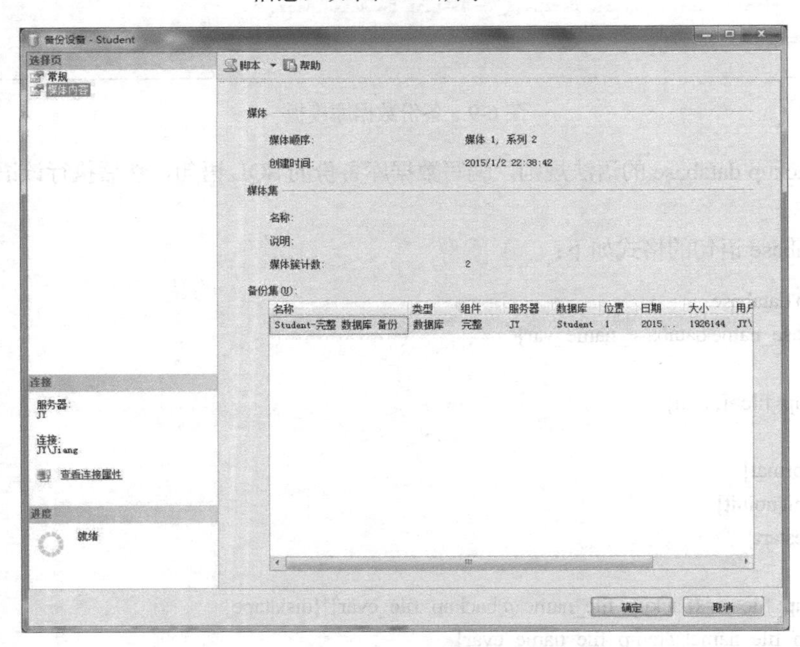

图 6-11　备份设备“媒体内容”选项卡

使用 SSMS 图形化向导还原数据库的步骤如下。

① 启动 SSMS，在“对象资源管理器”中展开“数据库”节点，选择需要还原的数据库 Student，单击鼠标右键，依次选择“任务”→“还原”→“数据库”命令，如图 6-12 所示。

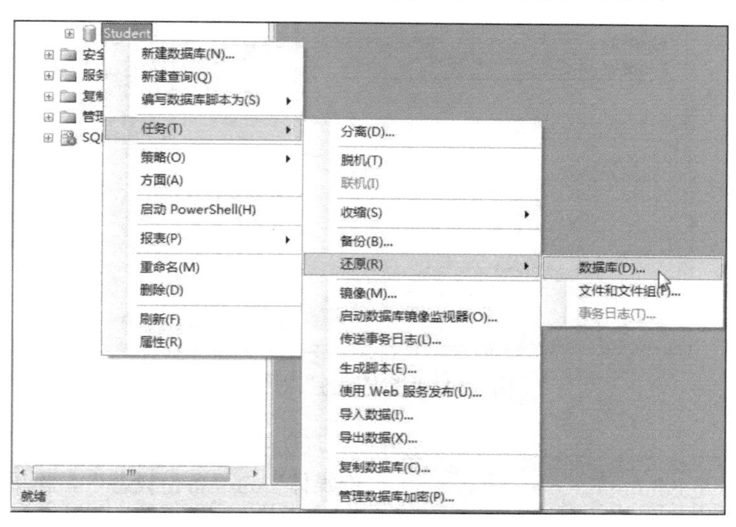

图 6-12　选择还原数据库

如果要还原特定的文件或文件组，则可以选择“文件和文件组”命令，之后的操作与还原数据库类似。

② 打开“还原数据库”对话框，如图 6-13 所示。如果要还原的数据库名称与显示的默认数据库名称不同，可以在“目标数据库”列表框中进行输入或选择。若要用新名称还原数据库，请输入新的数据库名称。然后从“源数据库”下拉列表中指定用于还原的备份集的源和位置。

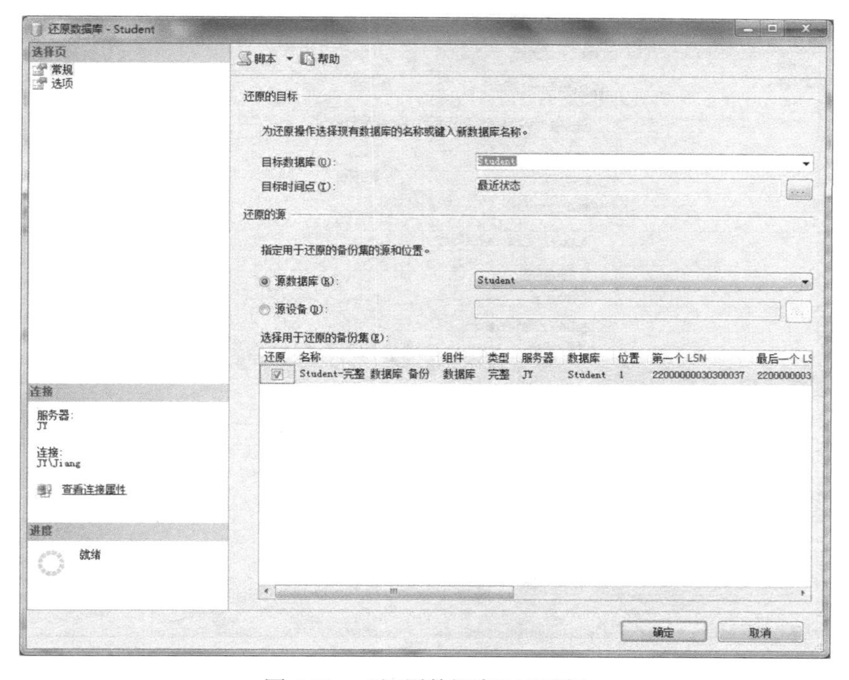

图 6-13　“还原数据库”对话框

③ 这里选择“源设备”，并单击后面的“浏览”按钮，打开“指定备份”对话框，如图6-14所示。

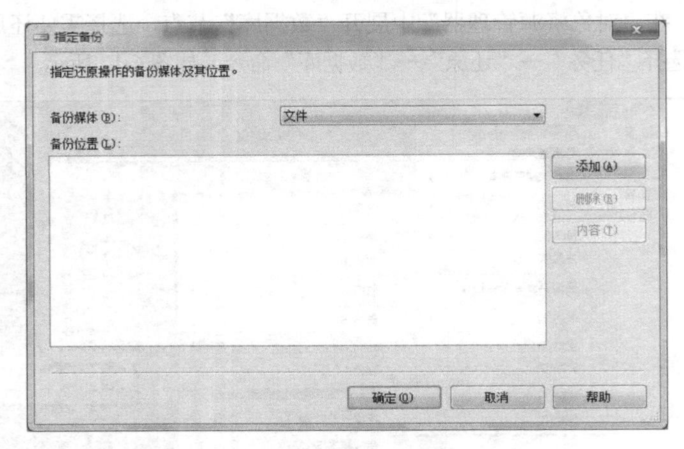

图6-14 “指定设备”对话框

④ 在打开的“指定备份”对话框中选择“备份媒体”为“备份设备”，再单击“添加”按钮，打开“选择备份设备”对话框，如图6-15所示。

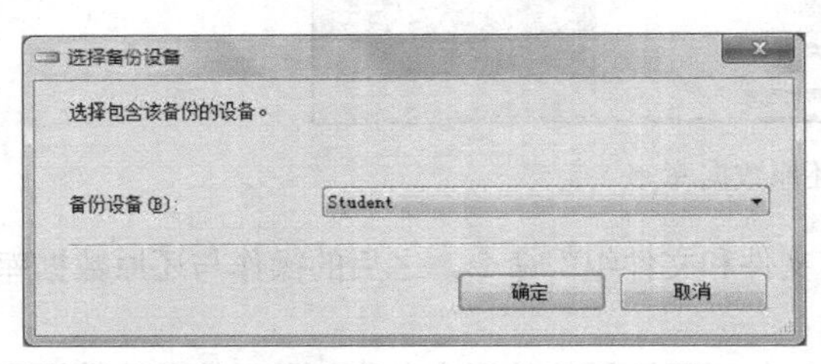

图6-15 “选择备份设备”对话框

⑤ 在“备份设备”列表框中选择需要指定恢复的备份设备，这里是Student，然后单击“确定”按钮，返回“指定备份”对话框，再单击“确定”按钮，返回“还原数据库”对话框。此时，在“还原数据库”对话框的“选择用于还原的备份集”栏中会列出可以进行还原的备份集，单击复选框以选择用于还原的备份集，如图6-16所示。

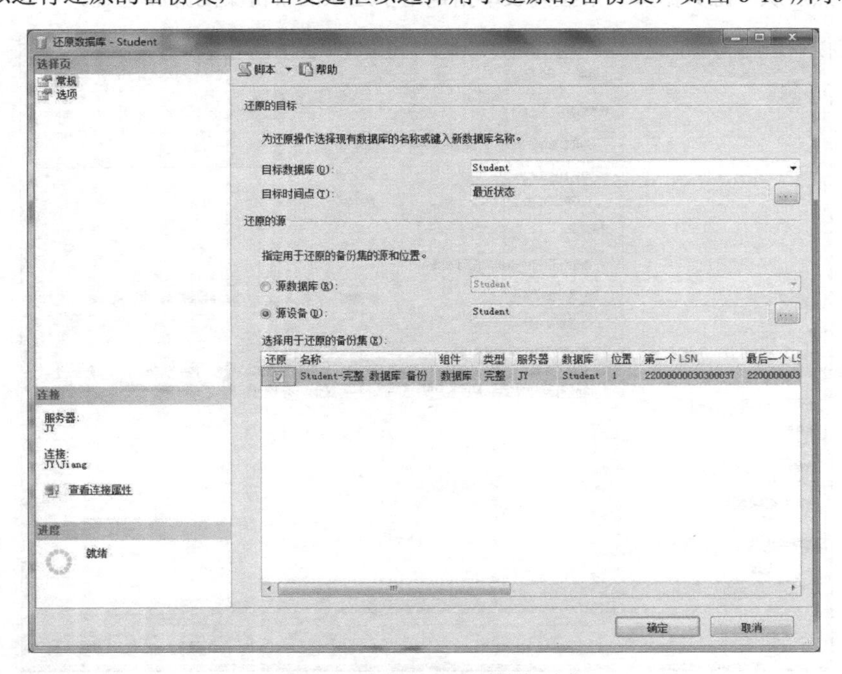

图6-16 选择用于还原的备份集

⑥ 在“还原数据库”的左上角单击“选项”，打开“选项”选项卡，选中“覆盖现有数据库”复选框，如图 6-17 所示。

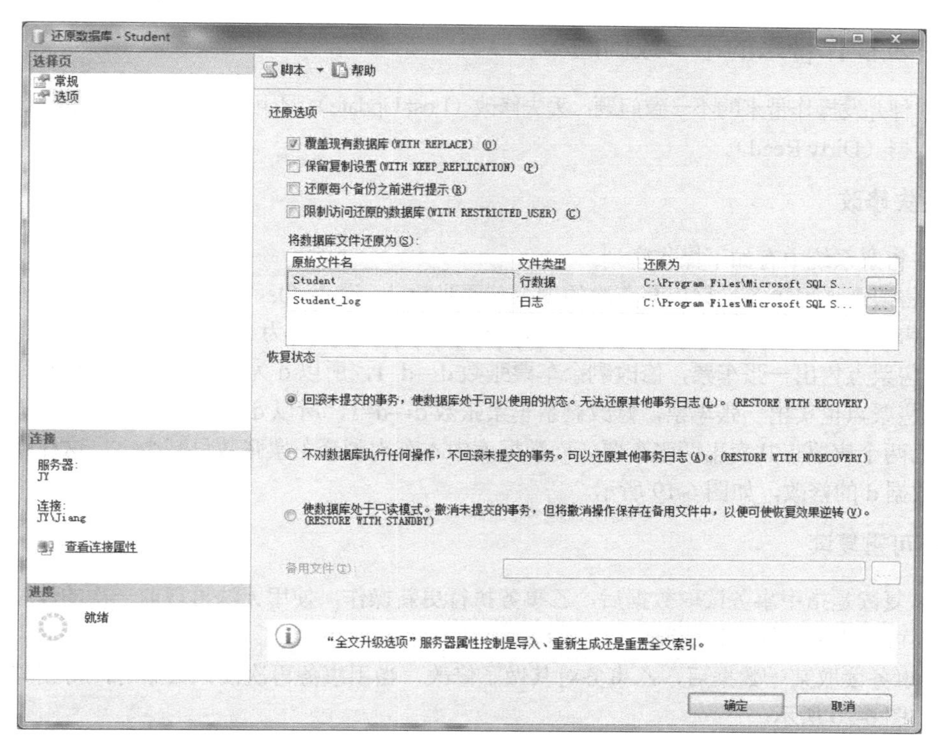

图 6-17　“选项”选项卡

⑦ 单击“确定”按钮，系统开始执行还原操作，并在对话框左下角显示还原的进度。完成后显示还原成功对话框，如图 6-18 所示。

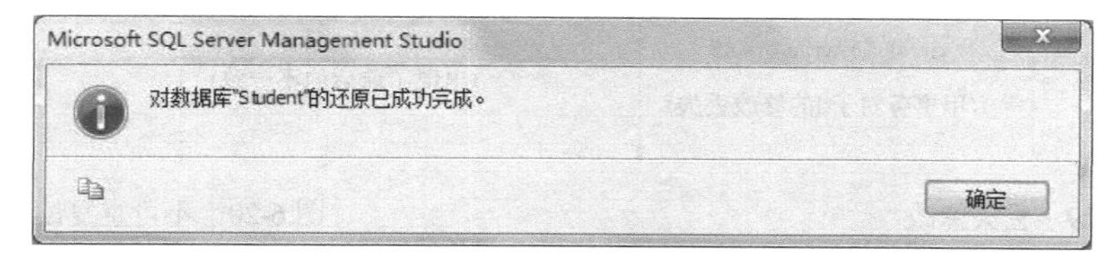

图 6-18　还原成功对话框

⑧ 单击“确定”按钮，还原数据库操作完成。

除了在 SSMS 中使用图形操作界面实现数据库还原外，还可以采用 T-SQL 中的 restore 语句实现数据库的还原。

6.3　并发控制

在数据库技术中，并发是指多个事务同时访问同一数据。与事务的并发执行相对的是事务的串行执行，即每个时刻只有一个事务运行，其他的事务只有在这个事务执行完毕后才能运行。各个不同的事务执行时需要的资源不同，如有的事务需要中央处理器，有的事务需要输入/输出操作，有的事务需要访问数据库，那么在事务串行执行时，就会存在许多系统资源空闲的情况。为了提高系统资源的利用率，数据库管理系统应该实现事务的并发控制。如果不对并发执行的事务进行控制，可能会带来一些问题。下面简要介绍这些不一致问题。

6.3.1　并发操作带来的不一致问题

存在3种并发操作带来的不一致问题：丢失修改（Lost Update）、不可重复读（Non-Repeatable Read）、读“脏”数据（Dirty Read）。

1．丢失修改

假设在售票系统中有如下操作序列：

① 甲售票点（甲事务）读出某车次的剩余车票张数d，设d=50；

② 乙售票点（乙事务）读出同一车次的剩余车票张数d，同样为50；

③ 甲售票点售出一张车票，修改剩余车票张数d←d–1，所以d为49，把d写回数据库；

④ 乙售票点也卖出一张车票，修改剩余车票张数d←d–1，所以d为49，把d写回数据库。

甲、乙两个售票点共卖出两张车票，而数据库中本车次剩余车票张数只减少1，这样就丢失了甲事务对于数据d的修改，如图6-19所示。

2．不可重复读

不可重复读是指甲事务读取数据后，乙事务执行更新操作，使甲无法再现前一次的读取结果。具体地讲，不可重复读包括3种情况。

① 甲事务读取某一数据后，乙事务对其做了修改，当甲事务再次读该数据时，得到与前一次不同的值，如图6-20所示。

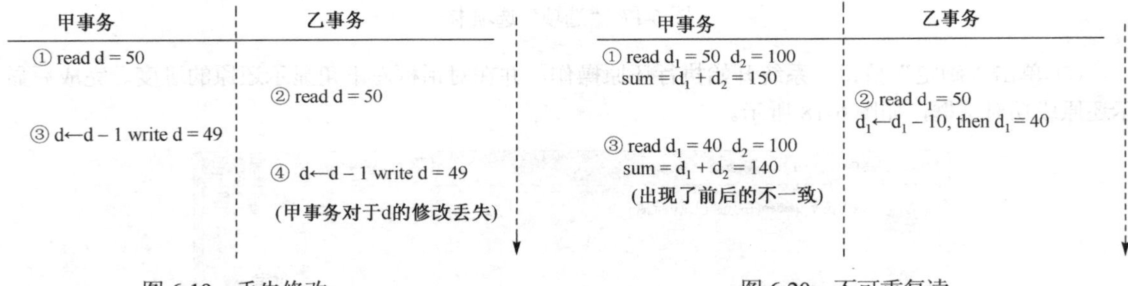

图6-19　丢失修改　　　　图6-20　不可重复读

② 甲事务按一定条件从数据库中读取了某些数据记录后，乙事务删除了其中部分记录，当甲事务再次按相同条件读取数据时，发现某些记录神秘地消失了。

③ 甲事务按一定条件从数据库中读取某些数据记录后，乙事务插入了一些记录，当甲事务再次按相同条件读取数据时，发现多了一些记录。

3．读“脏”数据

在数据库技术中，“脏”数据是那些未提交但随后被撤销的数据。

假设售票系统中有如下操作序列：

① 甲售票点（甲事务）读出某车次的剩余车票张数d，设d=50；

② 甲售票点售出一张车票，修改剩余车票张数d←d–1，所以d为49，把d写回数据库。

③ 乙售票点（乙事务）读出同一车次的剩余车票张数d为49；

④ 甲售票点有人退了一张车票，甲修改剩余车票张数 d←d+1，则 d 为 50，此时乙读出的 d 值即为“脏”数据。

读“脏”数据如图 6-21 所示。

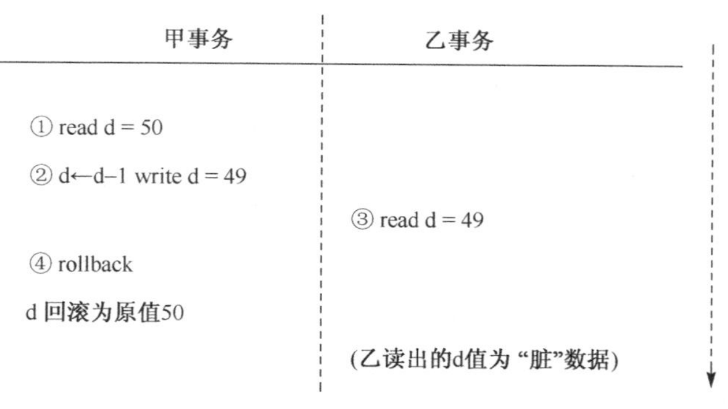

图 6-21　读“脏”数据

产生以上 3 类数据不一致问题的主要原因是事务的并发操作破坏了它的隔离性。并发控制就是要用正确的方式调度并发操作，使每个事务的执行不受其他事务的干扰，从而避免造成数据的不一致性。

在数据库管理阶段，数据库中的数据具有共享性，可能存在多个用户同时访问同一数据的情况，因此同一时刻并行运行的事务可能有很多。当多个用户并发地存取数据库时就会产生多个事务同时访问同一数据的现象，如果不对这些并发事务进行控制，多个事务之间可能相互干扰，导致数据不一致问题的发生。因此，数据库管理系统 DBMS 必须提供并发控制机制。并发控制机制是衡量一个数据库管理系统性能的重要标志之一。

并发控制的主要技术是封锁（Locking）。

6.3.2　并发控制——封锁及封锁协议

数据库管理系统 DBMS 使用封锁的方法对事务的并发操作进行控制，既可以使事务并发地执行，又保证数据的一致性。封锁是实现并发控制的一个非常重要的技术。

所谓封锁就是事务在对某个数据对象（如表、记录等）操作之前，先向系统发出请求，对其加锁。加锁后事务就对该数据对象有了一定的控制，在事务释放它的锁之前，其他的事务不能更新此数据对象。

有两种类型的锁：排他锁（Exclusive Locks，简记为 X 锁）和共享锁（Share Locks，简记为 S 锁）。

- 排他锁又称为写锁。若事务 T 对数据对象 d 加上排他锁，则 T 既可读 d 又可写 d。
- 共享锁又称为读锁。若事务 T 对数据对象 d 加上共享锁，则事务 T 可以读 d，但不能写 d。

要求每个事务都要根据即将要对数据对象 d 进行的操作类型申请适当的锁，事务对于数据对象 d 加锁的请求发送给并发控制管理器，由并发控制管理器来决定是否授予其所申请的锁，只有并发控制管理器授予事务申请的锁之后它才可继续对数据对象 d 进行操作。

在使用排他锁（X 锁）和共享锁（S 锁）对数据对象加锁时需要遵从一定的规则，这些规则称为封锁协议。这些封锁协议规定了何时加锁、何时解锁及加什么锁等。比较有代表性的三级封锁协议可以从不同程度上解决因事务并发操作造成的不一致问题：丢失修改、不可重复读、读“脏”数据。三级封锁协议的主要区别在于对什么数据对象加锁、何时加锁及何时释放锁。通过三级封锁协议可以防止上述几种因事务并发操作而引起的问题，实现事务的并发控制，有兴趣的读者可以参考其他书籍了解三级封锁协议及其原理。

6.4 数据库的完整性

6.4.1 数据库的完整性介绍

数据库的完整性是指数据的正确性和相容性。数据的正确性是指数据的合法性和有效性。例如，学生的年龄只能是数字而不是字母，并且为正整数值；学生选修的专业必须是所在学校已有的专业；学生选修的课程必须是学校已开的课程。数据的相容性是指表示同一含义的数据虽在不同位置但值应相同。例如，一个学生的出生日期在不同表中的取值应相同，如果不相同，就表示数据不相容。

保证数据库的完整性是为了保证数据库中存储的数据的正确性。数据库是否具备完整性关系到数据库系统能否真实地反映现实世界，因此保证数据库的完整性是非常重要的。

为保证数据库的完整性，数据库管理系统 DBMS 必须提供一种机制来检查数据库中数据的正确性，即检查数据是否满足语义的条件，以防止数据库中存在不符合语义的数据，避免错误数据的输入和输出。这种机制称为完整性检查。这些加在数据库数据之上的语义约束条件称为数据库完整性约束条件，它们作为模式的一部分存入数据库。

完整性检查是以完整性约束条件作为依据的，所以完整性约束条件是完整性控制机制的核心。完整性约束条件实际上是由数据库管理员（DBA）或应用程序员事先规定好的有关数据约束的一组规则。每个完整性约束条件应包含3部分内容：

- 什么时候使用约束条件进行完整性检查；
- 要检查什么样的问题或错误；
- 如果检查出错误，系统应该怎样处理。

6.4.2 SQL 中的完整性约束

SQL 把完整性约束分成3种类型：实体完整性约束、参照完整性约束、用户自定义的完整性约束。下面简要介绍这3种完整性约束类型。

1．实体完整性约束

实体完整性要求表中所有元组都应该有一个唯一的标识，即关键字。可以通过定义候选码来实现实体完整性约束。

候选码定义格式如下：

UNIQUE(<列名序列>) 或 PRIMARY KEY(<列名序列>)

其中，使用 UNIQUE(<列名序列>)方式定义的表的候选码，只表示了所定义列值的唯一性，要定义值非空，需要在列定义时加上关键字 NOT NULL；使用 PRIMARY KEY(<列名序列>)方式，定义了表的主键。当某一列被定义为表的主键后，此列取值是唯一的，并且是非空的。一个表只能有一个主键。

【例 6-3】 定义学生基本表 STUINFO，设定学号 XH 列为主键。

语句如下：

```
CREATE TABLE STUINFO
(XH VARCHAR(15),
 XM NVARCHAR(24),
 CSRQ   DATE,
 PRIMARY KEY(XH)
)
```

2．参照完整性约束

通过参照完整性约束可以实现参照表中的主键与被参照表中的外键之间的相容关系。在建立表时，通过创建外键可以实现参照完整性约束。

外键定义格式如下：

```
FOREIGN KEY(<列名序列 1>)
    REFERENCES<参照表>[(<列名序列 2>)]
        [ON DELETE <参照动作>]
        [ON UPDATE <参照动作>]
```

其中，列名序列 1 是外键，列名序列 2 是参照表的主键或候选码。主键的数据类型与外键的数据类型必须完全一致。

设定作为主键的基本表为参照表，而作为外键的基本表为被参照表。

定义外键时可以指定参照动作。参照动作有 5 种形式：NOT ACTION、CASCADE、RESTRICT、SET NULL 和 SET DEFAULT。默认参照动作为 NOT ACTION。

对参照表删除元组操作和修改主键值的操作将影响到被参照表，设定不同的参照动作会对这种影响做出不同的选择。

（1）修改参照表中主键值

如果要修改参照表的某个主键值，那么对被参照表的影响将由参照动作决定。

- NOT ACTION：对被参照表没有影响。
- CASCADE：将被参照表与参照表中要修改的主键值对应的所有外键值一起修改。
- RESTRICT：只有当被参照表中没有外键值与参照表中要修改的主键值相对应时，系统才能修改参照表中主键值，否则拒绝此修改操作。
- SET NULL：修改参照表中主键值时，将被参照表中所有与这个主键值相对应的外键值设为空。
- SET DEFAULT：将被参照表中所有与这个主键值相对应的外键值设为预先定义好的默认值。

要采用哪一种参照动作，应根据不同要求做不同的选择，视具体情况而定。

（2）删除参照表中元组

如果要删除参照表的某个元组，那么对被参照表的影响将由参照动作决定。

- NO ACTION：对被参照表没有影响。
- CASCADE：将被参照表外键值与参照表要删除的主键值相对应的所有元组一起删除。
- RESTRICT：只有当被参照表中没有一个外键值与要删除的参照表中主键值相对应时，系统才能执行删除操作，否则拒绝此删除操作。
- SET NULL：删除参照表中的元组时，将被参照表中所有与参照表中被删主键值相对应的外键值均设为空。
- SET DEFAULT：将被参照表中所有与参照表中被删主键值相对应的外键值均设为预先定义好的默认值。

要采用哪一种参照动作，应根据不同要求做不同的选择，视具体情况而定。

【例 6-4】 定义选课基本表 XK，表中含有 XH（学号）列、KCH（课程号）列和 KSCJ（成绩）列，其中主键为（XH、KCH），分别以学生表 STUINFO 的 XH 列和课程表 GCOURSE 的 KCH 列作为参照。

语句如下：

```
CREATE TABLE XK
(XH VARCHAR(12),
```

```
KCH VARCHAR(9),
KSCJ    INT,
PRIMARY KEY(XH,KCH),
FOREIGN KEY (XH) REFERENCES STUINFO(XH),
FOREIGN KEY (KCH) REFERENCES GCOURSE(KCH)
        ON UPDATE CASCADE ON DELETE NO ACTION
)
```

3．用户自定义的完整性约束

数据库系统根据实际应用环境的要求，往往需要添加一些特殊的约束条件，如规定学生的年龄只能为0～30，学生的成绩只能为0～100。用户自定义的完整性就是针对某一应用的约束条件，反映了具体应用中对于数据要满足的语义要求。

用户可以使用CHECK实现自定义约束。例如，在例6-4中，添加一个约束条件，规定表中的kscj（成绩）列的取值只能为0～100，则可以在创建基本表xk时添加如下语句：

```
CHECK (KSCJ BETWEEN 0 AND 100)
```

6.4.3 SQL Server 2008中完整性约束的实现🕮

在SQL Server 2008中按照约束的范围可以分为列约束或表约束两种。列约束被指定为列定义的一部分，并且仅适用于此列。表约束的声明与列的定义无关，可以适用于表中一个以上的列。当一个约束中必须包含一个以上的列时，必须使用表约束。

例如，下列语句中实现的约束即为列约束：

```
CREATE TABLE STUINFO
(XH VARCHAR(15) PRIMARY KEY,
 XM NVARCHAR(24),
 CSRQ DATE
)
```

而下列语句实现的约束即为表约束：

```
CREATE TABLE XK
(XH    VARCHAR(12),
 KCH VARCHAR(9),
 KSCJ INT,
 PRIMARY KEY(XH,KCH)
)
```

SQL Server 2008支持6类约束，这6类约束分别是默认值约束、空值约束、CHECK约束、唯一性约束、主键约束和外键约束。

1．默认值约束

对于有默认值的列，如果在插入操作中没有给该列提供输入值，则SQL Server自动为该列指定预先设置的默认值。默认约束可以是常量、函数或空值等。

SQL Server 2008既可以在SSMS图形界面下设置默认值（相关内容见第4章），也可以用T-SQL语句设置默认约束。

下面的语句设置年龄的默认值为18岁。

```
CREATE TABLE STUINFO
(XH VARCHAR(15),
 XM NVARCHAR(24),
 CSRQ DATE,
 NL INT DEFAULT(18)
)
```

2. 空值约束

空值约束有两个取值：NULL 和 NOT NULL。NOT NULL 指定不接受 NULL 值的列，默认情况下取值为空（NULL），即在没有指定某一列为非空（NOT NULL）的情况下，该列取值允许为空。

在 SQL Server 2008 中有两种方式实现空值约束。

第 1 种方式是在使用 SQL 语言中创建表时实现。例如：

```
CREATE TABLE STUINFO
(XH VARCHAR(15) NOT NULL,
 XM NVARCHAR(24) NOT NULL,
 CSRQ DATE
)
```

第 2 种方式是在 SSMS 中通过图形界面实现，见第 4 章。

3. CHECK 约束

CHECK 约束可以对插入或修改后的值进行限制。

CHECK 约束指定应用于列中输入的所有值的条件，拒绝所有不符合条件的值。可以为每列指定多个 CHECK 约束。下面的语句是在查询分析器中创建一个名为 chk_age 的约束，该约束规定 sage（年龄）列的取值范围为 15～30。

```
CREATE TABLE STUINFO
(XH VARCHAR(15) PRIMARY KEY,
 XM NVARCHAR(24),
 SAGE INT,
 CSRQ DATE,
CONSTRAINT CHK_AGE CHECK (SAGE BETWEEN 15 AND 30)
)
```

其中，CONSTRAINT 将此 CHECK 约束命名为 chk_age，“CONSTRAINT chk_age”也可以省略。

在 SSMS 中也可以创建 CHECK 约束，见第 4 章。

4. 唯一性约束

唯一性约束使用关键字 UNIQUE 实现，实现此约束的列要求取值在表中具有唯一性。对于 UNIQUE 约束的列，表中不允许有两行包含相同的非空值。主键也强制执行唯一性，但主键不允许空值。

UNIQUE 约束的实现与空值约束的实现方法类似。

5. 主键约束

主键约束使用关键字 PRIMARY KEY 实现。PRIMARY KEY 约束标识列或列组，这些列或列组的值唯一标识表中的行。

在一个表中，不能有两行包含相同的主键值。不能在主键内的任何列中输入 NULL 值。在数据库中，NULL 是特殊值，代表不同于空白和 0 值的未知值。

一个表中可以有一个以上的列组合，这些组合能唯一标识表中的行，每个组合就是一个候选键。数据库管理员从候选键中选择一个作为主键。例如，假设在没有学生同名的情况下，在学生表STUINFO中，学号xh和姓名xm都可以是候选键，但是只将学号xh选作主键。

```
CREATE TABLE STUINFO
(XH VARCHAR(15) PRIMARY KEY,
 XM NVARCHAR(24),
 CSRQ DATE
)
```

在SSMS的表设计器中创建基本表的过程中，可以右键单击要创建为主键的列，从快捷菜单中选择“设置主键”命令即可。

6．外键约束

外键约束通过关键字FOREIGN KEY实现。FOREIGN KEY约束标识表之间的关系。

使用SQL语句实现外键约束实例可参见例6-4。也可以在SSMS中实现外键约束，详见第4章。

如果一个外键值没有候选键，则不能插入带该值（NULL除外）的行。如果尝试删除现有外键指向的行，ON DELETE子句将控制所采取的操作。ON DELETE子句有两个选项：

① NO ACTION指定删除因错误而失败；

② CASCADE指定还将删除包含指向已删除行的外键的所有行。

如果尝试更新现有外键指向的候选键值，ON UPDATE子句将定义所采取的操作，它也支持NO ACTION和CASCADE选项。

6.5 数据库的安全性

6.5.1 计算机系统的安全性问题✍

数据库系统是运行在计算机系统之上的，因此要保证数据库系统的安全性，首先要保证计算机系统的安全性。数据库的安全性是指保护数据库以防止不合法用户的使用而造成的数据泄露、更改或破坏。安全性问题不是数据库系统所独有的，所有计算机系统都有安全性问题。数据库的安全性和计算机系统的安全性（包括操作系统、网络系统的安全性）是紧密联系、息息相关的。

计算机系统的安全性是指为计算机系统建立和采取的各种安全保护措施，以保护计算机系统中的硬件、软件及数据防止因偶然或恶意的原因使系统遭到破坏，以及数据遭到更改或泄露等。

计算机安全不仅涉及计算机系统本身的技术问题和管理问题，还涉及法学、犯罪学、心理学等问题，其内容包括计算机安全理论与策略、计算机安全技术、安全管理、安全评价、安全产品，以及计算机犯罪与侦察、计算机安全法律、安全监察等。因此计算机的安全性是一个跨学科的问题，有兴趣的读者可以参考其他相关文献。下面主要介绍数据库的安全性问题。

6.5.2 权限✍

数据库的权限指明了用户能够获得哪些数据库对象的使用权，以及用户能够对哪些对象执行何种操作。

1．权限

所谓权限是指用户（或应用程序）使用数据库的方式。

在 DBS 中，对于数据操作的权限有以下几种。

① 读（Read）权限：允许用户读数据，但不得修改数据。

② 插入（Insert）权限：允许用户插入新的数据，但不得修改数据。

③ 修改（Update）权限：允许用户修改数据，但不得删除数据。

④ 删除（Delete）权限：允许用户删除数据。

另外，系统还提供给用户（或应用程序）修改数据库模式的操作权限，主要有下列几种。

① 索引（Index）权限：允许用户创建和删除索引。

② 资源（Resource）权限：允许用户创建新的关系。

③ 修改（Alteration）权限：允许用户在关系结构中加入或删除属性。

④（Drop）权限：允许用户关系。

2. 权限的授予与回收

用户的权限是由系统管理员 DBA 授予的，同时允许用户将已获得的权限转授给其他用户，也允许把已授给其他用户的权限回收，但前提条件是 DBA 在授予该用户权限时赋予其转授（即传递权限）的能力。DBA 使用 SQL 的 GRANT 和 REVOKE 语句实现权限的授予与回收。具体的语句格式在自主存取控制部分讲解。

6.5.3 数据库的安全性控制

数据库的安全性控制措施主要有以下几种。

1. 用户标识与鉴别

用户标识和鉴别是数据库系统提供的最外层的安全保护措施，由数据库系统按一定的方式赋予用户标识自己的名字及权限。当用户要求进入系统时，系统对其身份进行验证，通过验证的用户才可进入系统，提供用户名和口令是比较常用的方式。

2. 存取控制

数据库安全最重要的一点就是确保合法的用户访问数据库，防止未被授权的非法人员接近数据库，这主要是通过数据库系统的存取控制机制实现的。

存取控制机制主要包括两部分：

- 定义用户权限，并将用户权限登记到数据字典中；
- 合法权限验证，当用户发出对数据库的操作请求后，数据库管理系统查找数据字典，根据安全规则进行合法权限的验证，若用户的操作请求超出了事先定义的权限，系统将拒绝此操作请求。

用户权限定义和合法权限检查机制一起组成了 DBMS 的安全子系统。

存取控制又可以分为两种方式：自主存取控制和强制存取控制。

在自主存取控制中，用户对于不同的数据对象有不同的存取权限，不同的用户对同一对象也有不同的权限，而且用户还可将其拥有的存取权限转授给其他用户。

在强制存取控制中，每一个数据对象被标以一定的密级，每一个用户也被授予某一个级别的许可证。对于任意一个对象，只有具有合法许可证的用户才可以进行存取操作。

（1）自主存取控制

大型数据库管理系统大多支持自主存取控制。现在，标准 SQL 也对自主存取控制提供支持，主要通过 SQL 的 GRANT 语句和 REVOKE 语句来实现。

用户权限由数据对象和操作类型两个要素组成。定义一个用户的存取权限就是要定义这个用户可以在哪些数据对象上进行哪些类型的操作。在数据库系统中，定义存取权限称为授权。

GRANT语句用来授予用户权限，格式如下：

GRANT <权限列表> ON <数据对象> TO <用户列表> [WITH GRANT OPTION]

其中，权限列表中包含了授予用户的权限，如SELECT、INSERT、DELETE、UPDATE权限。数据对象即用户得到权限后可以操作的对象，如表、属性列、视图等。用户列表中包含被授予权限的用户名。

【例6-5】 授予Liping、Wanghong对于STUINFO表的SELECT和INSERT权限，语句如下：

GRANT SELECT, INSERT ON STUINFO TO Liping,Wanghong

在默认状态下，被授予权限者不允许将该权限授予其他用户。例如，上述语句中Liping和Wanghong就不能将他们被授予的SELECT和INSERT权限授予其他用户。如果允许被授权者将权限传递给其他用户，则需要添加WITH GRANT OPTION子句，即：

GRANT SELECT, INSERT ON STUINFO TO Liping,Wanghong WITH GRANT OPTION

UPDATE授权既可以在关系表的所有属性列上进行，又可以只在某几个属性列上进行。

【例6-6】 授予Liping STUINFO表中xm列的UPDATE权限，语句如下：

GRANT UPDATE(XM) ON STUINFO TO Liping

权限不仅可以授予也可以收回，可通过REVOKE语句收回用户权限，格式如下：

REVOKE <权限列表> ON <数据对象> FROM <用户列表>

【例6-7】 收回Liping和Wanghong对STUINFO表的INSERT权限，语句如下：

REVOKE INSERT ON STUINFO FROM Liping,Wanghong

【例6-8】 收回Liping对STUINFO表中XM列的UPDATE权限，语句如下：

REVOKE UPDATE(XM) ON STUINFO FROM Liping

用户权限定义中数据对象范围越小授权子系统就越灵活。例如，上面的授权定义可精细到字段级，而有的系统只能对关系授权。授权越精细，授权子系统就越灵活，但系统定义与检查权限的开销也会相应增大。

自主存取控制能够通过授权机制有效地控制其他用户对有安全要求的数据存取，但由于用户对数据的存取权限是自主的，用户可以自由地决定将数据的存取权限授予何人，或决定是否也将授权的权限授予他人。在这种授权机制下，仍可能存在数据的“无意泄露”。

（2）强制存取控制

强制存取控制是指系统为保证很高程度的安全性，按照一定的标准所采取的强制存取检查方式。这种控制方式对于用户来说是透明的，用户不能直接感知或进行控制。强制存取控制适用于那些对数据安全有严格要求的部门，如军事部门、政府部门及金融部门。

在强制存取控制中，DBMS所管理的全部对象分为主体和客体两类。主体是系统中的活动对象，包括DBMS所管理的实际用户，以及用户执行的各个进程。客体是系统中受主体操纵的被动对象，包括文件、基本表、索引、视图等。

DBMS为每个客体分配一个密级。密级包括若干个级别，按级别从高到底有绝密、机密、秘密、公开等。主体也被赋予相应的级别，称为许可证级别。密级和许可证级别是有严格顺序的，如绝密→机密→秘密→公开。

在进行强制存取检查时采用两条简单的规则：①主体只能查询比其级别低或者同级的客体；②主体只能修改与其级别相同的客体。

强制存取控制机制就是通过比较主体的许可证级别和客体的密级，最终确定主体是否能够访问客体。

3．视图机制

视图是从一个或若干个基本表中导出的虚拟表。视图中的数据并非实际存在，在创建视图时仅保存视图的定义，视图本身没有数据，并不占有存储空间。视图在创建后，用户可以像对基本表一样对视图进行查询操作，但对视图的更新操作有一定的限制，因为对视图的操作实际上是对基本表的操作。

可以为不同的用户定义不同的视图，用户只能使用视图中的数据，而不能访问视图之外的数据，也就是说，通过视图机制把要保密的数据对无权存取的用户隐藏起来，从而自动地对数据提供一定程度的安全保护，保证了数据的安全性。

4．数据加密

对于安全性要求很高的数据，如财务数据、军事数据、国家机密，除了可以采用上述几种安全性措施外，还需要采用数据加密技术，用于数据加密的基本思想是根据一定的加密算法将原始数据（称为明文）变换为不可被直接识别的格式（称为密文），即使密文被非法用户窃取，但因不知道解密算法而无法获知数据内容。

下面介绍两种常用的数据加密方法：一种是替换方法，该方法使用密钥（Encryption Key）将明文中的每一个字符转换为密文中的一个字符；另一种是置换方法，该方法仅将明文的字符按不同的顺序重新排列。单独使用这两种方法的任意一种都是不够安全的。但是将这两种方法结合起来可以获得相当高的安全程度。除了上述两种普通的加密算法外，还有一种称为明键加密的算法，这种加密算法的安全性要高于前两种算法。明键加密法有两个键，分别为加密键和解密键，可以公开加密算法和加密键，但解密键是保密的，即使使用这种加密算法进行加密的人在不知道解密键的情况下也很难解密。对于加密的研究涉及很多领域，有兴趣的读者可以参考其他书籍。

6.5.4　SQL Server 2008 中系统安全性的实现📖

数据的安全性是数据库服务器必须实现的重要特性之一。SQL Server 2008 提供了比较复杂的安全性措施以保证数据库的安全。其安全性管理主要体现在以下两个方面。

① 用户登录身份验证：当用户要登录到数据库服务器时，系统对于用户的合法性进行验证，防止不合法的用户访问数据库服务器。

② 用户数据操作权限控制：每个用户对于数据库中数据的操作都有一定的权限，用户只能在被赋予权限的范围内进行操作，不得有任何超越权限的行为。

图 6-22　选择服务器属性

1．SQL Server 2008 身份验证模式

SQL Server 2008 提供两种身份验证模式：Windows 身份验证模式和混合验证模式（Windows 身份验证模式和 SQL Server 身份验证模式的混合）。

如果采用 Windows 身份验证模式，则当用户登录 Windows 系统时进行身份验证，登录 SQL Server 时不再进行身份验证。在 SQL Server 身份验证模式下，SQL Server 数据库服务器要对登录用户的身份进行验证。当采用混合模式时，SQL Server 数据库服务器既允许 Windows 用户登录，又允许 SQL Server 用户登录。

（1）设置 SQL Server 服务器身份验证模式

设置某一个 SQL Server 数据库服务器身份验证模式的步骤如下。

① 在 SSMS 的对象资源管理器中，右键单击要设置的数据库服务器，在弹出的快捷菜单中选择“属性”命令，如图 6-22 所示。

② 在弹出的“服务器属性”对话框中选择“安全性”选项卡，在对话框的上部选择服务器身份验证模式，如图 6-23 所示。

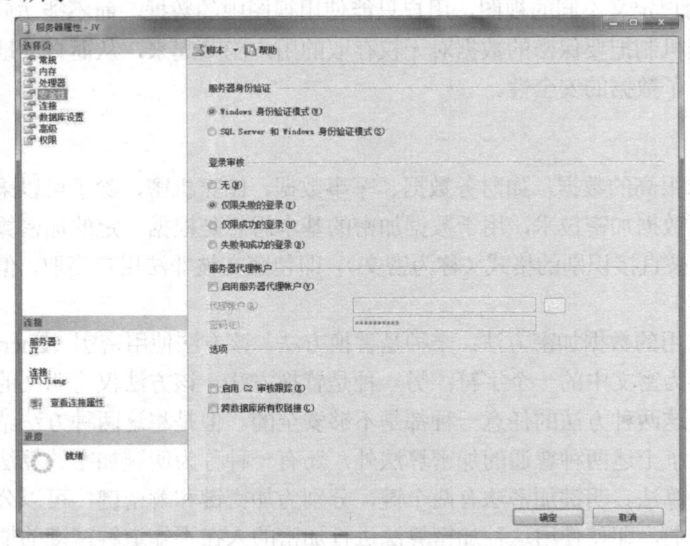

图 6-23 “服务器属性”对话框

（2）通过 SSMS 建立 Windows 验证模式登录账号

对于 Windows 系列操作系统，在安装本地 SQL Server 2008 的过程中，允许选择身份验证模式。但是，如果要增加一个 Windows 下的新账户 zhang，要使其能通过 DBMS 的信任连接并访问 SQL Server 数据库，应该如何实现呢？

通过 SSMS 建立 Windows 验证模式登录账号的步骤如下。

① 创建 Windows 7 系统的账号。以管理员身份登录 Windows 7，在桌面上的“计算机”图标上单击鼠标右键，从弹出的快捷菜单中选择“管理”，打开“计算机管理”对话框，在“计算机管理”对话框中依次展开“本地用户和组”→“用户”，在“用户”上或右边窗格的空白处单击鼠标右键，从弹出的快捷菜单中选择“新用户”，如图 6-24 所示。

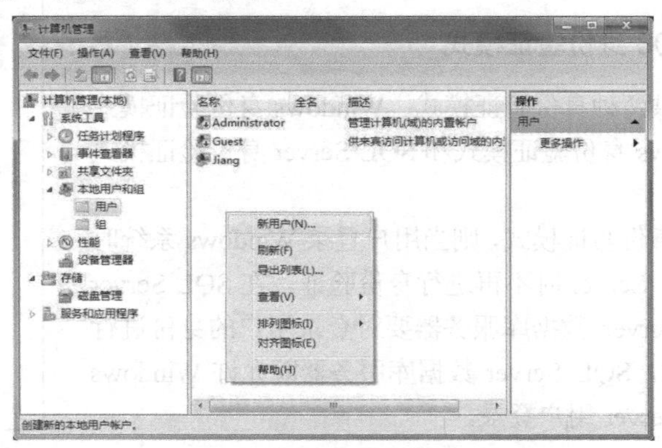

图 6-24 创建新用户

② 在弹出的“新用户”对话框中输入用户名、密码和确认密码后，如图 6-25 所示，单击“创建”按钮，一个系统账号创建完毕。重复上面过程可以继续创建用户，如果不再创建可单击“关闭”按钮。

③ 以管理员用户身份登录 SQL Server 2008 的 SSMS，打开“对象资源管理器”下要操作的服务器，展开“安全性”，右键单击“登录名”，在弹出的快捷菜单中选择“新建登录名”，如图 6-26 所示。

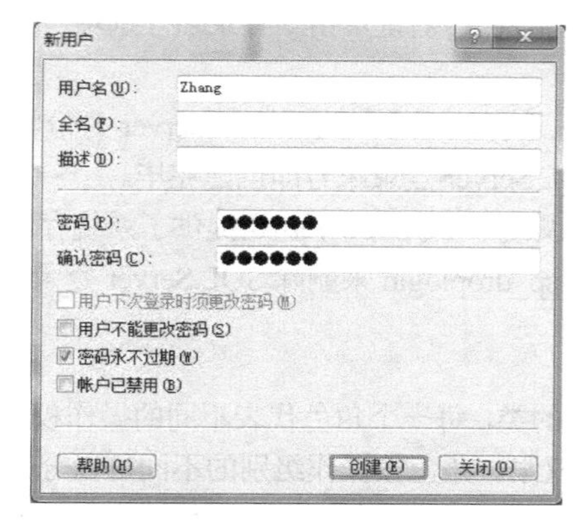

图 6-25　“新用户”对话框

图 6-26　新建登录名

④ 在“登录名 - 新建”对话框中，默认打开“常规”选项卡，如图 6-27 所示可以单击右上角的“搜索”按钮，在“选择用户或组”对话框中选择相应的用户名或用户组并添加到 SQL Server 2008 登录用户列表中。例如，本例的用户名为 JY\Zhang（JY 为本地计算机名）。

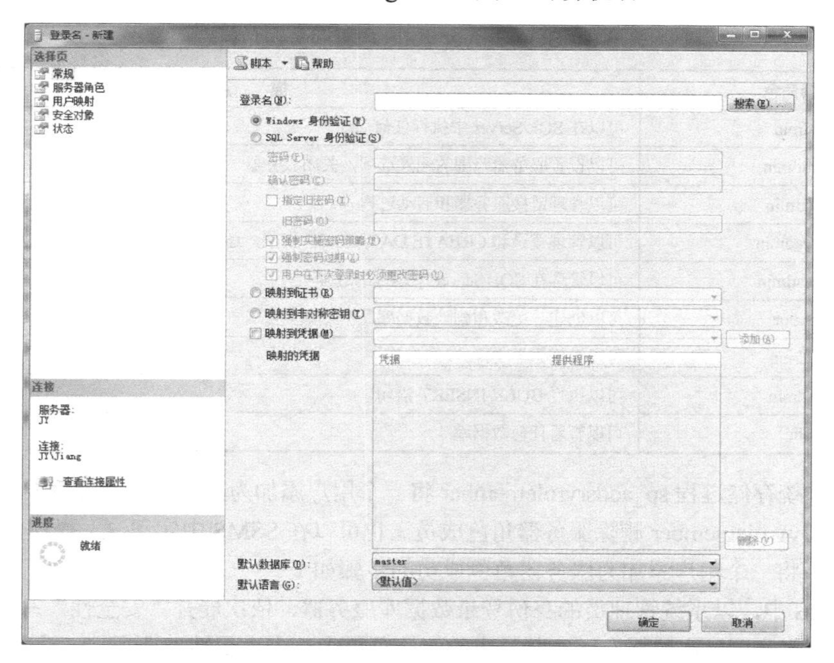

图 6-27　“登录名-新建”对话框

⑤ 在“登录名”栏中设置用户名，在“默认数据库”下拉列表中选择默认访问的数据库，如 Student。然后转到“用户映射”选项卡，在“映射到此登录名的用户”列表中选中 Student 数据库前面的复选框，以允许用户访问这个默认数据库。

⑥ 设置完成后，单击“确定”按钮即可创建一个 Windows 验证方式的登录名。

（3）在混合模式下创建 SQL Server 登录账号

在 Windows 系统中，如果要使用 SQL Server 账号登录 SQL Server 2008，应将 SQL Server 2008 数据库服务器的验证模式设置为混合模式。在设置为混合模式后，创建 SQL Server 登录账号的步骤如下。

① 在 SSMS 中选择要设置的数据库服务器，展开“安全性”，右键单击“登录名”选项，在下拉菜单中单击“新建登录名”。

② 在弹出的“登录名 - 新建”窗口中输入用户名称，选择验证方式为“SQL Server 身份验证”，输入密码和确认新密码，两次单击“确定”按钮，一个 SQL Server 登录账号即创建完毕。

不仅可以在 SSMS 图形窗口中创建 SQL Server 登录账号，SQL Server 还提供了系统存储过程 sp_addlogin 创建 SQL Server 登录账号，以及系统存储过程 sp_droplogin 来删除 SQL Server 登录账号。

2．用户数据操作权限控制

在 SQL Server 2008 中，通过角色概念将用户分成不同的类，每一个角色代表不同的操作权限，每一类用户根据其扮演角色的不同可以实现不同的数据操作权限。角色按操作级别的不同可以分为服务器角色和数据库角色，服务器角色是独立于各个数据库的，而数据库角色是定义在数据库级别上的，每一个数据库角色可以进行特定数据库的管理及操作。用户可以根据实际需要创建用户自定义数据库角色。

（1）服务器角色

SQL Server 2008 内置服务器角色如表 6-3 所示。

表 6-3　SQL Server 2008 内置服务器角色表

服务器角色	描　述
sysadmin	可以在 SQL Server 中执行任何活动
serveradmin	可以设置服务器范围的配置选项，关闭服务器
setupadmin	可以管理链接服务器和启动过程
securityadmin	可以管理登录和 CREATE DATABASE 权限，还可以读取错误日志和更改密码
processadmin	可以管理在 SQL Server 中运行的进程
dbcreator	可以创建、更改和删除数据库
diskadmin	可以管理磁盘文件
bulkadmin	可以执行 BULK INSERT 语句
public	可以查看任何数据库

可以使用系统存储过程 sp_addsrvrolemember 将一个用户添加为某一服务器角色成员，使用系统存储过程 sp_dropsrvvrolemember 删除服务器角色成员。也可以在 SSMS 中实现这一操作。

在 SSMS 中将一个用户添加为服务器角色成员的步骤如下。

① 在 SSMS 中，以系统管理员的身份登录数据库服务器，依次展开“安全性”→“登录名”，然后选择某一登录账号后单击鼠标右键，从弹出的快捷菜单中单击“属性”选项。

② 在“登录属性”对话框中打开“服务器角色”选项卡，如图 6-28 所示，在“服务器角色”列表栏中列出了所有 SQL Server 提供的服务器角色，可以通过选择各个服务器角色前的复选框来为用户设置其可扮演的服务器角色。

删除服务器角色成员的步骤与此相反。

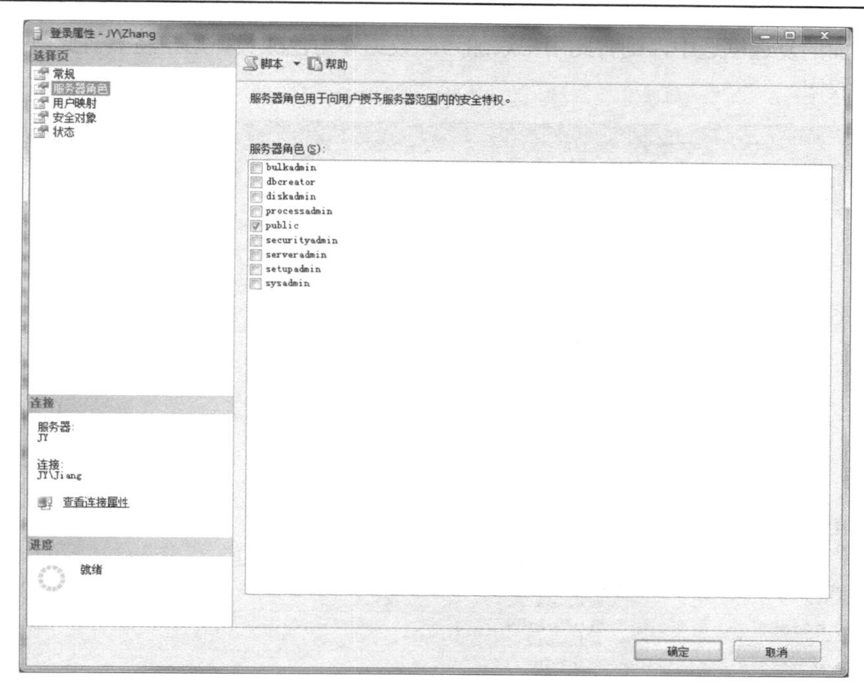

图 6-28 “服务器角色”选项卡

（2）数据库角色

每个数据库都有一系列固定的数据库角色。虽然每个数据库中都存在名称相同的角色，但各个角色的作用域只是在特定的数据库内。例如，如果数据库 db1 和数据库 db2 中都有名称为 dlh 的用户，那么将数据库 db1 中的 dlh 添加到数据库 db1 的 db_owner 数据库角色中，对数据库 db2 中的 dlh 是否是数据库 db2 的 db_owner 角色成员没有任何影响。

SQL Server 2008 内置数据库角色如表 6-4 所示。

表 6-4　SQL Server 2008 内置数据库角色表

数据库角色	描　述
db_owner	在数据库中有全部权限
db_accessadmin	可以添加或删除用户 ID
db_securityadmin	可以管理全部权限、对象所有权、角色和角色成员资格
db_ddladmin	可以发出 ALL DDL，但不能发出 GRANT、REVOKE 语句和 DENY 语句
db_backupoperator	可以发出 DBCC、CHECKPOINT 语句和 BACKUP 语句
db_datareader	可以选择数据库内任何用户表中的所有数据
db_datawriter	可以更改数据库内任何用户表中的所有数据
db_denydatareader	不能选择数据库内任何用户表中的任何数据
db_denydatawriter	不能更改数据库内任何用户表中的任何数据
public	建立用户后其所具有的默认的角色

在 SSMS 中将一个用户 Zhang 添加为数据库 Student 角色成员的步骤如下。

① 在 SSMS 中展开要设置用户权限的数据库 Student，依次展开“Student”→“安全性”→“用户”选项，在用户名 Zhang 上单击鼠标右键，从弹出的快捷菜单中选择“属性”选项。

② 在弹出的“数据库用户”对话框中进行用户数据库角色的选择，如图 6-29 所示。将要设置的

数据库角色前面的复选框选中，则将此用户添加为此数据库角色成员，用户将具有此数据库角色所代表的数据操作权限。

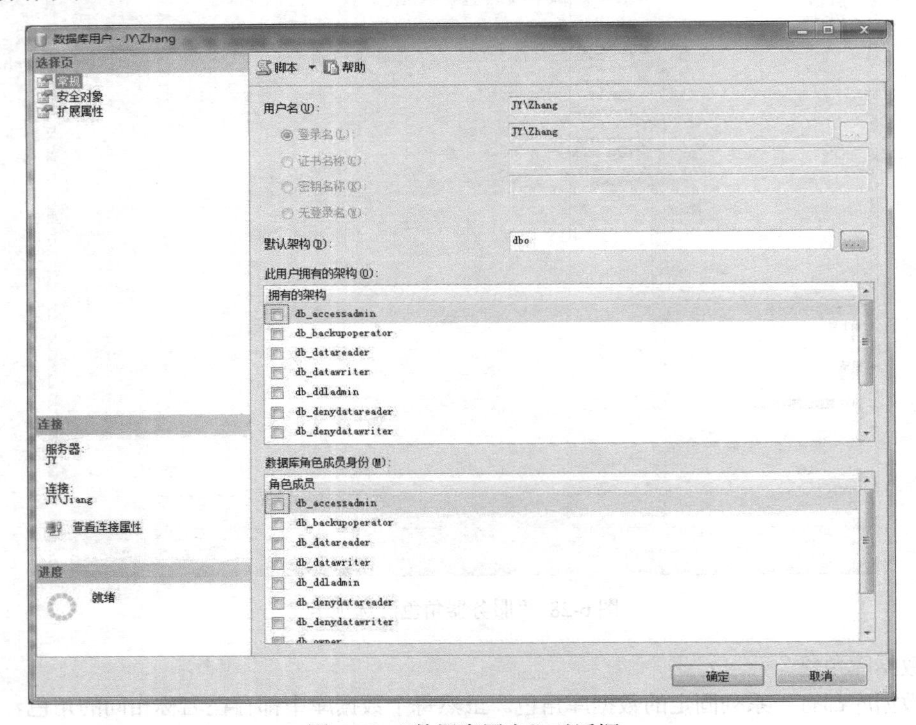

图 6-29 “数据库用户”对话框

（3）自定义数据库角色

由于固定数据库角色的权限是固定的，有时有些用户需要一些特定的权限，如数据库的删除、修改和执行等权限。固定数据库角色无法满足要求，这时就需要创建一个自定义数据库角色。

在创建数据库角色时将某些权限授予该角色，然后将数据库用户指定为该角色的成员，从而使得该用户继承这个角色的所有权限。

下面在 Student 数据库行定义一个角色 role1，该角色中有成员 Zhang，设置 Zhang 可进行的操作有查询、插入、删除、修改。操作步骤如下。

① 以 Windows 系统管理员身份连接 SQL Server，在“对象资源管理器”中展开“数据库”，选择要创建角色的数据库（这里是 Student）→“安全性”→“角色”，在“角色”上单击鼠标右键，在弹出的快捷菜单中选择“新建”→“新建数据库角色”命令，打开“数据库角色-新建”对话框，如图 6-30 所示。

② 默认打开“常规”选项卡，输入角色名称，所有者默认为 dbo，然后单击“确定”按钮，完成数据库角色的创建。

③ 将数据库用户 Zhang 加入数据库角色，如图 6-31 所示，当数据库用户成为某一数据库角色的成员之后，该数据库用户就获得该数据库角色所拥有的对数据库操作的权限。操作方法与前面类似，这里不再赘述。

如果多个用户具有相同的数据库操作权限，为每个用户单独设置其操作权限则稍显麻烦，此时可以考虑创建用户自定义数据库角色，为此角色分配一组权限，并将这些用户设置为该用户自定义角色成员。

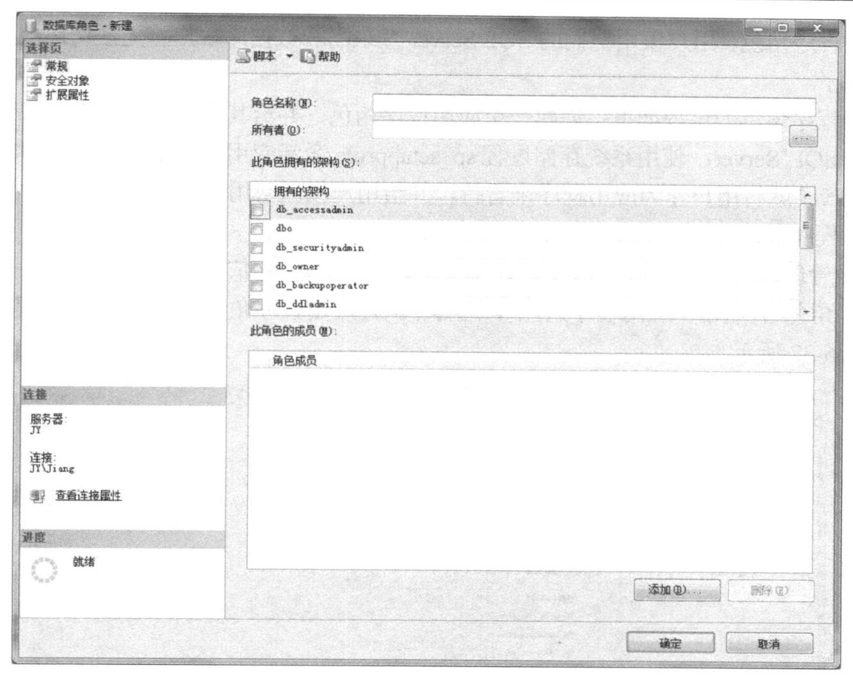

图 6-30　“数据库角色-新建”对话框

图 6-31　“数据库用户”权限设置

（4）应用程序角色

应用程序角色相对于服务器角色和数据库角色来说，它没有默认的角色成员。应用程序角色能够使应用程序用其自身的、类似用户的特权来运行。使用应用程序角色可以只允许通过特定应用程序连接的用户访问特定数据库。

利用应用程序角色，用户仅用他们的 SQL Server 登录名和数据库账户将无法访问数据，必须使用适当的应用程序。

使用应用程序角色的过程如下：创建一个应用程序角色，并给其指派权限；用户打开批准的应用程序，并登录 SQL Server；使用系统存储过程 sp_setapprole 激活应用程序角色。应用程序角色一旦被激活，SQL Server 就将用户作为应用程序来看待，并给用户指派应用程序角色所拥有的权限。

创建应用程序角色并测试的步骤如下。

① 以系统管理员身份连接 SQL Server，在“对象资源管理器”中依次展开“数据库”→“Student”→“安全性”→“角色”，右击“应用程序角色”，选择“新建应用程序角色”，弹出“应用程序角色-新建”对话框，如图 6-32 所示。

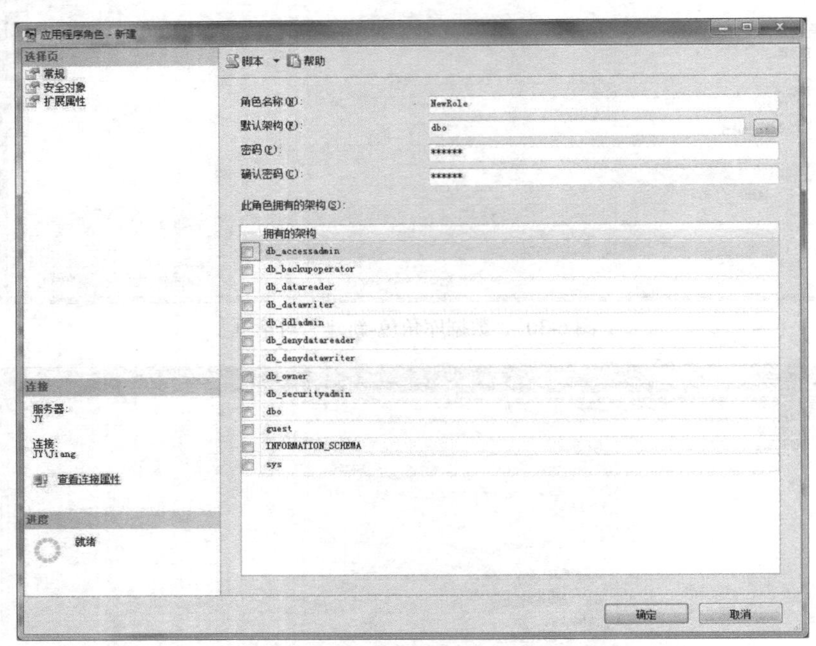

图 6-32 “应用程序角色-新建”对话框

② 在“应用程序角色-新建”窗口中输入应用程序角色名称 NewRole，默认架构 dbo，设置密码为 123456。

③ 在“安全对象”选项卡中，可以单击“搜索”按钮，添加“特定对象”，选择对象为表 StuInfo，如图 6-33 所示。

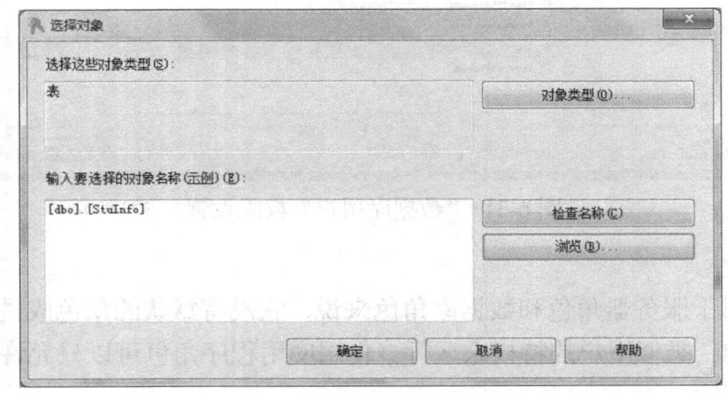

图 6-33 “选择对象”对话框

④ 单击“确定”按钮，返回“安全对象”选项卡中，授予表 StuInfo 的“选择”权限，如图 6-34 所示，完成后单击“确认”按钮。

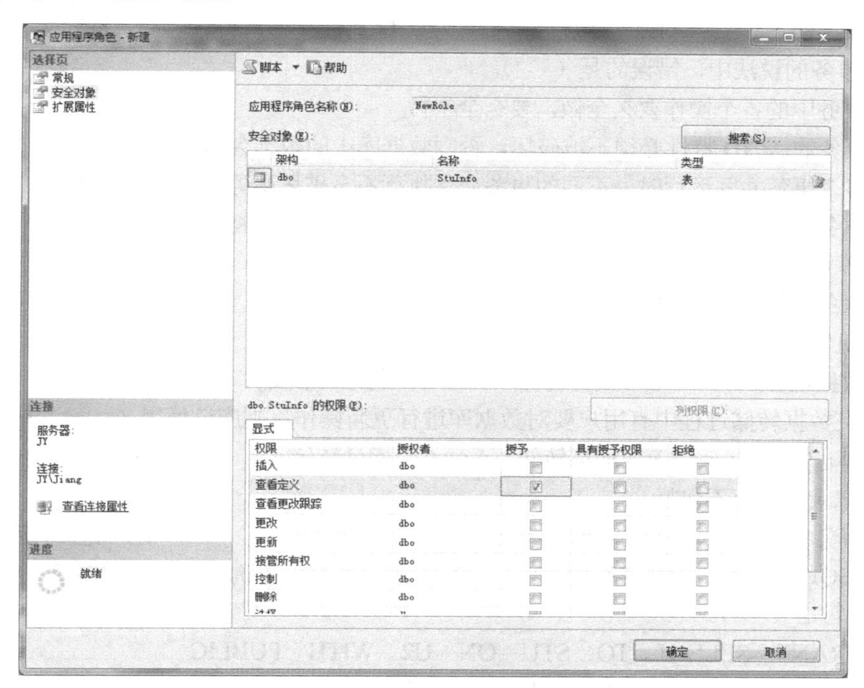

图 6-34 “应用程序角色”权限设置对话框

⑤ 新建 SQL Server 登录名 LP，并新建 Student 数据库的数据库用户 LP（将其添加为 db_denydatareader 数据库角色的成员），使用“LP”登录名连接 SQL Server。在查询窗口中输入如下语句：

```
USE Student
GO
SELECT * FROM STUINFO
```

运行该语句并查看结果，发现系统还不能执行该语句，这是因为应用程序角色还没有激活。

⑥ 使用系统存储过程 sp_setapprole 激活应用程序角色，语句如下：

```
EXEC sp_setapprole 'NewRole', '123456'
```

⑦ 在当前查询窗口中重新输入第⑤步中的查询语句，就可以看到执行结果了。

用户自定义数据库角色创建成功后，可以像使用 SQL Server 内置的数据库角色一样将用户设置为用户自定义的数据库角色成员。另外，SQL Server 2008 提供系统存储过程 sp_addrole 和 sp_droprole 实现数据库角色的创建和删除。

习　题　6

6.1　选择题

1．一个事务中的各个操作要么全做，要么全不做，这体现了事务的（　　）。

A．原子性　　B．一致性　　C．隔离性　　D．持续性

2．一个事务的执行不被其他事务干扰，即一个事务内部的操作及使用的数据对其他并发事务是隔离的，并发执行的各个事务之间不能互相干扰。这称为事务的（　）。

A．原子性　B．一致性　C．隔离性　D．持续性

3．关于事务的说法中，错误的是（　）。

A．事务中的各个操作要么全做，要么全不做

B．事务的ACID特性必须不被破坏，否则数据库中的数据会出现错误

C．多个事务并发运行时，不同的事务交叉执行不会破坏事务的ACID特性

D．事务在运行过程中被强行停止可能会破坏事务的ACID特性

4．数据库可能出现的故障不包括（　）。

A．事务内部故障　B．系统故障　C．介质故障　D．网络故障

5．恢复机制的关键问题是建立冗余数据，最常用的技术是（　）。

A．数据镜像　B．数据转储　C．登记日志文件　D．B和C

6．如果在数据转储过程中有用户要对数据库进行更新操作，则应该使用（　）方式。

A．静态转储　B．动态转储　C．增量转储　D．海量转储

7．日志记录的内容不包括（　）。

A．事务标识　B．操作类型　C．是否备份　D．更新前后的数据值

8．下列SQL语句中，能够实现授予用户U2对学生表STU查询权限并允许转授（将此权限授予其他人）的语句是（　）。

A．GRANT SELECT TO STU ON U2 WITH PUBLIC

B．GRANT SELECT ON STU TO U2 WITH PUBLIC

C．GRANT SELECT TO STU ON U2 WITH GRANT OPTION

D．GRANT SELECT ON STU TO U2 WITH GRANT OPTION

9．甲事务读取数据后，乙事务对数据执行了更新操作，使甲事务无法再现前一次读取结果，这是并发操作带来的（　）问题。

A．丢失修改　B．不可重复读　C．读“脏”数据　D．以上都对

10．并发控制采用的主要技术是（　）。

A．事务　B．数据转储　C．封锁　D．完整性检查

11．下列SQL语句中，能够实现实体完整性控制的语句是（　）。

A．PRIMARY KEY　B．FOREIGN KEY … REFERENCES

C．DEFAULT和CHECK　D．A和B

12．下列SQL语句中，能够实现参照完整性控制的语句是（　）。

A．NOT NULL　B．PRIMARY KEY

C．DEFAULT和CHECK　D．FOREIGN KEY … REFERENCES

13．下列SQL语句中，（　）是关于用户自定义完整性约束的语句。

A．NOT NULL

B．UNIQUE

C．NOT NULL、UNIQUE及CHECK

D．NOT NULL和UNIQUE

14．用户的安全性控制措施不包括（　）。

A．用户标识与鉴别　B．存取控制

C．数据加密　D．完整性约束

6.2　填空题

1．事务的性质有__________、__________、__________、__________，上述 4 个性质统称为事务的__________特性。

2．在数据库系统中，系统故障又可称为__________，介质故障又可称为__________。

3．数据库故障对数据的影响包括两类，即__________和__________。

4．数据库恢复的基本原理是__________。

5．建立冗余数据最常用的技术是__________和__________。

6．数据库恢复时，可定期对数据库进行复制和转储，根据转储期间是否允许用户操作数据库，转储可分为__________转储和__________转储。

7．数据库的并发操作通常会带来__________、__________、__________3 类不一致问题。

8．并发控制的主要技术是__________，它分为__________和__________。

9．SQL 中把完整性约束分成 3 种类型，分别是__________完整性约束、__________完整性约束、__________完整性约束。

10．SQL Server 中，UNIQUE 和 PRIMARY 可用来实现__________完整性约束。

11．SQL Server 中，CHECK 用来实现__________完整性约束。

12．存取控制机制主要包括两部分，即__________和__________。

13．SQL Server 通过__________语句给用户授权，__________语句收回用户权限。

14．SQL Server 的两种身份验证模式是__________验证模式和__________验证模式。

15．SQL Server 中，将用户分为不同的类，相同类用户进行统一管理，赋予相同的操作权限。这一类用户称为__________。

6.3　简答题

1．解释下列名词含义：事务、数据库的可恢复性、X 锁、S 锁、数据库的安全性、授权。

2．简述什么是事务的 ACID 特性，并对于事务的每一种特性做出解释。

3．在定义事务时，用到的 COMMIT 和 ROLLBACK 主要完成哪种功能？

4．数据库可能出现的故障有哪几种？请分别解释。

5．数据库出现不同的故障后，数据库的应对策略有哪些？

6．数据库的并发操作会带来哪些问题？

7．什么是封锁？

8．在使用封锁机制实现事务的并发控制时会使用到两种类型的锁：排他锁和共享锁，这两种类型的锁有哪些区别？

9．什么是数据库的完整性？

10．数据库的完整性和数据库的安全性有什么区别和联系？

11．如何实现数据库的完整性控制？

12．什么是“权限”？用户有哪些访问数据库的权限？

13．简要描述权限的转授和回收。

14．计算机的安全性问题有哪些？

15．什么是数据库安全性？可以采取哪些安全措施保证数据库的安全性？

16．SQL 中使用哪些语句实现权限的授予和回收？

17．数据加密的基本思想是什么？

6.4 综合题

1．假设图书管理信息系统中有如下3个关系模式：

读者（借书证号，姓名，年龄，所在院系），其中借书证号为主码；

图书（图书号，书名，作者，出版社，价格），其中图书号为主码；

借阅（借书证号，图书号，借阅日期），其中（借书证号，图书号，借阅日期）为主码。

使用SQL语言定义这3个关系模式，要求在模式中完成下面3个完整性约束条件的定义：

① 定义每个模式的主码；

② 定义参照完整性；

③ 定义每本图书的价格应大于0且小于等于100元。

2．教学管理数据库有如下3个关系模式：

Student(Sno, Sname, Ssex, Sclass)
Course(Cno, Cname, Ccredit)
SC(Sno, Cno, Grade)

其中，Student表示学生表，各属性依次表示学号、姓名、性别和班级，主码为学号；Course表示课程表，各属性依次表示课程号、课程名称和学分，主码为课程号；SC表示选课表，各属性依次表示学号、课程号和成绩，主码为（学号，课程号），学号和课程号均为外码，分别参考自Student表和Course表的对应列。

使用SQL语言定义这3个关系模式，要求在模式中完成下面3个完整性约束条件的定义：

① 定义每个模式的主码；

② 定义参照完整性；

③ 定义姓名不能为空；性别的取值只能是男或女，且默认值为男；学分必须大于0，且小于等于20；考试成绩必须在0～100之间。

第 7 章　数据库新技术及国产数据库介绍

本章介绍数据库技术的发展状况，对面向对象数据库系统、分布式数据库、多媒体数据库、数据仓库及数据挖掘技术进行了简要介绍。

目前，国产数据库有了较大的发展，本章挑选了金仓数据库管理系统和达梦数据库管理系统进行简要介绍。

本章内容以读者自主学习为主，目的在于开阔眼界，拓展思路。

7.1 数据库技术的发展📖

7.1.1 数据库技术的发展

数据库技术最初产生于20世纪60年代中期，根据数据模型的发展，可以划分为以下几个阶段。

第一代的数据库系统是以IBM公司的IMS（Information Management System）为代表的层次模型的数据库系统和以美国CODASYL下属DBTG数据库任务组所提出的基于网状结构的网状模型的数据库系统。层次数据库的数据模型是数据库系统的“引路人”，网状模型是数据库概念、方法和技术的“奠基者”。这两种数据库奠定了现代数据库发展的基础。

这两种数据库所具有的共同特点是：

① 均支持外模式、模式和内模式的三级模式结构；

② 采用存取路径表示数据之间的联系；

③ 具有独立的数据定义语言DDL；

④ 一次一记录的数据操纵语言。

第二代的关系数据库系统主要特征是支持关系数据模型。关系型数据库的数据模型及其理论是在20世纪70年代由E. F. Codd提出的，最初并未引起足够重视，但是后来人们逐渐发现了它的重要性，现在它已从理论研究走向系统实现，占据了数据库市场的主流地位。

第二代数据库的主要贡献体现在如下几个方面：

① 奠定了关系模型的理论；

② 研究了包括关系代数、关系演算，以及SQL和QBE在内的关系数据语言；

③ 研制了大量的RDBMS的原型，并实现了查询优化、并发控制、故障恢复等关键技术。

第三代的数据库以面向对象模型为主要特征。随着科学技术的不断进步，各个行业领域对数据库技术提出了更多的需求，关系型数据库系统已经不能完全满足需求，于是产生了第三代数据库。

第三代数据库主要具有以下特征：

① 支持数据管理、对象管理和知识管理；

② 保持和继承了第二代数据库系统的技术；

③ 对其他系统开放，支持数据库语言标准，支持标准网络协议，有良好的可移植性、可连接性、可扩展性和互操作性等。

数据库在发展过程中，与许多新技术相结合衍生出多种新的数据库技术。例如，数据库技术与分布处理技术相结合，出现了分布式数据库系统；数据库技术与并行处理技术相结合，出现了并行数据库系统；数据库技术与人工智能相结合，出现了演绎数据库系统、知识库和主动数据库系统；数据库技术与多媒体处理技术相结合，出现了多媒体数据库系统；数据库技术与模糊技术相结合，出现了模糊数据库系统等。

7.1.2 面向对象数据库系统介绍

面向对象数据库系统（OODBS，Object Oriented DataBase System）是数据库技术与面向对象技术相结合的产物。

20世纪70～80年代，结构化程序设计语言非常流行，成为当时软件开发的主流技术，以结构化程序设计技术为代表的高级语言（如PASCAL、C）是面向过程的语言。面向过程的语言可以用计算机能理解的逻辑表达问题的具体解决过程，然而它将数据和对于数据的操作过程分离，各自独立，因此程序中的数据和操作不能有效组织在一起，很难把具有多种相互联系的复杂问题表达清晰。如果程序中某个数据结构需要发生微小的变化，处理这些数据的操作也要做相应的修改，所以结构化程序设计方法编写的程序重用性差。为了提高软件的可重用性，降低代码编写的复杂性，于是人们提出了一种新的编程技术——面向对象的程序设计。

面向对象（OO，Object Oriented）最初是作为程序设计的一种方法出现的，20 世纪 80 年代以来，面向对象的程序设计法逐渐被广大程序员接受，C++、Java 成为程序员们普遍接受的面向对象的程序设计语言。

面向对象的程序设计方法使用面向对象程序设计语言可以更好地描述客观世界，以及事物之间的联系，更加清晰地模拟客观现实世界。具体体现在以下方面：

① 客观世界是由很多具体事物构成的，并且每个事物都具有两个性质：一个为静态的，另一个为动态的。事物静态的特性称为事物的属性，事物动态的特性称为事物所具有的行为。在面向对象的程序设计中将客观世界中的事物抽象为一个个对象，使用对象的一组数据来描述事物的属性，使用对象的一组方法来表述事物的行为。

② 大千世界，无奇不有。但客观世界中的很多事物具有相同的特性，也就是说，很多事物具有共同性，一般将具有相同特性的事物划为一类。面向对象的程序设计中使用“类”这个概念来描述一组具有相同属性和方法的对象。

③ 在同一类事物中，每个事物又具有其区别于其他同类事物的独特个性。面向对象语言采用继承机制来描述这种现象，使用父类来描述同类事物的共性，使用子类来描述各个事物独特的个性，子类可以继承父类全部的或者部分的属性和方法。

④ 客观世界中的每个事物都是一个独立的整体，外界一般很少关心事物的内部实现细节。面向对象语言在描述一个事物时使用封装机制将其属性和方法封装到一个对象中，对外界屏蔽内部的细节，同时也有利于保护每个对象不受外界的干扰。

⑤ 客观世界中的每个事物都不是孤立的，事物和事物之间可能会发生这样或者那样的联系，面向对象程序设计中通过对象与对象之间的消息机制来实现事物之间的联系。

可以看出，面向对象的程序设计能够比较直接地反映客观世界，程序员能够运用人类认识世界的思维方式来进行软件开发。与其他程序设计方法相比，面向对象的程序设计方法是更贴近现实的一种方法，面向对象的语言是与人类的自然语言差距最小的语言，因此面向对象的程序设计方法是程序开发和应用的主流技术。将面向对象的技术和数据库技术相结合，就是一种新的数据库技术——面向对象的数据库技术。

在一些经典的数据库教材中指出，面向对象数据库系统作为组织者和管理者，实现对持久可共享的对象库的组织和管理，而对象库又是由很多面向对象模型定义的对象的集合。

面向对象数据库系统首先应该是一个数据库系统，应该具有数据库的基本性质和功能，如数据的管理与共享、事务的管理、并发控制和安全性控制及可恢复性等。另外，面向对象数据库系统还应该是一个面向对象的系统，它应该具有面向对象的性质，支持面向对象的概念和机制，如可以进行对象的管理、类的封装与继承等。

与关系型数据库系统相比，面向对象数据库系统的规范说明并不是很清晰。E. F. Codd 在其论文中首次给出了关系模型的规范，以后的关系型数据库系统都是建立在关系模型规范之上的，但直到目前为止，尚未找到关于面向对象数据模型的统一明确的规范说明，没有一个关于面向对象模型的统一准确的概念。但是，即便如此，面向对象模型已经被越来越多的人所重视，并在许多核心概念上取得了共识。

下面简要介绍面向对象模型的几个基本概念。

（1）对象及对象标识

我们将现实世界中存在的客观实体进行一定的抽象后可称为对象，如数据库教材是一个对象，某一门课程是一个对象，一个订单也是一个对象。对于每个对象都需要用一个唯一的标识符来标示。

如何来描述一个对象呢？一个对象可以通过三方面来描述。

① 成员变量：描述对象的静态属性。

② 消息：消息是当对象与外界发生通信时传递的信息。要描述一个对象，应该将其他对象发给此对象的信息保存，对象接收此信息后根据信息内容做出相应的反应。消息机制是对象与外界交流的途径。

③ 方法：描述对象动态的特性。

（2）封装

每个对象是一组属性和方法的集合，属性描述了对象的状态，而方法是该对象所有可能的操作的集合。通过对象的定义，将属性和方法封装起来，对象通过消息机制与外界进行交流。

（3）类

现实中有很多对象具有公共的属性和方法，这些对象构成了一个对象集合，可以用类来描述这个集合。类是对于对象的描述，而对象是类的实例。比如，可以使用下面的伪代码建立一个学生类STUDENT：

```
CLASS STUDENT
{STRING SNUMBER
STRING SNAME
STRING SAGE
VOID STUDY(STRING CNUMBER)
INT TEST(STRING CNUMBER)
⋮
}
```

上面定义了一个学生类STUDENT，其中包含3个属性，分别为学号、姓名、年龄；包含两个方法，分别为学习和考试，其中学习和考试两个方法中都带有字符串类型的参数，表示学习或考试的课程号，并且考试方法具有整数类型返回值，表示考试的成绩。

可以通过学生类创建某个名为E的学生对象。学生对象E的属性和方法如下：

```
E.SNUMBER:20040512,
E.SNAME:张丹,
E.SAGE:18,
E.STUDY(120602),
E.TEST(120602)=89;
```

创建的对象表示如下含义：学号为20040512的学生名叫张丹，年龄18岁，选修了课程号为120602的课程，考试成绩为89。

当然可以通过为学生类STUDENT中的属性赋予不同的值，为方法传递不同的参数来创建另外一个学生对象。

从上面例子中可以看出，实质上类是一个“型”，而对象是某一个类的“值”。

（4）继承

类是具有层次的，在现实世界中，存在继承的事实。例如，轿车和货车都属于车的范畴，而车位于轿车和货车的上一层，轿车和货车将继承车的属性和方法，并且轿车和货车还具有自己的个性。可以说车是轿车和货车的父类，而轿车和货车是车的子类，子类继承父类的属性和方法。

20 世纪 80 年代后期，一些计算机厂商纷纷推出了面向对象的数据库产品，并且成立了 ODMG（Object Data Management Group）国际组织，在 1993 年提出面向对象数据库标准 ODMG 1.0。这个标准主要定义了一个面向对象数据管理产品的接口。

ODMG 1.0 标准主要包括以下内容：

① 主要的数据结构是对象，对象是存储和操作的基本单位；

② 每个对象都有一个永久的标识符，通过此标识符可以在对象的整个生命周期中标识此对象；

③ 对象可以被指定类型和子类型，对象可以在初始时被定义为一个给定的类型，或者定义为其他对象的子类型，如果一个对象为另一个对象的子类型，它将继承另一个对象的行为和特性；

④ 对象状态由数据的值及联系定义；

⑤ 对象行为由对象操作定义。

在 1997 年 ODMG 组织又推出了 ODMG 2.0 标准，其中涉及对象模型、对象定义语言、对象查询语言等内容。

可以认为一个面向对象的数据库系统是一个面向对象系统和数据库系统的结合。到目前为止，具有代表性的商品化的面向对象数据库管理系统有 1989 年美国 Object Design 公司推出的 OODBMS 产品 ObjectStor、1989 年美国 Ontologic 公司推出的 OODBMS 产品 Ontos 和 1991 年法国 Altair 公司推出的 OODBMS 产品 O2。

7.1.3　分布式数据库技术介绍

分布式数据库作为数据库领域的一个分支，已经在数据库应用中占有重要的地位。分布式数据库的研究起始于 20 世纪 70 年代。美国的一家计算机公司在 DEC 计算机上实现了第一个分布式数据库系统。随后，分布式数据库系统逐渐进入商用领域。

分布式数据库（Distributed Database）简记为 DDB，分布式数据库系统简记为 DDBS，分布式数据库管理系统简记为 DDBMS。

1．集中式数据库系统

在集中式数据库系统中，所有工作都是经由一台计算机来完成的。集中式数据库系统易于集中管理，可以减少数据冗余，价格也比较合理，应用程序和数据库的结构也具有很强的独立性。但是，随着时间的增加，数据库中需要管理的数据量越来越多，数据库规模越来越大，集中式数据库系统会逐渐显示出其缺陷，大数据量的数据库的设计与实现比较复杂，系统的灵活性和安全性会变得越来越低。

2．分散式数据库系统

因集中式数据库系统中所有的数据都由一台计算机来管理，特别是对于大型的数据库其灵活性较差，因此可以采用数据分散的方法，将数据库分解成若干个，将数据库中的数据分别保存在不同的计算机中，这种系统称为分散式数据库系统。虽然数据库的管理和应用程序的开发是分开的，但是分散于不同计算机中的数据没有实现通信功能，随着网络通信技术的发展，分散式系统的这种数据孤立性会带来很多麻烦。因此需要将分散在各个不同计算机中的数据通过网络连接起来，形成一个逻辑上的统一数据库，这就是分布式数据库系统。

3．分布式数据库系统

随着地理上分散的用户对数据库共享的要求，以及计算机网络技术的发展，在传统的集中式数据库技术基础上发展了分布式数据库技术。

分布式数据库系统是分布式网络技术与数据库技术相结合的产物，是分布在计算机网络上的多个逻辑相关的数据库的集合，如图7-1所示。

图7-1中的每个“地域”可以称为“场地”。图中的4个场地通过网络连接，可能相距很远，也可能就在同一个地区甚至同一个校区中。

在同一个场地中，由计算机、数据库及不同的终端构成一个集中式数据库系统，各个不同场地的集中式数据库系统通过网络连接，组成一个分布式数据库系统。从图7-1可以看出，在分布式数据库系统中，数据物理上分布在不同的场地中，但通过网络连接，逻辑上又构成一个统一的整体，这也是分布式数据库系统与分散式数据库系统的区别。各个场地中的数据库可以称为局部数据库，与之对应的即为全局数据库。

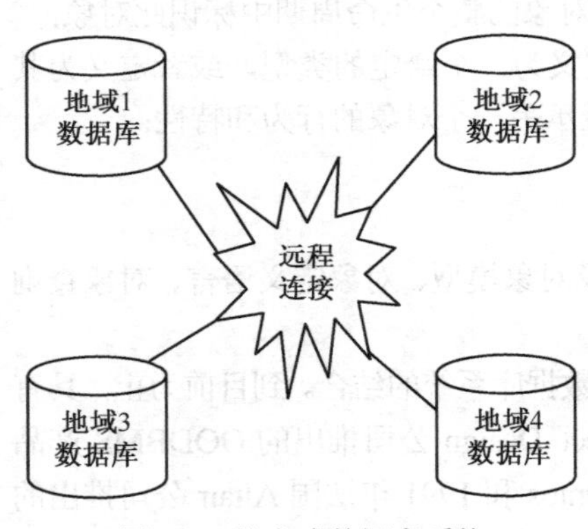

图7-1　分布式数据库系统

假设图7-1中的4个地域分别代表4个不同的城市，每个数据库中保存了各自城市中的人口信息。在一般情况下，本城市的管理人员只关心本城市的人口信息，只需要访问本地数据库即可，这些应用称为局部应用。如果分布式数据库系统仅仅限于局部应用，那么与分散式数据库系统应用没有区别。如果某个城市的管理人员要查询其他城市的人口信息，则此城市的管理人员需要访问其他场地的数据库，这种应用称为全局应用。

区分一个数据库系统是分布式还是分散式只需要查看在系统中是否支持全局应用，全局应用是指涉及两个或两个场地以上的数据库的应用。

分布式数据库系统是指物理上分散而逻辑上统一的数据库系统，系统中的数据分散存放在各个不同的场地计算机中，每个场地中的子系统具有自治能力，可以实现局部应用，而每个场地中的子系统通过网络参与全局应用。

通过以上介绍，可以总结出分布式数据库系统的主要特点。

（1）数据的物理分布性

分布式数据库系统中的数据不是集中存放在一个场地的计算机中，而是分布在多个不同场地的计算机中，各场地的子系统具有自治能力，可以完成局部应用。

（2）数据的逻辑统一性

在分布式数据库系统中，数据虽然在物理上是分布的，但这些数据并不是互不相关的，它们在逻辑上构成统一的整体。各场地虽然具有高度自治能力，但又相互协作构成一个整体。

（3）数据的分布独立性

在分布式数据库中，除了数据的物理独立性和逻辑独立性外，还有数据的分布独立性。在普通用户看来，整个数据库仍然是一个集中的整体，不必关心数据的分片存储和数据的具体物理分布，完全由分布式数据库管理系统来完成。

（4）数据冗余及冗余透明性

分布式数据库中存在适当冗余以适合分布处理的特点，对于使用者来说，这些冗余是透明的，可以提高整个系统处理的效率和可靠性。

7.1.4　多媒体数据库技术介绍

传统数据库都是以数值和字符数据为管理对象的，其应用对象主要是一般商业或事务数据，它通常不涉及诸如图像、声音等多媒体数据。当数据库管理的对象被扩充用来管理多媒体数据时，由于描述的数据模型的不同，其性质和功能都将出现重大的变化，存储结构和存取机制出现根本的差异，此时用以管理多媒体数据的数据库管理系统就是多媒体数据库管理系统（MDBMS）。

多媒体数据库是数据库技术与多媒体技术相结合的产物。多媒体数据库不是对现有的数据进行界面上的包装，而是从多媒体数据与信息本身的特性出发，考虑将其引入到数据库中之后而带来的有关问题。多媒体数据库从本质上来说要解决三个难题。第一是信息媒体的多样化，不仅仅是数值数据和字符数据，要扩大到多媒体数据的存储、组织、使用和管理。第二要解决多媒体数据集成或表现集成，实现多媒体数据之间的交叉调用和融合，集成粒度越细，多媒体一体化表现才越强，应用的价值也才越大。第三是多媒体数据与人之间的交互性。

多媒体数据库设计中面临的问题有如下几个方面。

1. 数据库的组织和存储

媒体数据的数据量大，而且媒体间的差异也极大，从而影响数据库的组织和存储方法。如动态视频压缩后每秒仍达几十万字节甚至几兆字节的数据量，而字符数值等数据可能仅有几字节。只有组织好多媒体数据库中的数据，选择设计好适合的物理结构和逻辑结构，才能保证磁盘的充分利用和应用的快速存取。数据量的巨大还反映在支持信息系统的范围的扩大，显然我们不能指望在一个站点上就存储上万兆的数据，而必须通过网络加以分布，这对数据库在这种环境下进行存取也是一种挑战。

2. 媒体种类的增加

每一种多媒体数据类型除了都要有自己的一组最基本的操作和功能、适当的数据结构以及存取方式等外，还要有一些标准的操作，包括各种多媒体数据通用的操作及多种新类型的集成。虽然主要的多媒体类型只有几种，但事实上，在具体实现时往往根据系统定义、标准转换等演变出很多不同的媒体格式。不同媒体类型对应不同的数据处理方法，这就要求多媒体数据库管理系统能够不断扩充新的媒体类型及其相应的操作方法。新增加的媒体类型对用户应该是透明的。

3. 数据库的查询问题

传统的数据库查询只处理精确的概念和查询，但在多媒体数据库中非精确匹配和相似性查询将占相当大的比重。因为即使是同一个对象若用不同的媒体进行表示，对计算机来说肯定也是不同的；若用同一种媒体表示，如果有误差，在计算机看来也是不同的。与之相类似的还有诸如颜色和形状等本身就不容易精确描述的概念，如果在对图像、视频进行查询时用到它们，很显然是一种模糊的非精确的匹配方式。对其他媒体来说也是一样。多媒体的复合、分散，及其形象化的特点，注定要使数据库不再是只通过字符进行查询，而应该是通过媒体的语义进行查询。然而，我们却很难了解并且正确处理多媒体的语义信息。这些基于内容的语义在有些媒体中是已经确定的（如字符、数值等），但对另一些媒体却不容易确定，甚至会因为应用的不同和观察者的不同而产生不同。

4. 用户接口的支持

多媒体数据库的用户接口肯定不能用一个表格来描述，对于媒体的公共性质和每一种媒体的特殊性质，都要在用户接口上、在查询的过程中加以体现。例如，对媒体内容的描述、对空间的描述以及对时间的描述。多媒体要求开发浏览、查找和变更多媒体数据库内容的新方法，使用的用户很方便地描述他的查询需求，并得到相应的数据。在很多情况下，面对多媒体的数据，用户有时甚至不知道自己要查找什么，不知道如何描述自己的查询。所以，多媒体数据库对用户的接口要求不仅仅是接收用户的描述，而是要协助用户描述出他的想法，找到他所要的内容，并在接口上表现出来。多媒体数据库的查询结果将不仅仅是传统的表格，而将是丰富的多媒体信息的表现，甚至是由计算机组合出来的结果。

5. 信息的分布对多媒体数据库体系的影响

这里所说的分布，主要是指以全球网络为基础的分布。因特网的迅速发展，使得网上的资源日益丰富，传统的固定模式的数据库形式已经显得力不从心。多媒体数据库系统要考虑如何从万维网的信息空间中寻找信息，查询所要的数据。

6. 处理长事务增多

传统的事务一般是短小精悍的，在多媒体数据库管理体系中也应该尽可能采取短事务。但有些场合，短事务不能满足需要，如从动态视频库中提取并播放一段数字化影片，往往需要长达几小时的时间，作为良好的数据库管理系统，应该保证在播放过程中不会发生中断，因此不得不增加处理长事务的能力。

7. 多媒体数据库对服务质量的要求

许多应用对多媒体数据库的传输、表现和存储方式的质量要求是不一样的。系统能提供的资源也要根据系统运行的情况进行控制。我们对每一类多媒体数据都必须考虑这些问题：如何按所要求的形式及时地、逼真地表现数据？当系统不能满足全部的服务要求时，如何合理降低服务质量？能否插入和预测一些数据？能否拒绝新的服务请求或撤销旧的请求？等等。

8. 多媒体数据管理还要考虑版本控制的问题

在具体应用中，往往涉及对某个处理对象的不同版本的记录和处理。版本包括两种概念。一是历史版本，同一个处理对象在不同的时间有不同的内容，如 CAD 设计图纸有草图和正视图之分；二是选择版本，同一处理对象有不同的表述或处理，一份合同文献就可以包含英文和中文两种版本。我们需要解决多版本的标识、存储、更新和查询，尽可能减少各版本所占的存储空间，而且控制版本访问权限。但现有的数据库管理系统一般都没有提供这种功能，而由应用程序编制版本控制程序，这显然是不合理的。

7.1.5 数据仓库及数据挖掘技术

1. 数据仓库

数据仓库（DW，Data Warehouse）的概念最早是 1992 年由著名的数据仓库专家 W. H. Inmon 在其著作 *Building the Data Warehouse* 中提出的。

W. H. Inmon 在其著作中对于数据仓库的概念描述如下：数据仓库（DW）是一个面向主题的（Subject Oriented）、集成的（Integrate）、相对稳定的（Non-Volatile）、反映历史变化（Time Variant）的数据集合，用于支持管理决策。

（1）数据仓库是面向主题的

数据仓库是与传统数据库面向应用相对应的。主题是一个在较高层次将数据归类的标准，每个主题基本对应一个宏观的分析领域。比如，一个保险公司的数据仓库所组织的主题可能是客户政策保险金索赔。而按应用来组织则可能是汽车保险、生命保险、健康保险、伤亡保险。可以看出，基于主题组织的数据被划分为各自独立的领域，每个领域有自己的逻辑内涵而不相互交叉。而基于应用的数据组织则完全不同，它的数据只是为了处理具体应用而组织在一起的。应用是客观世界既定的，它对于数据内容的划分未必适用于分析所需。

（2）数据仓库是集成的

操作型数据与适合决策支持系统（DSS）分析的数据之间的差别很大，因此数据在进入数据仓库之前，必然要经过加工与集成，这一步实际上是数据仓库建设中最关键、最复杂的一步。首先，要统一原始数据中所有矛盾之处，如字段的同名异义、异名同义、单位不统一、字长不一致等，并且将原始数据结构做一个从面向应用到面向主题的大转变。

（3）数据仓库是相对稳定的

数据仓库反映的是历史数据的内容，而不是处理联机数据。因而，数据经集成进入数据库后是极少或根本不更新的。

（4）数据仓库是反映历史变化的

首先，数据仓库内的数据时限要远远大于操作环境中的数据时限。前者一般为 5～10 年，而后者只有 60～90 天。数据仓库保存数据时限较长是为了适应 DSS 进行趋势分析的要求。其次，操作环境包含当前数据，即在存取的时刻是正确有效的数据。而数据仓库中的数据都是历史数据。再次，数据仓库数据的码键都包含时间项，从而标明该数据的历史时期。

2. 联机分析处理技术及工具

传统的数据库技术以单一的数据资源为中心进行各种操作型处理。操作型处理也叫事务处理，是指对数据库联机的日常操作，通常是对一个或一组记录的查询和修改，主要是为企业的特定应用服务的，人们关心的是响应时间、数据的安全性和完整性。分析型处理则用于管理人员的决策分析，如决策支持系统（DSS）等，经常要访问大量的历史数据。

联机事务处理（OLTP，On-Line Transaction Processing）是指操作人员和底层管理人员利用计算机网络对数据库中的数据实现查询、删除、更新等操作，完成事务处理工作。

联机分析处理（OLAP，On-Line Analytical Processing）是指决策人员和高层管理人员对数据仓库进行信息分析处理。

在短短的几年中，联机分析处理 OLAP 技术发展迅速，产品越来越丰富。它们具有灵活的分析功能、直观的数据操作和可视化的分析结果表示等突出优点，从而使用户对基于大量数据的复杂分析变得轻松而高效。

目前 OLAP 工具可以分为两类，一类是基于多维数据库的，另一类是基于关系数据库的。两者的相同之处是基本数据源仍是数据库和数据仓库，是基于关系数据模型的，向用户呈现的也都是多维数据视图。不同之处是，前者把分析所需的数据从数据仓库中抽取出来物理地组织成多维数据库，后者则利用关系表来模拟多维数据，并不物理地生成多维数据库。

3. 数据挖掘技术和工具

数据挖掘（DM，Data Mining）是从大型数据库或数据仓库中发现并提取隐藏内在信息的一种新技术。目的是帮助决策者寻找数据间潜在的关联，发现被忽略的要素，它们对预测趋势、决策行为也许是十分有用的信息。数据挖掘技术涉及数据库技术、人工智能技术、机器学习、统计分析等多种技术，它使决策支持系统（DSS）跨入了一个新阶段。传统的决策支持系统通常是在某个假设的前提下，通过数据查询和分析来验证或否定这个假设，而数据挖掘技术则能够自动分析数据，进行归纳性推理，从中发掘出潜在的模式或产生联想，建立新的业务模型以帮助决策者调整市场策略，找到正确的决策。

数据仓库、OLAP 和数据挖掘是作为 3 种独立的信息处理技术出现的。数据仓库主要用于数据的存储和组织，OLAP 集中于数据的分析，数据挖掘则致力于知识的自动发现。它们都可以分别应用到信息系统的设计和实现中，以提高相应部分的处理能力。但是，由于这 3 种技术内在的联系性和互补性，将它们结合起来就成为一种新的构架。这个构架以数据库中的大量数据为基础，系统由数据驱动，其特点如下：

① 在底层的数据库中保存了大量的事务级细节数据，这些数据是整个DSS的数据来源；

② 数据仓库对底层数据库中的事务级数据进行集成、转换、综合，重新组织成面向全局的数据视图，为DSS提供数据存储和组织的基础；

③ OLAP从数据仓库中的集成数据出发，构建面向分析的多维数据模型，再使用多维分析方法从多个不同的视角对多维数据进行分析、比较，分析活动从以前的方法驱动转向了数据驱动，分析方法和数据结构实现了分离。

数据挖掘以数据仓库和多维数据库中的大量数据为基础，自动地发现数据中的潜在模式，并以这些模式为基础自动地做出预测。数据挖掘表明知识就隐藏在日常积累下来的大量数据之中，仅靠复杂的算法和推理并不能发现知识，数据才是知识的真正源泉。数据挖掘为人工智能（AI）技术指出了一条新的发展道路。

7.2　国产数据库介绍🕮

数据库管理系统与操作系统一样都属于基础软件的范畴，其技术含量、规模和开发难度要高于其他应用软件，是国家信息安全的核心基础之一，是国民经济信息化的关键技术，也是信息产业的重要支柱之一。国家信息安全和国民经济信息化需要自主知识产权的数据库管理系统，我国民族信息产业及软件产业的发展更需要自主知识产权的数据库管理系统的支撑。为此，在国家“十五”863计划中设立了数据库管理系统及其应用重大专项，其战略目标定位在突破数据库管理系统的核心技术，研发具有自主知识产权和知名品牌的、满足国内用户需要的数据库管理系统，并在制造业信息化、电子政务、国家信息安全、电子教育等领域推广应用，为国民经济信息化和国家信息安全提供支撑。

我国对于数据库管理系统的研究要晚于一些西方国家，但数据库作为信息系统的核心软件，如果源代码控制在其他人手中，国家安全将受到极大威胁。基于民族利益的考虑，我国近年来一直支持国产数据库的研发工作。但同国外相比，国内对于数据库系统的研究起步较晚，在投入资金、企业规模、人才队伍、管理水平和测试环境上都有一定的距离。国产数据库在一些关键性能上确实比不上国外主流数据库，但它们可以提供完整的数据库功能，并能达到一定的可扩展性、安全性水平，完全能够胜任很多应用。在863计划等项目的支持下，国产数据库管理系统已经在核心技术上取得了显著进步，比较有代表性的国产数据库管理系统有金仓数据库管理系统Kingbase ES和达梦数据库管理系统DM。

7.2.1　金仓数据库管理系统

金仓数据库管理系统（Kingbase ES）是由北京人大金仓信息技术有限公司研制和开发的、具有自主版权的关系数据库管理系统。Kingbase ES拥有大型关系数据库管理系统的处理能力，可以在Windows NT/2000/XP和Linux操作系统上运行。

Kingbase ES系统由以关系型数据库管理系统RDBMS为核心的一批软件产品构成，其产品结构轮廓如图7-2所示。

Kingbase ES运行环境包括服务器端运行环境和客户端运行环境，不论是服务器端还是客户端，对于硬件和软件都有基本的要求。

服务器端运行环境的基本要求如下。

（1）硬件环境

- CPU：IBM PC或兼容机Pentium以上。
- 内存：128MB以上（建议256MB以上）。

- 硬盘：至少 1GB 空闲空间。

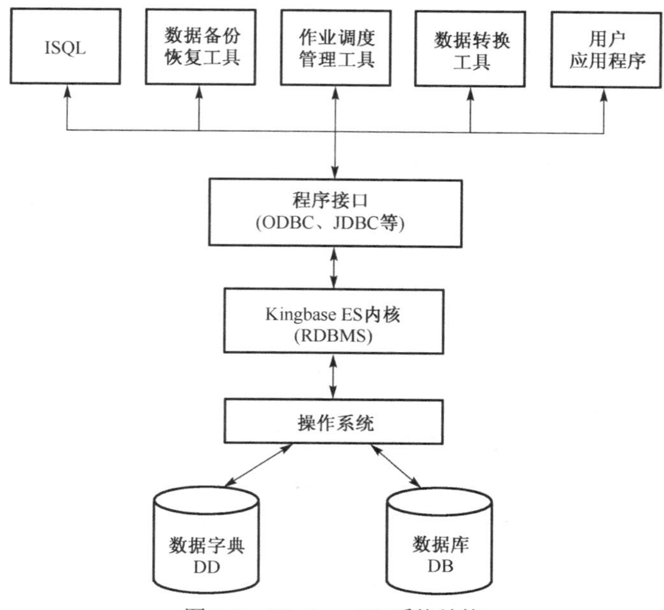

图 7-2　Kingbase ES 系统结构

（2）软件环境

- Microsoft 中文简体 Windows NT、Windows 2000 Professional/Advance Server、Windows XP。
- Red hat、中软/红旗 Linux。

客户端运行环境的基本要求如下。

（1）硬件环境

- CPU：IBM PC 或兼容机 Pentium 以上。
- 内存：64MB 以上。
- 硬盘：至少 100MB 空闲空间。

（2）软件环境

- Microsoft 中文简体 Windows 98、Windows NT、Windows 2000 Professional/Advance Server、Windows XP。
- Red hat、中软/红旗 Linux。

Kingbase ES 数据库管理系统特点如下。

（1）Kingbase ES 是专业实用的 RDBMS

目前广泛应用的数据模型为关系模型。Kingbase ES 是基于关系模型的 DBMS，数据操纵语言符合 SQL92 标准，并根据实际需要，在 SQL92 标准的基础上做了必要的扩充。

（2）Kingbase ES 适用于多种操作系统平台

Kingbase ES 具有良好的跨操作系统平台能力，不仅能够运行于 Microsoft Windows 2000/XP 系列平台，还可运行于 Linux、UNIX 等多种操作系统平台之上。

（3）Kingbase ES 具有大数据量存储及管理能力

Kingbase ES 结合了 SQL 的数据操作能力及过程化语言的数据处理能力，不仅增强了 SQL 语言的灵活性、高效性，还可以有效地支持大数据量数据存储与管理，并保证数据的完整性和安全性。

（4）Kingbase ES 提供标准化应用接口，支持跨平台应用

Kingbase ES 为应用开发提供了符合标准的 ODBC、JDBC 接口，用户可以在此基础上开发复杂的应用程序。服务器端的服务进程与客户端应用之间的连接通过 TCP/IP 协议实现，具有跨操作系统平台的应用能力。

（5）Kingbase ES 提供图形化交互式管理工具，方便用户的操作及管理

Kingbase ES 为用户提供多种图形化数据库交互管理工具，这些工具界面功能清晰，操作简单，能方便用户进行数据库管理与维护工作。

（6）Kingbase ES 优化系统资源占用

Kingbase ES 优化了运行过程中对于 CPU、内存等资源的使用，对于资源占用要求不高，可以根据实际应用需求灵活调整，显著提高系统整体效率。

（7）Kingbase ES 的功能接口和外部特性靠近数据库主流产品

Kingbase ES 从实际需要出发，在功能扩展、函数配备、调用接口及方式等方面不断改进，提高应用系统的可移植性与可重用性，降低开发厂商软件移植和升级的工作难度和强度。

用户可以在 Windows 和 Linux 两种系统下安装 Kingbase ES。在安装完成后，Kingbase ES 中用户选择的组件都装在安装路径下，同时完成注册文件的配置，并在“开始”菜单和“程序”菜单中生成“Kingbase ES”程序组。

在使用 Kingbase ES 之前需要对于数据库进行初始化。其中，“初始化系统目录”是默认的数据库初始化的目录，用户可以更改，SYSTEM 是数据库初始化过程中建立的系统默认的 DBA 用户名，密码为 MANAGER，用户也可以自行修改。

Kingbase ES 的系统管理实现了数据库管理员（DBA）操作和管理数据库，具有数据库初始化、启动、关闭和服务管理等功能。

Kingbase ES 交互式工具 ISQL 提供了部分数据库管理和操作功能，是 Kingbase ES 的前台输入/输出系统，负责进行对数据库的各类操作并显示相应的结果，界面友好，操作简便。普通用户和数据库管理员均可以使用 ISQL 来操作数据库，但对于部分专门面向数据库管理员的菜单，只有拥有 DBA 权限的用户才可以使用。

Kingbase ES 数据转换工具支持 Kingbase ES 数据库与其他异构数据库系统之间进行导入、导出和传输数据。它采用向导驱动和 GUI 图形用户界面，为 Kingbase 和其他数据库进行数据交换提供了更加灵活和方便的方式。

Kingbase ES 备份恢复工具是运行于 Windows 客户端的 Kingbase ES 数据备份恢复系统，负责对数据库进行日常的数据备份。

有关金仓数据库管理系统 Kingbase ES 的知识，读者可以登录人大金仓的官方网站查询，从网站上下载某一试用版本的 Kingbase ES 试用，网站网址为 http://www.kingbase.com.cn。

7.2.2 达梦数据库管理系统

达梦数据库管理系统（简称 DM）是武汉华工达梦数据库有限公司完全自主开发的新一代高性能关系数据库管理系统，具有开放、可扩展的体系结构，高性能事务处理能力，以及低廉的维护成本。

达梦公司研制数据库管理系统从 1988 年开始。1988 年，达梦公司研制了我国第一个自主版权的数据库管理系统 CRDS。1996 年，达梦公司研制了第一个我国具有自主版权的、商品化的分布式多媒体数据库管理系统 DM2。2000 年，达梦公司推出 863 重大项目目标产品——达梦数据库管理系统 DM3，在安全技术、跨平台分布式技术、Java 和 XML 技术、智能报表、标准接口等诸多方面又有重大突破。2004 年 1 月，达梦公司正式推出国家 863 数据库重大专项项目产品——大型通用数据库管理

系统 DM4。2005 年 9 月，达梦公司正式推出国家 863 数据库重大专项项目产品——大型通用数据库管理系统 DM（V5.0）。

达梦数据库管理系统 DM 是以 RDBMS 为核心，以 SQL 为标准的通用数据库管理系统。DM 数据库提供了多操作系统支持，并能运行在多种软、硬件平台上，同时提供了丰富的数据库访问接口，包括 ODBC、JDBC、API、OLEDB 等，还提供了完善的日志记录和备份恢复机制，保证了数据库的安全性和稳定性。

目前所使用的达梦数据库管理系统 DM4 版本包括个人版、标准版、企业版等，各个不同版本的系统适合不同的使用范围，用户可以根据实际需求选择使用不同的版本。

DM 提供一个基于 Java 的安装程序，利用 Java 的跨平台性，它可以在 Windows、UNIX、Linux、Solaris 等平台上运行，而且具有统一的界面。

DM 系统管理工具 JManager 是管理 DM 数据库系统的图形化工具，类似于 Oracle 和 MS SQL Server 的 Enterprise Manager。JManager 可以帮助系统管理员更直观、更方便地管理和维护 DM 数据库，普通用户也可以通过 JMananger 完成对数据库对象的操作。JManager 的管理功能完备，能对 DM 数据库进行较为全面的管理，在不借助其他工具的前提下，可以满足管理员和用户的基本要求。

在 DM 安装完毕后，执行“开始”→“程序”→“DMDBMS”→“达梦服务器”启动 DM 数据库服务器。服务器启动后，可以使用客户端工具“DM 管理工具 JManager”实现对数据库服务器的管理。“DM 管理工具 JManager”窗口如图 7-3 所示，其中系统默认的管理员 SYSDBA 的密码为“SYSDBA”。

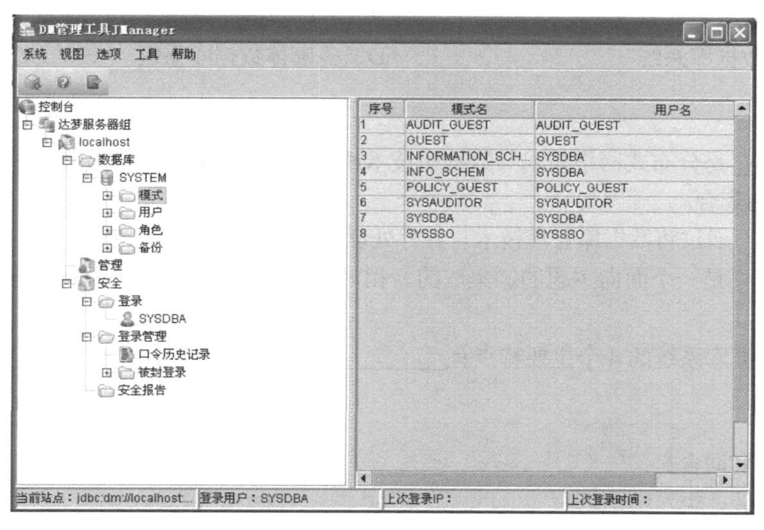

图 7-3 “DM 管理工具 JManager”窗口

SQL 是管理员与数据库管理系统进行交流的最直接、最高效的语言，它为数据库管理员提供了更专业的交流方式。DM 提供了交互式 SQL 工具 JISQL，作为数据库管理员和开发人员与数据库沟通的桥梁。JISQL 是一个用纯 Java 语言编写的基于 JDBC 的交互式 SQL 程序，支持查询结果集的表格显示。程序可运行于各种常见的操作系统平台（Windows、Linux、Solaris 等）。通过 JISQL，开发人员可以方便地执行 SQL 语句。JISQL 特别提供了对 SQL 语句、存储过程、存储函数和触发器等进行调试的功能，能够成批执行或单步执行 SQL 语句，能定位错误语句等。

DM 数据迁移工具 JDTS 可以跨平台实现数据库之间的数据和结构互导，如 DM 与 DM 之间、DM 与 ORACLE、MS SQL Server 之间等，也可以复制从 SQL 查询中获得的数据，还可以实现数据库与文本文件之间的数据或者结构互导。

另外，DM 还提供了性能监控工具 JMonitor、DM 安全策略管理工具 JPolicy 和 DM 审计工具 JAuditor。其中，性能监控工具 JMonitor 是 DM 系统管理员用来监视服务器活动和性能情况的客户端工具；安全策略管理工具 JPolicy 是 DM 标记员进行强制访问控制的工具，同时它也为 DM 标记管理员提供了管理标记员及标记员登录的操作界面。

达梦公司官方网站提供了 DM 的下载试用版本，读者可以登录公司官方网站查询达梦数据库管理系统的相关内容并下载试用版本，网站地址为 http://www.dameng.cn。

除了以上介绍的两种国产数据库系统外，比较有影响力的国产数据库系统还有东软集团有限公司的 OpenBASE 数据库系统、北京神舟航天软件技术有限公司的神舟 OSCAR 数据库系统和北京国信贝斯软件有限公司的 iBASE 数据库系统等。

习　题　7

7.1　选择题

1．随着数据库技术的发展，第二代数据库系统的主要特征是支持（　）数据模型。

A．层次　B．网状　C．关系　D．面向对象

2．数据库技术与并行处理技术相结合，出现了（　）。

A．分布式数据库系统　B．并行数据库系统

C．主动数据库系统　D．多媒体数据库系统

7.2　填空题

1．__________是分布式网络技术与数据库技术相结合的产物，是分布在计算机网络上的多个逻辑相关的数据库的集合。

2．__________通过将数据库管理技术与并行处理技术的有机结合。

3．__________是一个面向主题的、集成的、相对稳定的、反映历史变化的数据集合，用于支持管理决策。

4．分布式数据库系统的4个主要特点有__________、__________、__________和__________。

7.3　简答题

1．解释下列名词含义：

对象，封装，类，继承。

2．结合实际，谈谈你对国产数据库管理系统发展策略的认识。

3．自20世纪60年代中期以来，数据库技术发展经历了哪些阶段？

4．为什么说面向对象的程序设计方法更能明确地描述现实世界？

5．ODMG1.0 标准由哪5个方面组成？

6．什么是面向对象的数据库系统？

7．面向对象的数据库系统应包含哪两个方面的含义？

8．什么是分布式数据库系统？

9．分布式数据库特点有哪些？

10．集中式数据库、分散式数据库和分布式数据库系统主要有哪些区别？

11．在分布式数据库系统中什么是局部应用？什么是全局应用？

12．并行数据库是为了实现哪些目标？

13．什么是数据仓库？数据仓库有哪些特点？

14．什么是联机事务处理和联机分析处理？

15．数据挖掘的目的是什么？

7.4　综合题

下载金仓数据库管理系统 Kingbase ES 和达梦数据库管理系统 DM 试用版本试用，比较它们与 MS SQL Server 2008 的异同点。

第8章 实 验

实验建议：

建议读者在本课程的学习中，按照研究型教学模式学习。提倡读者在第1章布置的设计操作题中选择一个自己感兴趣的课题作为目标驱动，以自主学习、积极探索为主，结合课程的进度，通过网络教学平台等学习环境，通过上机实验完成数据库设计。

本课程的实验内容也以学生在完成设计操作题过程中的探索为主，适当安排一些必要的练习，力求达到培养学生的操作能力和自主学习能力、自觉从网络及各种渠道获取知识和信息的能力，进一步激发创新能力的目的。

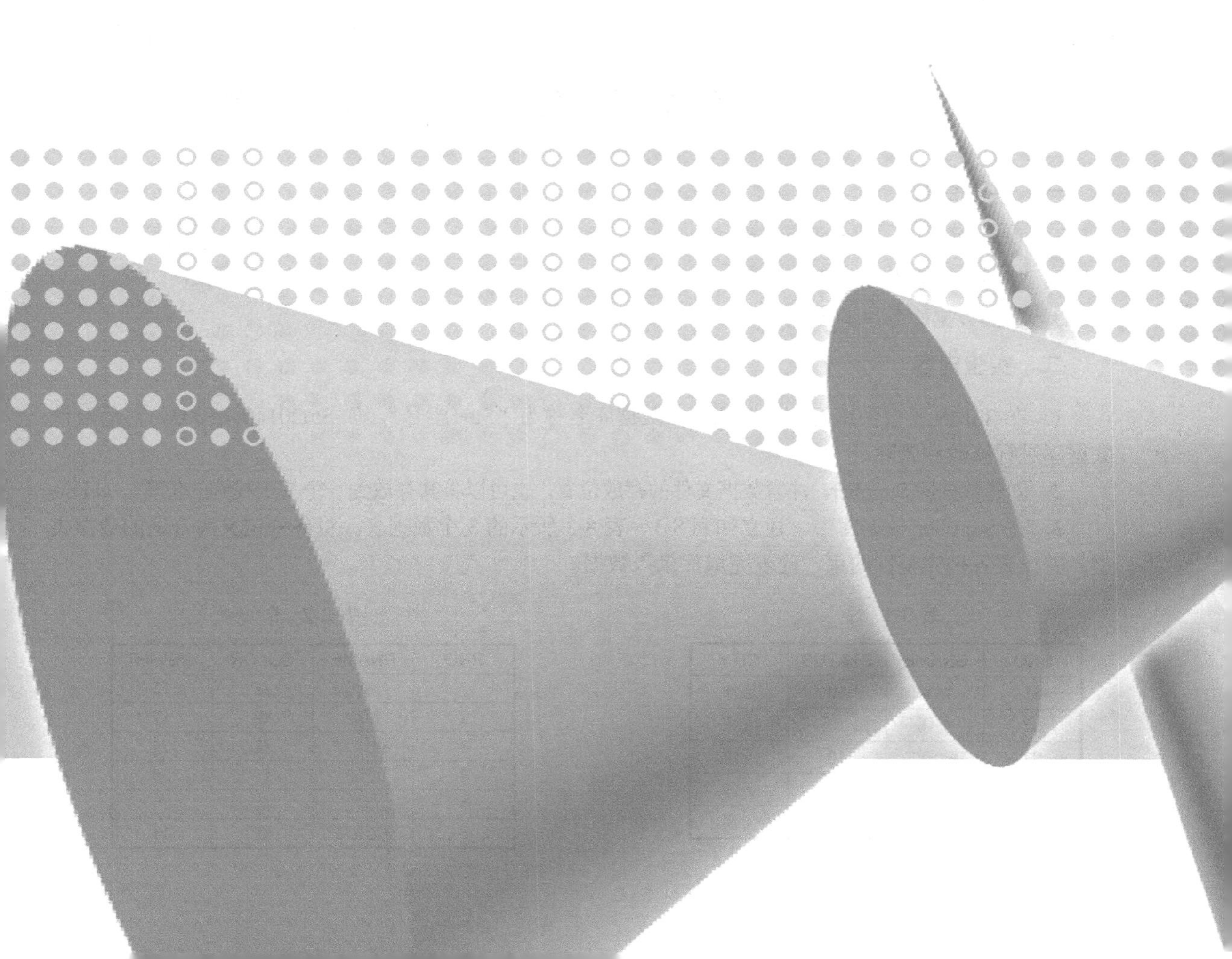

实验1　熟悉 SQL Server 2008 环境

一、实验目的

1．了解 SQL Server 2008 的功能和基本操作方法，学会使用 SSMS。

2．了解通过 SSMS 如何创建和管理数据库。

3．通过观察系统数据库，初步了解数据库的组成。

二、实验内容

1．学习安装、配置和启动 SQL Server 2008。

2．在 SSMS 中建立 SQL Server 注册及注册属性的修改。

3．熟悉 SSMS 的操作环境，了解主要菜单命令的功能和工具栏，如新建数据库，数据表的建立，导入、导出数据等。

4．在某个已注册实例中，认识与体会 SQL Server 的体系结构。

5．在某个已注册实例的数据库范例中，认识数据库的组成。

三、设计操作

参考数据库范例，确定设计操作题的选题，可从习题 1 中 1.5 给出的设计题目中选择一个感兴趣的题目，或自行设计一个题目，开始设计数据库的初步工作，自学并进行需求分析，收集初步资料和数据。

实验2　数据库与数据表的创建、删除与修改

一、实验目的

1．掌握用 SSMS 创建数据库和数据表。

2．掌握数据表结构的设计与修改，掌握设置主码、外码及相关完整性约束的方法。

3．掌握数据库分离的方法。

二、实验内容

1．在 SSMS 窗口中练习创建数据库，数据库名称为“Stu+学号”，如 Stu20140405003，然后对该数据库进行修改和删除。

2．创建数据库 Supplier，注意数据文件的存放位置，也可以将其存放到一个易于找到的位置，如 D:\。

3．在 Supplier 数据库中，建立如表 8-1～表 8-3 所示的 3 个数据表，将各列定义为合适的数据类型，并设置各种完整性约束，建表完成后录入数据。

表 8-1　S

SNO	SNAME	STATUS	CITY
S1	精益	10	天津
S2	盛锡	10	北京
S3	东方红	10	北京
S4	丰泰盛	20	天津
S5	为民	10	上海

表 8-2　P

PNO	PNAME	COLOR	WEIGHT
1	螺母	红	12
2	螺栓	绿	17
3	螺丝刀	蓝	14
4	凸轮	红	20
5	齿轮	蓝	30
6	螺丝刀	红	14

表 8-3 PS

SNO	PNO	QTY	PRICE	TOTAL
S1	1	200	0.5	
S1	2	100	0.8	
S2	3	700	2.00	
S3	1	400	0.5	
S4	3	300	2.00	
S5	5	700	8.00	
S2	6	800	2.00	
S4	2	500	0.8	
S5	3	100	2.00	

表 8-1 中，SNO 代表供应商号，SNAME 代表供应商名，STATUS 代表供应商状态，CITY 代表供应商所在城市。

要求主键为 SNO，供应商姓名和供应商所在城市不允许为空，供应商姓名唯一，供应商状态采用默认值 10。

表 8-2 中，PNO 代表零件号，PNAME 代表零件名，COLOR 代表零件颜色，WEIGHT 代表零件重量。

要求 PNO 是标识列，WEIGHT 介于 10～30 之间，主键是 PNO。

表 8-3 中，QTY 代表数量，PRICE 代表价格，TOTAL 代表总价。

要求主键为（SNO, PNO），SNO、PNO 均为外键，TOTAL 由公式计算得到。

4．分离数据库 Supplier，并将分离出来的数据文件 Supplier.mdf 和日志文件 Supplier_log.ldf 保存到自己的 U 盘上，便于以后使用。

三、设计操作

使用 SSMS 创建自己在实验 1 中确定的题目的数据库和数据表，并输入部分数据。使用分离数据库的方法将自己设计的数据库备份到移动存储设备中。

实验 3　单表 SQL 查询语句练习

一、实验目的

1．掌握附加数据库的方法。
2．熟练掌握单表查询属性列信息。
3．熟练掌握各种简单查询条件的设定。
4．掌握各种组合查询条件的设定。

二、实验内容

1．附加数据库。

- 把实验 2 中分离出来的 Supplier 数据库附加到 SQL Server 2008 中；
- 将 pubs 数据库附加到 SQL Server 2008 中，pubs 数据库的数据文件和日志文件可由教师提供，也可从网上下载。

2．对pubs数据库中的表完成以下查询功能：

- 查询jobs表中所有属性列信息；
- 查询employee表中的雇员号（emp_id）和雇员名（fname）信息；
- 查询employee表中的雇员工作年限信息；
- 查询sales表中1993-1-1前订货的订单信息。

3．对employee数据表完成以下SQL查询：

- 查询姓（lname）的首字母为F的雇员信息；
- 查询工种代号为11的所有雇员信息；
- 查询雇用年限超过25年的雇员信息；
- 查询工种代号在5～8的雇员信息；
- 查询名（fname）为“Maria”的雇员信息；
- 查询名（fname）中包含字符“sh”的所有雇员信息。

4．对Supplier数据库中的表执行以下单表信息查询：

- 从S表中查询SNAME中带“盛”字的供应商信息；
- 从P表中查询重量介于14～20之间的零件的零件号及零件名称；
- 从P表中查询零件名称中带有“螺”字、红色的零件信息；
- 从PS表查询S5供应的零件号、单价以及数量；
- 从PS表中查询各供应商号、供应的零件号、数量以及打8折之后的单价。

三、设计操作

进一步修改、完善自己设计的数据库。根据实际应用对自己的数据库表中的数据进行一些基本查询操作。

将自己设计的数据库备份到移动存储设备中。

实验4 数据汇总查询语句练习

一、实验目的

1．掌握使用聚合函数完成特殊的查询。
2．掌握对查询结果进行排序。
3．掌握数据汇总查询。
4．掌握去掉重复的查询结果。

二、实验内容

从edu_d数据库中的student、xk、department、major、class、course表中做以下查询。

1．查询每个学生的学号、姓名、性别、出生日期，并按学号升序排序。
2．查询选修了“090101”号课程的学生学号、课程号、考试成绩，并按成绩降序排序。
3．从student表中查询有哪些班，去掉重复信息。
4．从student表中查询每个班的班号和学生人数。
5．查询每门课程的课程号和选课人数。
6．查询每个同学的学号和平均成绩，并按学号升序排序。
7．查询每个同学的学号和平均成绩，并按平均成绩降序排序。

8．从 student 表中查询每个班的班号、所在学院号以及学生人数。

9．查询课程名中包含“规划”二字的课程的课程信息。

10．查询课程名中包含“规划”二字的课程的课程个数。

11．查询每个同学在 2001—2002 学年第一学期（kkxq='20011'）的总分、平均分，并按平均分降序排序。

12．查询 2001—2002 学年第一学期（kkxq='20011'）选修课程超过 10 门的学生的学号、姓名、学院号。

13．查询学号为“2001014228”的学生的学号、总分、平均分、所选修的总课程数，并按平均分降序排序。

14．查询每位学生在 2001—2002 学年第一学期（kkxq='20011'）的学号、总分、平均分，并按平均分降序排序。

三、设计操作

根据具体应用，针对自己的数据库进行数据汇总查询等操作。

将自己设计的数据库备份到移动存储设备中。

实验 5　多表 SQL 查询语句练习

一、实验目的

1．掌握多表之间的连接查询。

2．掌握使用聚合函数完成特殊的查询。

3．学会对查询结果进行排序。

二、实验内容

从 edu_d 数据库中的 student、xk、department、major、class、course 表中做以下查询。

1．查询“信息科学与工程学院”的学生的学号、姓名、性别。

2．查询“材料科学与工程学院”女生的学号、姓名、性别、班级。

3．查询学号的前 4 位是“2000”的学生的学号、姓名、学院名称。

4．查询高等数学（kch='090101'）成绩不及格的学生的学号、姓名、考试成绩。

5．查询成绩在 95 分以上的学生的学号、姓名、课程名称、考试成绩。

6．查询“材 0169”班学生的学号、所选修的课程号、课程名称、考试成绩。

7．查询“材 0169”班学生的学号、姓名以及所选修的课程号、课程名称、考试成绩，并按学号升序排序。

8．查询“材 0169”班学生的学号、姓名以及所选修的课程门数、平均分。

9．查询信息科学与工程学院（xyh='12'）考试成绩不及格的同学的学号、姓名、课程名称、考试成绩。

10．查询在 2001-2002 学年第一学期（kkxq='20011'）每位学生的学号、姓名、学院名称、选修的课程门数。

11．查询在 2001-2002 学年第一学期（kkxq='20011'）选修课程超过 10 门的学生的学号、姓名、学院名称。

12．查询课程平均成绩大于等于 85 分学生的学号、姓名、平均成绩。

三、设计操作

根据具体应用，针对自己的数据库进行多表查询、统计汇总等操作。

将自己设计的数据库备份到移动存储设备中。

实验 6　嵌套查询和集合查询

一、实验目的

1．掌握多表之间的嵌套查询。

2．掌握使用聚合函数完成特殊的查询。

3．学会对查询结果进行排序。

4．练习集合查询。

二、实验内容

从 edu_d 数据库中的 student、xk、department、major、class、course 表中做以下查询。

1．使用嵌套查询语句查询“信息科学与工程学院”的学生的学号、姓名、性别。

2．使用嵌套查询语句查询“材料科学与工程学院”的女生的学号、姓名、性别、班级。

3．使用嵌套查询语句查询“090101”号课程考试成绩 100 分的学生学号、姓名、班级。

4．使用嵌套查询语句查询高等数学（kch='090101'）成绩不及格的学生的学号、姓名，并按学号升序排序。

5．使用嵌套查询语句查询与“李明”在同一个班学习的学生的学号、姓名、性别、班级，并按学号升序排序。

6．使用嵌套查询语句查询“材料科学与工程学院”所开设的各专业号、专业名称。

7．使用嵌套查询语句查询 2003—2004 学年第二学期（kkxq='20032'）考试成绩不及格的学生的学号、姓名。

8．使用嵌套查询语句查询考试成绩有 100 分的课程的课程号、课程名称。

9．使用嵌套查询语句查询“化学化工学院”各班的班号及学生人数。

10．使用嵌套查询语句查询“信息科学与工程学院”的男生中年龄最小的学生的信息。

11．使用集合查询语句查询考试成绩为 0 分或 100 分的学号、课程号、开课学期、考试成绩。

12．使用集合查询语句查询“材 0169”班或“信息科学与工程学院”（xyh='02'）的学生学号、姓名、性别、班级。

13．使用集合查询语句查询课程名中包含“数据”或“高等”的课程的选课人数。

三、设计操作

根据具体应用，针对自己的数据库进行嵌套查询、使用聚合函数的查询等。

进一步修改、完善自己的数据库设计。

实验 7　数据定义和数据更新

一、实验目的

1．掌握用 SQL 语句创建数据表。

2．掌握用 SQL 语句进行数据更新，包括插入、修改和删除等。

二、实验内容

1. 用SQL语句定义实验2中的3张表，并用SQL语句输入表中的数据。
2. 把SNO为“S4”的供应商的状态改为15。
3. 把颜色为“红”色的螺母的重量改为18。
4. 把PS表中各种商品的价格提高一倍。
5. 给PS表添加一列，名称为remarks，类型为nvarchar，长度为50。
6. 删除PS表中S3的供货信息。
7. 删除P4号零件的信息。
8. 删除表PS。

三、设计操作

以规范化理论为指导，进一步完善自己的数据库，完成设计操作题。

实验8 SQL Server 2008中视图的创建和使用

一、实验目的

1. 学会在SQL Server 2008中创建、更新、删除视图，并对视图执行查询。
2. 了解视图的外模式特征。

二、实验内容

1. 建立视图，从数据库edu_d的表student中查询全校共有多少个班级。
2. 建立视图，从数据库edu_d的表student中查询全校各个班级的名称。
3. 建立视图，查询“材料科学与工程学院”（xyh='01'）和“化学化工学院”（xyh='02'）学生的姓名、性别、班级等信息。
4. 建立视图，查询“材料科学与工程学院”姓“王”的学生信息。
5. 建立视图，在xk表中查询选修了课程的学生人数。
6. 建立视图，在xk表中查询各门课程及相应的选课人数。
7. 建立视图，在xk表中查询选修了60门以上课程的学生及选课门数。
8. 建立视图，查询“材0169”班的每个学生及其选修课程的情况。
9. 建立视图，在student中查询选修了“高等数学”的学生姓名。
10. 建立视图，查询学号的第5、6位是“03”的学生的学号、姓名、学院名称。

三、设计操作

给自己的数据库创建视图。
根据第3章学习的内容，撰写自己选题的需求分析报告，并画出E-R图。

实验9 SQL Server 2008中数据的控制与维护

一、实验目的

1. 了解数据库的安全机制，授权不同用户的数据访问范围。

2．掌握数据库中数据的备份与还原操作。

3．熟悉 SQL Server 2008 中的数据导入、导出功能。

二、实验内容

1. 使用 SSMS 在 SQL Server 上创建一个登录用户 TestUser，它使用 SQL Server 认证，能访问 pubs 数据库。

2．允许用户 TestUser 具有在 pubs 数据库上创建表的权限。

3．掌握数据库的备份与还原操作。

4．使用数据导出功能，从 pubs 数据库的 titles 表中提取所有数据，并导出到一个 EXCEL 文件 titles.xls 中。

5. 使用数据导入功能，把刚才导出的 EXCEL 文件 titles.xls 中的数据全部导入到 edu_d 数据库中。

三、设计操作

备份并还原自己设计的数据库。

EDU_D 数据库的数据表结构

（1）student（XH（varchar）、XM（varchar）、XB（char）、CSRQ（datetime）、XYH（char）、ZYH（char）、BJ（varchar）、RXSJ（datetime）、JG（varchar）），分别代表（学号、姓名、性别、出生日期、所在学院号、专业号、班级名称、入学时间、籍贯）。

（2）department 表（XYH（char）、XYM（varchar）），分别代表（学院号、学院名称）。

（3）major 表（ZYH（char）、ZYM（varchar）、XYH（char）），分别代表（专业号、专业名称、所在学院号）。

（4）class 表（BJ（varchar）、ZYH（char）、XYH（char）），分别代表（班级名称、专业号、学院号）。

（5）course 表（KCH（varchar）、KM（varchar）），分别代表（课程号、课程名称）。

（6）XK 表（XH（varchar）、KCH（varchar）、KSCJ（float）、KKXQ（varchar）、JSM（varchar）、BZ（varchar）），分别代表（学号、课程号、考试成绩、开课学期、教师姓名、备注）。

附录A　示例数据库表结构

本书所用数据库readerbook中各表的结构如表A-1～表A-3所示。

表A-1　book（图书信息表）

列　　名	数据类型与长度	是否允许为空	约束
bno	varchar(20)	not null	主键
bname	nvarchar(50)	not null	
bauthor	nvarchar(20)	null	
bpublisher	nvarchar(50)	null	
bprice	real	null	
bpubdate	date	null	

表A-2　reader（读者信息表）

列　　名	数据类型与长度	是否允许为空	约束
rno	varchar(20)	not null	主键
rname	nvarchar(20)	not null	
rgrade	nvarchar(12)	null	
rbirthday	date	null	

表A-3　borrow（图书借阅信息表）

列　　名	数据类型与长度	是否允许为空	约束
rno	varchar(20)	not null	主键，外键
bno	varchar(20)	not null	主键，外键
borrowdate	date	not null	
borrowdays	int	not null	

附录B SQL Server 2008 常用内置函数

SQL Server 2008 在 Transact-SQL 中提供了若干函数，用于帮助用户获取系统的相关信息、执行计算和统计功能、实现数据类型转换等操作。具体分类及功能如表 B-1～表 B-6 所示。

表 B-1 数据转换函数

函 数 名	功 能 描 述
AVG()	计算某列平均值
COUNT()	统计符合查询条件的行数
GROUPING	它产生一个附加的列，当用 CUBE 或 ROLLUP 运算符添加行时，附加的列输出值为 1，当所添加的行不是由 CUBE 或 ROLLUP 产生时，附加列值为 0。仅在与包含 CUBE 或 ROLLUP 运算符的 GROUP BY 子句相联系的选择列表中才允许分组
MAX()	返回某列的最大值
MIN()	返回某列的最小值
SUM()	计算数值表达式中非 NULL 值的总和
CAST(expression AS date_type)	将表达式的值转化为指定的数据类型
CONVERT(data_type[(length)],expression[,style])	将表达式的值转化为指定的数据类型，可以指定长度

表 B-2 字符串函数

函数及语法格式	功 能
ASCII(char_expr)	返回最左边字符的 ASCII 值
CHAR(integer_expr)	返回 0～255 之间整型值所对应的字符，超出这个范围，则返回 NULL
SOUND(char_expr)	返回字符串一个 4 位代码，用以比较字符的相似性，忽略元音字母
DIFFERENCE(char_expr1,char_expr2)	比较两个字符串的 SOUNDEX 值，返回值为 0～4，4 表示最佳匹配
LOWER(char_expr)	将字符串中所有字符变成小写字母
UPPER(char_expr)	将字符串中所有字符变成大写字母
LTRIM(char_expr)	删除字符串最左边的空格
RTRIM(char_expr)	删除字符串最右边的空格
CHARINDEX(expr1,expr2[,start_location])	返回字符串（expr2）中指定表达式（expr1）出现的位置，start_location 为在 expr2 中第一次出现的位置，默认为 0
PATIINDEX(%pattern%,expr)	返回在 expr 中 pattern 第一次出现的位置，pattern 中可以使用通配符
REPLICATE(char_expr,integer)	将字符表达式重复指定的次数
REVERSE(char_string)	将字符串反序排列
RIGHT(char_expr,integer_expr)	在字符串中从右向左取指定长的子串，不能用于 text 和 image 型数据
SPACE(integer_expr)	返回指定长度的空格串
STR(float_expr[,length[,decimal]])	将数值型数据按指定的长度转换为字符数据
STUFF(char_expr1,start,length,char_expr2)	从 char_expr1 中 start 位置开始删除长度为 length 的子串，并将 char_expr2 插入到 char_expr1 中从 start 开始的位置
SUBSTRING(char_expr1,start,length)	在字符串中从指定的 start 位置开始截取长度为 length 的子串

表 B-3　数学函数

函数及语法格式	功　能
ABS(numeric_expr)	绝对值
ACOS(float_expr)	反余弦函数
ASIN(float_expr)	反正弦函数
ATAN(float_expr)	反正切函数
ATAN2(float_expr1,float_expr2)	反正切函数（正切值为 float_expr1/float_expr2 弧度）
COS(float_expr)	弧度值的余弦
SIN(float_expr)	弧度值的正弦
TAN(float_expr)	弧度值的正切
DEGREES(Numeric_expr)	返回与数值表达式相同的角度值，数值表达式为数值型数，但不能为 bit 型数据
RADIANS(Numeric_expr)	返回弧度值，约束条件同 DEGREE
CEILING(Numeric_expr)	大于或等于指定数值的最小整数
FLOOR(Numeric_expr)	小于或等于指定数值的最大整数
EXP(float_expr)	取浮点表达式的指定值
LOG(float_expr)	浮点表达式的自然对数
LOG10(float_expr)	浮点表达式的以 10 为底的对数
POWER(Numeric_expr,y)	数值表达式的 y 次幂，返回值与 numeric_expr 类型相同，y 的数据类型为数值性，不能是 bit 型数据
RAND(integer_expr)	以整型值为种子，返回 0～1 之间的随机浮点数
ROUND(numberic_expr,length[,function])	四舍五入函数，长度为正数时，对小数位进行四舍五入；长度为负数时，对整数部分进行四舍五入。当 function 为非零值时，数据被截断，其默认值为 0
SIGN(numeric_expr)	对给定的数值表达式，返回 1、0、–1，3 个值
SQRT(float_expr)	取浮点表达式的平方根

表 B-4　日期与时间函数

函数及语法格式	功　能
DATENAME(datepart,date)	返回日期中指定的部分。datapart 部分的取值为：year、quarter、month、dayofyear、day、week、weekday、hour、minute、second、millisecond
DATEPART(datepart,date)	对日期中指定的部分返回一个整数值。datapart 的取值与 DATANAME 相同
GETDATE()	返回系统当前时间
DATEADD(datepart,number,date)	对日期/时间中指定部分增加给定的数量，从而返回一个新的日期值。datapart 的取值与 DATANAME 相同，只是不包括 weekday
DATEADD(datepart,startdate,enddate)	返回两个日期/时间之间指定部分的差。datapart 的取值与 DATANAME 相同，只是不包括 weekday
DAY(date)	返回指定日期中的天数，与 DATAPART(day,date)功能相同
MONTH(date)	返回指定日期中的月份，与 DATAPART(month,date)功能相同
YEAR(date)	返回指定日期中的年份，与 DATAPART(year,date)功能相同

表 B-5　系统函数

函数及语法格式	功　能
APP_NAME()	返回当前应用程序的名称
DATABASEPROPERTY(database,property)	返回指定数据库的属性信息
DATALENGTH(expression)	返回表达式的长度（以字节表示）
DB_ID(['database_name'])	返回数据库的 ID
DB_NAME(database_ID)	返回数据库的 ID 返回的数据库名称

续表

函数及语法格式	功　能
HOST_ID()	返回服务器端计算机的 ID 号
HOST_NAME()	返回服务器端计算机的名字
ISNULL(check_expr,replacement_value)	用指定的值来代替空值
NULLIF(expr1,expr2)	当两个表达式相等时返回空值
OBJECT_ID(object_id)	返回数据库对象的 ID
OBJECT_NAME(object_id)	返回数据库对象的名字
SUSER_ID(['login'])	返回登录用户的 ID
SUSER_NAME([server_user_id])	返回登录用户的用户名
TYPEPROPERTY(type,property)	返回数据类型信息
USER_ID(['user'])	用户数据库的用户 ID
USER_NAME([id])	用户数据库的用户名

表 B-6　文本（text）与图像（image）函数

函数及语法格式	功　能
TEXTVALID(table.column,text_ptr)	判断给定的文本指针是否有效，返回值为 0 或返回指向存储文本表列的第一页的指针，返回值为 16 位
TEXTPRT(column)	varbinary 数据，此指针用于 UPDATETEXT、WRITETEXT 和 READTEXT 命令

附录 C　Java/SQL Server 开发与编程

Java 是 Sun Microsystems 公司于 1995 年 5 月推出的一种编程语言，具有面向对象、与平台无关、安全、稳定、多线程等特点。一直以易学易用、功能强大的特点得到广泛应用。其强大的跨平台特性使 Java 程序可以运行在任何一个系统平台上，甚至是手持电话、商务助理等电子产品，真正做到了“一次编写，处处运行”（write once, run anywhere，WORA）。

Java 语言可以编写桌面应用程序、Web 应用程序及分布式系统和嵌入式系统应用程序等，被广泛应用于 PC、数据中心、游戏控制台、科学超级计算机、移动电话和互联网，这使得 Java 成为应用范围最为广阔的开发语言。在全球云计算和移动互联网的产业环境下，Java 更具备了显著优势和广阔前景。

Eclipse 是目前最流行的 Java 集成开发工具之一，它是由 Java 语言编写的、开放源代码的、可扩展的开发工具，由 IBM 公司投资 4000 万美元开发并捐赠给开源社区。Eclipse 为编程人员提供了一流的 Java 程序开发环境，它的平台体系结构是在插件概念的基础上构建的，通过开发插件，它能扩展到任何语言的开发，甚至能成为图片绘制的工具。插件是 Eclipse 平台最具特色的特征之一，也是区别于其他开发工具的特征之一。Swing 是一个用于开发 Java 应用程序用户界面的开发工具包，它以 AWT 为基础使跨平台应用程序可以使用任何可插拔的外观风格。Swing 开发人员只用很少的代码就可以利用 Swing 丰富、灵活的功能和模块化组件来创建优雅的用户界面。

Java 语言通过 JDBC 可以非常方便地统一处理各种类型的数据库。JDBC 为各种数据库的操作提供了良好的机制，为各种类型的数据库规定了统一的处理方法，使得 Java 程序代码有可能统一处理不同类型的数据库的数据。

C.1　JDBC 简介

Java 数据库连接（Java Database Connectivity，JDBC）是一种用于执行 SQL 语句的 Java API，它是连接数据库和 Java 应用程序的纽带。JDBC 制定了统一的访问各类关系数据库的标准接口，为各个数据库厂商提供了标准接口的实现。

在 JDBC 技术问世之前，各家数据库厂商执行各自的一套应用程序编程接口（Application Programming Interface，API），使得开发人员访问数据库非常困难，特别是更换数据库时，需要修改大量的代码。JDBC 的发布获得了巨大的成功，很快就成了访问 Java 数据库的标准。需要注意的是，JDBC 并不能直接访问数据库，需要依赖于数据库厂商提供的 JDBC 驱动程序。

JDBC 技术具有以下优点：

- JDBC 与以前使用的 ODBC 十分相似，便于软件开发人员理解。
- JDBC 使软件开发人员从复杂的驱动程序编写工作中解脱出来，可以专注于业务的开发。
- JDBC 支持多种关系型数据库，大大增加了软件的可移植性。
- JDBC API 是面向对象的，软件开发人员可以将常用的方法进行二次封装，从而提高代码的重用性。

JDBC 的用途是什么？简单地说，JDBC 可做 3 件事：

- 与数据库建立连接。

- 发送 SQL 语句。
- 处理结果。

这些操作都是通过 Java 提供的包和接口来实现的。

JDBC 中提供了丰富的类和接口用于数据库编程，利用这些类和接口可以方便地进行数据访问和处理。这些类和接口都位于 java.sql 包中。

（1）DriverManager 类

DriverManager 类用来管理数据库中的所有驱动程序，是 JDBC 的管理层，作用于用户和驱动程序之间，跟踪可用的驱动程序，并在数据库的驱动程序之间建立连接。

DriverManager 类中的方法都是静态方法，所以在程序中无须对它进行实例化，直接通过类名就可以调用。

DriverManager 类的常用方法是：

```
getConnection(String url,String user,String password)
```

3 个参数分别是连接数据库的 URL、用户名和密码，该方法用于获取与数据库的连接。

（2）Connection 接口

Connection 接口代表与特定的数据库的连接。要对数据表中的数据进行操作，首先要获取数据库连接。

由 Connection 实例在应用程序与数据库之间建立连接。Connection 实例可通过 DriverManager 类的 getConnection( )方法获取。

Connection 接口的常用方法有：

- createStatement( )：创建 Statement 对象。
- createStatement(int resultSetType, int resultSetConcurrency)：创建一个 Statement 对象，该对象将生成具有给定类型、并发性和可保存性的 ResultSet 对象。
- setAutoCommit(boolean autoCommit)：将此连接的自动提交模式设置为给定状态。如果连接处于自动提交模式下，则它的所有 SQL 语句将被执行并作为单个事务提交。否则，它的 SQL 语句将聚集到事务中，直到调用 commit 方法或 rollback 方法为止。默认情况下，新连接处于自动提交模式。
- void rollback( )：回滚事务。
- void commit( )：提交事务。

（3）Statement 接口

Statement 实例用于在已经建立连接的基础上向数据库发送 SQL 语句。Statement 接口用来执行静态的 SQL 语句。例如，执行 insert、update 和 delete 语句时，可调用该接口的 executeUpdate( )方法；执行 select 语句时，可调用该接口的 executeQuery( )方法。

Statement 实例可以通过 Connection 实例的 createStatement( )方法获取。例如，获取 Statement 实例的代码如下：

```
Connection con=DriverManager.getConnection("url","userName","password");
Statement st=conn.createStatement( );
```

Statement 接口的常用方法有：

- execute(String sql)：执行静态的 select 语句，该语句可能返回多个结果集。
- executeQuery(String sql)：执行给定的 SQL 语句，该语句返回单个 ResultSet 对象。

（4）PreparedStatement 接口

PreparedStatement 接口集成 Statement，用于执行动态的 SQL 语句，通过 PreparedStatement 实例执行的 SQL 语句，将被编译并保存到 PreparedStatement 实例中，从而可以反复地执行该 SQL 语句。

（5）ResultSet 接口

ResultSet 接口类似一张表，它用于存放数据库查询操作所获得的结果集。Result 实例具有指向当前数据行的指针。指针开始的位置在查询结果集的第 1 条记录的前面，可通过 next( )方法将指针下移。

ResultSet 接口的常用方法有：

- next( )：将 ResultSet 的记录指针定位到下一行，如果移动后的记录指针指向一条有效记录，则该方法返回 true。
- getInt( )：以 int 形式获取此 ResultSet 对象的当前行中的指定列值。如果列值为 null，则返回 0。
- getString( )：以 String 形式获取此 ResultSet 对象的当前行中的指定列值。如果列值为 SQL NULL，则返回 null。

C.2　连接数据库

如果需要访问数据库，首先需要加载数据库驱动。数据库驱动只需在第一次访问数据库时加载一次，然后在每次访问数据库时创建一个 Connection 实例，来获取数据库连接，这样就可以执行操作数据库的 SQL 语句。最后在访问完数据库操作时，释放与数据库的连接。

1．加载数据库驱动

类似于使用 U 盘，在第一次使用时，需要安装驱动程序，以后系统才能识别该 U 盘，以后的使用过程中不再需要安装驱动。数据库驱动类似，只有安装了相应的数据库驱动，系统才能识别这种数据库，如 SQL Server、Oracle 等。

Sun 提供了 JDBC 技术，用于与数据库建立联系，但只提供了接口，具体的驱动程序是由数据库提供商实现的。

由于不同数据库厂商实现的 JDBC 接口不同，因此就产生了不同的数据库驱动包。数据库驱动包中包含有一些类，它们负责与数据库建立连接，把一些 SQL 语句传到数据库中去。例如，Java 程序实现与 SQL Server 2008 数据库的连接时，需要在程序中加载驱动包 msbase.jar、mssqlserver.jar、msutil.jar 或 jtds.jar。

将下载的数据库驱动文件添加到项目中之后，首先需要加载数据库驱动程序，才能进行数据库操作。Java 加载数据库驱动的方法是调用 Class 类的静态方法 forName( )，语法如下：

```
Class.forName(String driverManager)
```

参数 driverManager 指定要加载的数据库驱动，加载成功后会将加载的驱动类注册给 DriverManager，加载失败则抛出 ClassNotFoundException 异常。

2．创建数据库连接

在进行数据库操作时，只需要第一次访问数据库时加载数据库驱动，然后每次访问数据库时，只需创建一个 Connection 对象，之后执行操作数据库的 SQL 语句。可通过 DriverManager 类的 getConnection( )方法创建 Connection 实例。

连接 SQL Server 2008 数据库的驱动程序为 sqljdbc.jar，该程序需要到微软的官方网站下载。

建立连接的代码为：

```
try{
    Class.forName("com.microsoft.sqlserver.jdbc.SQLServerDriver");
    con=DriverManager.getConnection("jdbc:sqlserver://localhost:1433;
        databaseName=Student", "sa", "123");
}catch (Exception e) {
    throw new RuntimeException(e);
}
```

3．向数据库发送 SQL 语句

建立数据库连接的目的是与数据库进行通信，实现方式为执行 SQL 语句，但 Connection 实例并不能执行 SQL 语句。需要通过 Connection 接口的 createStatement( )方法获取 Statement 对象。

创建 Statement 对象的代码如下：

```
try{
    Statement st=con.createStatement( );
}catch(SQLException e){
    e.printStatckTrace( );
}
```

4．获取查询结果集

executeUpdate( )方法用于执行数据的插入、修改或删除操作，返回影响数据库记录的条数。executeQuery( )方法用于执行 select 查询语句，将返回一个 ResultSet 型的结果集。只有通过编立查询结果集的内容，才可获取 SQL 语句执行的查询结果。

获取查询结果集可采取类似如下的代码：

```
ResultSet rest=st.executeQuery("select * from Student");
while (rest.next( )){
    Strint name=rest.getString("name");
    ⋮
}
```

5．关闭连接

在进行数据库访问时，Connection、Statement 和 ResultSet 实例都会占用一定的系统资源，因此，在每次访问完数据库后，在 finally 代码块中及时释放这些对象占用的资源是一个很好的习惯。这些方法都提供了 close( )方法，用于释放对象占用的数据库和 JDBC 资源。

关闭各对象实例的代码如下：

```
rest.close( );
st.close( );
conn.close( );
```

C.3 使用 Java 开发通讯录

【例 C-1】 编写一个通讯录，能够输入每个联系人的姓名、电话、QQ、MSN、单位、职务等信息，单击“添加”按钮，可将输入的联系人信息加入数据库中。输入联系人的编号后，单击“查询”按钮，可以查到该联系人的信息。

下面以例 C-1 为例介绍使用 JDBC 开发程序的过程。

1．设置数据库

（1）更改身份验证方式

很多初学者在安装数据库时习惯使用“Windows 身份验证模式”，这种验证方式操作方便，但不利于保障数据库系统安全。

为了保障系统安全，应用程序要求连接数据库时必须使用“SQL Server 和 Windows 身份验证模式”，因此需要检查身份验证方式。

修改“身份验证模式”的步骤如下。

① 在 SSMS 窗口的“对象资源管理器”中，本机的实例名为 WIN7U-20141031Y（SQL Server 10.0.1600），在实例名对象上单击鼠标右键，从弹出的快捷菜单中选择“属性”，打开“服务器属性”对话框，默认打开的是“常规”选项卡，点击左侧选项页的“安全性”，切换到“安全性”选项卡，如图 C-1 所示。

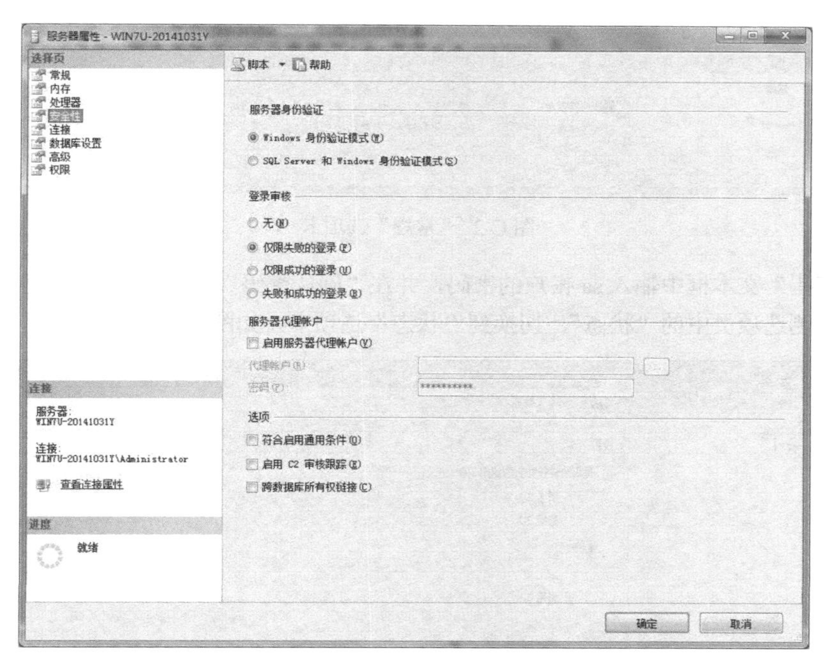

图 C-1 “安全性”选项卡

② 在“服务器身份验证”栏，把“Windows 身份验证模式”改为“SQL Server 和 Windows 身份验证模式”。

③ 单击“确定”按钮，完成身份验证模式的修改。

（2）修改 sa 帐户属性

sa 是 SQL Server 系统建立的管理员帐户，应用程序要连接数据库，可以使用 sa 帐户，也可以使用其他自定义的帐户。

下面介绍如何设置 sa 帐户的密码及如何启动 sa 帐户。

① 在 SSMS 窗口的“对象资源管理器”中，依次展开“安全性”及“登录名”节点，在帐户名“sa”上单击鼠标右键，从弹出的快捷菜单中选择“属性”，打开“登录属性”对话框，默认打开的是“常规”选项卡，如图 C-2 所示。

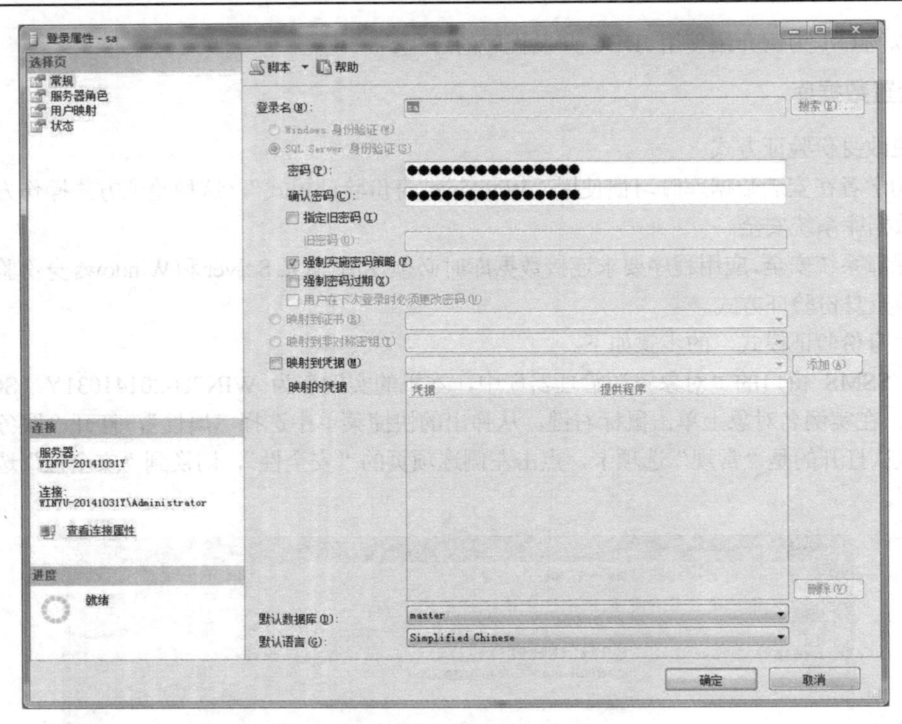

图 C-2 “常规”选项卡

② 在“密码”文本框中输入 sa 帐户的密码，并在“确认密码”文本框中再输入一遍。

③ 点击左侧选项页中的“状态”，切换到“状态”选项卡，如图 C-3 所示。

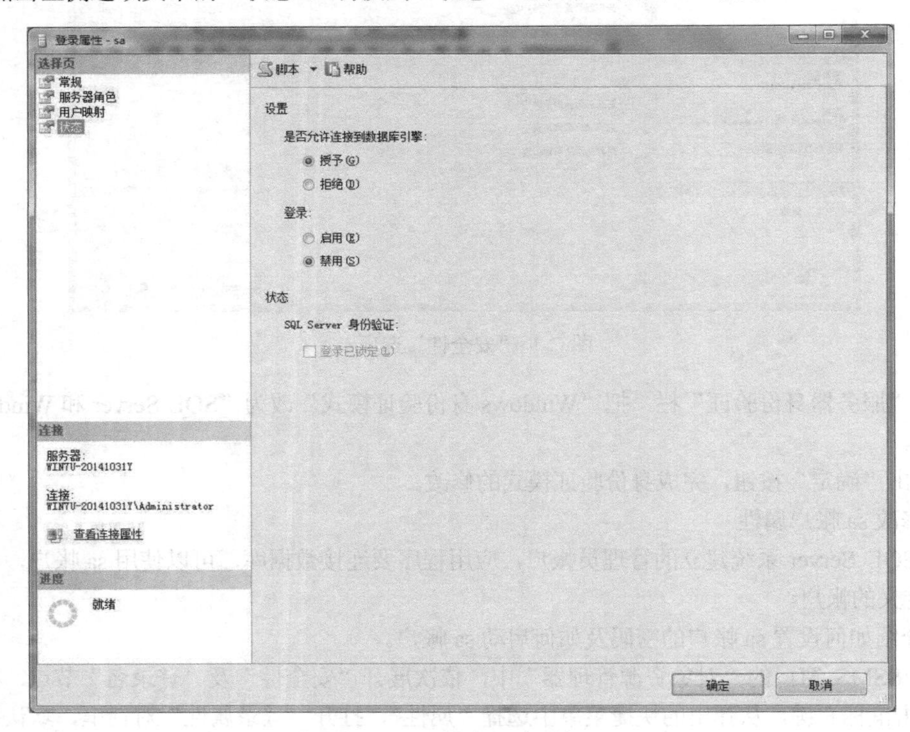

图 C-3 “状态”选项卡

④ 将“是否允许连接到数据库引擎”设为“授予”，“登录”设为“启用”。

⑤ 单击“确定”按钮，完成 SQL 帐户属性的设置。

（3）启用 TCP/IP 协议

有的 SQL Server 2008 没有启用 TCP/IP 协议，由于应用程序连接数据库必须使用 TCP/IP 协议，因此必须手动启用。

启用 TCP/IP 协议的步骤如下。

① 选择“开始”→“所有程序”→“Microsoft SQL Server 2008”→“配置工具”→“SQL Server 配置管理器”，打开配置管理器窗口。

② 在左侧窗口中依次打开“SQL Server 网络配置”和“MSSQLSERVER 的协议”，如图 C-4 所示。

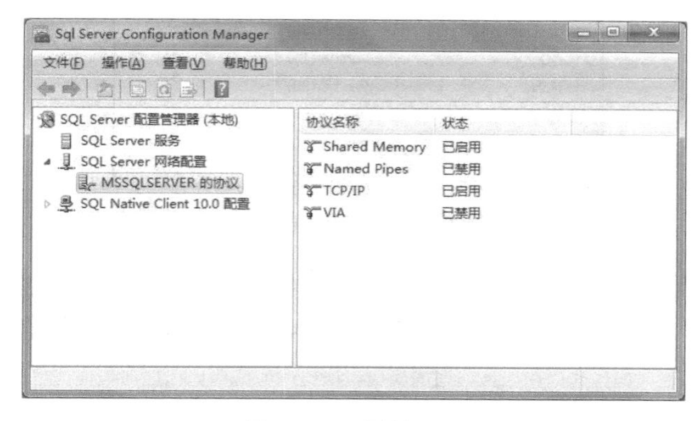

图 C-4　配置管理器

③ 可以看到，“TCP/IP”的状态为“已启用”，如果没有启用，在“TCP/IP”上单击鼠标右键，从弹出的快捷菜单中选择“启用”，然后弹出如图 C-5 所示的“警告”对话框，提示需要重新启动服务，单击“确定”按钮后关闭该对话框。

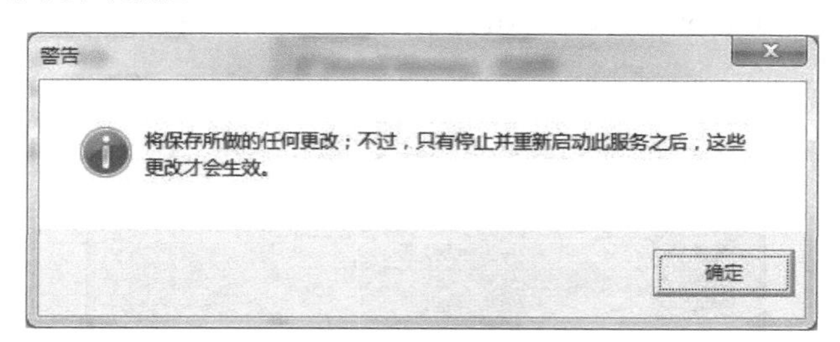

图 C-5　提示重新启动 SQL Server 服务

④ 打开控制面板的管理工具，打开“服务”窗口，重新启动“SQL Server (MSSQLSERVER)”服务。

⑤ 打开“命令提示符”窗口，输入“netstat -an|find "1433"”，如果输出如图 C-6 所示的信息，说明数据库设置正确。

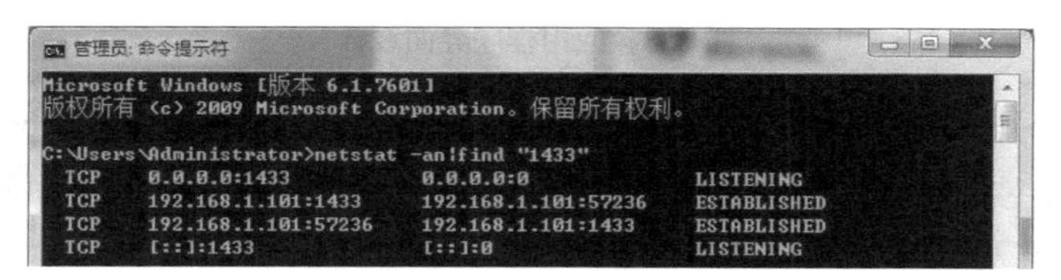

图 C-6　检测数据库

2．设计数据库

为了能在数据库中存放信息，应建立相应的数据库及数据表。

① 在 SQL Server 2008 的 SSMS 中建立数据库 AList。

② 在 AList 数据库中建立如图 C-7 所示结构的表，表名为 ListInfo。

列名	数据类型	允许空
id	int	☐
name	varchar(20)	☐
sex	varchar(2)	☑
phone1	varchar(15)	☑
phone2	varchar(15)	☑
company	varchar(30)	☑
position	varchar(20)	☑
QQ	varchar(15)	☑
MSN	varchar(30)	☑
email	varchar(50)	☑
address	varchar(50)	☑
notes	varchar(200)	☑

图 C-7　ListInfo 表结构

各属性分别表示编号、姓名、性别、电话号码 1、电话号码 2、公司、职务、QQ、MSN、email、地址、备注。其中，id 为标识列（初值为 1、增量为 1）、主键，因此，id 的值不需要用户输入，由系统自动维护。

3．程序设计

开发程序的步骤为：

① 新建一个 Java 项目，项目名为 A1。

② 建立一个 Swing 窗体，窗体名为 AddressList，并设置窗体容器的布局管理器为绝对布局。

③ 向窗体中添加若干 JLabel 控件、JTextField 控件和 JButton 控件，并适当调整控件和窗体的大小，如图 C-8 所示。

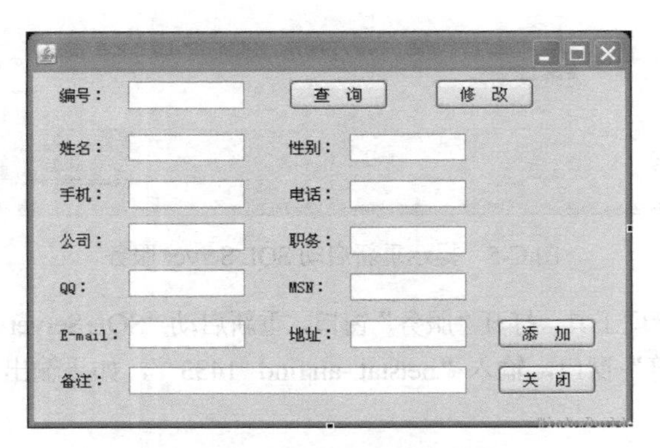

图 C-8　应用程序界面设计

各文本框控件分别命名为 text_id、text_name、text_sex、text_phone1、text_phone2、text_company、text_position、text_qq、text_msn、text_email、text_address、text_notes；各按钮控件分别命名为 button_select、button_update、button_insert、button_close；标签控件采用系统默认的名称即可。

④ 在项目名 A1 上单击鼠标右键，从弹出的快捷菜单中选择“构建路径”→“配置构建路径”，弹出“属性”对话框，打开“库”选项卡，如图 C-9 所示。

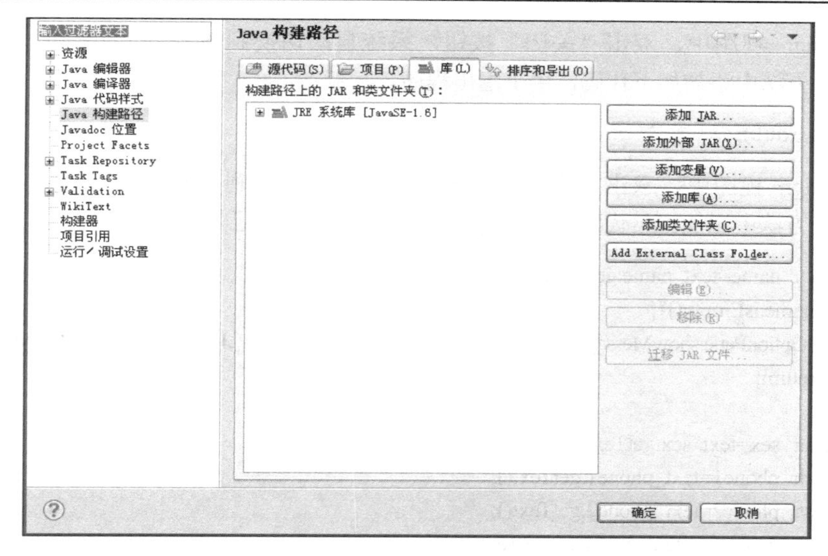

图 C-9 “库”选项卡

单击右侧的“添加外部 JAR”按钮，在打开的“添加 JAR”对话框中找到 sqljdbc.jar 文件，并添加进来。sqljdbc.jar 是 Java 连接 SQL Server 2008 数据库必需的文件，可从微软官方网站下载。添加完毕后单击“确定”按钮，完成添加。

⑤ 由于要连接数据库，在源文件开头添加以下 import 语句：

```
import java.sql.Connection;
import java.sql.DriverManager;
import java.sql.*;
```

⑥ 在类 AddressList 的变量定义后添加以下代码。定义两个变量和连接数据库的 getConnection( )方法。

```
Connection con = null;
Statement st;

public static Connection getConnection() { // 建立返回值为 Connection 的方法
try {
    Class.forName("com.microsoft.sqlserver.jdbc.SQLServerDriver");
    con = DriverManager.getConnection("jdbc:sqlserver://localhost:1433; databaseName=AList", "sa", "123");
    if (con != null) {
        System.out.println("数据库连接成功");
    }
} catch (Exception e) {
    throw new RuntimeException(e);
}
    return con; // 按方法要求返回 Connection 对象
}
```

⑦ 在 AddressList 方法的最后添加对 getConnection( )方法的调用语句。

```
getConnection();
```

⑧ 在 Design 视图中，双击“关闭”按钮，系统自动切换到 Source 编辑器，在光标所在的 actionPerformed 方法中添加如下代码，用于退出程序。

```
System.exit(0);
```

⑨ 在 Design 视图中，双击“添加”按钮，系统自动切换到 Source 编辑器，在光标所在的 actionPerformed 方法中添加如下代码，用于将用户输入的信息添加到数据库中。

```
String str_name=text_name.getText();
if (str_name.isEmpty()){
    JOptionPane.showMessageDialog(null,"姓名不能为空！","警告",JOptionPane. WARNING_MESSAGE);
    return;
}
String str_sex=text_sex.getText();
String str_phone1=text_phone1.getText();
String str_phone2=text_phone2.getText();
String str_company=text_company.getText();
String str_position=text_position.getText();
String str_qq=text_qq.getText();
String str_msn=text_msn.getText();
String str_email=text_email.getText();
String str_address=text_address.getText();
String str_notes=text_notes.getText();

try{
    String sql="insert into ListInfo(name,sex,phone1,phone2,company,position,qq,msn, email,address,notes)
values ('"+str_name+"','"+str_sex+"','"+str_phone1+"','"+str_phone2+ "','"+str_company+"','"+str_position+"','"+str_
qq+"','"+str_msn+"','"+str_email+"', '"+str_address+"','"+str_notes+"');";
    System.out.println(sql);
    st.execute(sql);
    //JOptionPane.showMessageDialog(null,"添加完毕！","提示", JOptionPane.INFORMATION_MESSAGE);
}catch(SQLException e1){
    e1.printStackTrace();
}
```

⑩ 在 Design 视图中，双击“查询”按钮，系统自动切换到 Source 编辑器，在光标所在的 actionPerformed 方法中添加如下代码，用于查询指定编号的联系人信息。

```
ResultSet rs=null;
try{
    getConnection( );
    String str_id=text_id.getText( );
    rs=st.executeQuery("select * from ListInfo where id='"+str_id+"';");
    if(rs.next( )){
        text_name.setText(rs.getString("name"));
        text_sex.setText(rs.getString("sex"));
        text_phone1.setText(rs.getString("phone1"));
        text_phone2.setText(rs.getString("phone2"));
        text_company.setText(rs.getString("company"));
```

```
                text_position.setText(rs.getString("position"));
                text_qq.setText(rs.getString("qq"));
                text_msn.setText(rs.getString("msn"));
                text_email.setText(rs.getString("email"));
                text_address.setText(rs.getString("address"));
                text_notes.setText(rs.getString("notes"));
            }
        }catch(SQLException exp){
            exp.printStackTrace( ); //处理异常
        }finally{
            try{
                if (rs != null) rs.close ( );
            }catch(Exception ex){
            }

            try{
                if (st!= null) st.close( );
            }catch(Exception ex){
            }

            try{
                if (con != null) con.close( );
            }catch(Exception ex){
            }

        }
```

代码编写完后，即可运行程序。

参考文献

[1] 萨师煊，王珊．数据库系统概论（第 4 版）．北京：高等教育出版社，2006.

[2] 施伯乐，丁宝康，汪卫．数据库系统教程（第 2 版）．北京：高等教育出版社，2003.

[3] 战德臣，聂兰顺．大学计算机——计算思维导论．北京：电子工业出版社，2013.

[4] 陈国良，董荣胜．计算思维与大学计算机基础教育．中国大学教学，2011（01）.

[5] 周炜．计算思维与“数据库原理及应用”课程．计算机工程与科学，2014（S1）.

[6] 王行言，汤荷美，黄维通．数据库技术及应用（第 2 版）．北京：高等教育出版社，2004.

[7] 邱李华，李晓黎，任华．SQL Server 2008 数据库应用教程（第二版）．北京：人民邮电出版社，2012.

[8] 高荣芳，张晓滨，赵安科．数据库原理．西安：西安电子科技大学出版社，2004.

[9] 雷景生，靳婷，张志清等．数据库系统及其应用．北京：电子工业出版社，2005.

[10] 刘方鑫，罗昌隆，刘同明．数据库原理与技术．北京：电子工业出版社，2004.

[11] 郑阿奇．SQL Server 实用教程（第 4 版）．北京：电子工业出版社，2014.

[12] 卫琳．SQL Server 2008 数据库应用与开发教程（第二版）．北京：清华大学出版社，2011.

[13] 李卓玲．数据库系统原理与应用．北京：电子工业出版社，2001.

[14] Date C J．孟小峰，王珊等译．数据库系统导论（第 7 版）．北京：机械工业出版社，2000.

[15] Kroenke．施伯乐等译．数据库处理——基础、设计与实现（第 7 版）．北京：电子工业出版社，2001.

[16] Ryan Stephens，Ron Plew，Arie D. Jones．井中月，郝记生译．SQL 入门经典（第五版）．北京：人民邮电出版社，2011.

[17] Abraham Silberschatz．数据库系统概念（原书第 6 版）．杨冬青等译．北京：机械工业出版社，2012.

[18] Jeffrey Ullman．数据库系统基础教程．岳丽华等译．北京：机械工业出版社，2009.

反侵权盗版声明

电子工业出版社依法对本作品享有专有出版权。任何未经权利人书面许可，复制、销售或通过信息网络传播本作品的行为；歪曲、篡改、剽窃本作品的行为，均违反《中华人民共和国著作权法》，其行为人应承担相应的民事责任和行政责任，构成犯罪的，将被依法追究刑事责任。

为了维护市场秩序，保护权利人的合法权益，我社将依法查处和打击侵权盗版的单位和个人。欢迎社会各界人士积极举报侵权盗版行为，本社将奖励举报有功人员，并保证举报人的信息不被泄露。

举报电话：（010）88254396；（010）88258888
传　　真：（010）88254397
E-mail：　dbqq@phei.com.cn
通信地址：北京市海淀区万寿路 173 信箱
　　　　　电子工业出版社总编办公室
邮　　编：100036